ハイレベ100 文章題 1年 もくじ

1年の学習

発展的な学習

まとめの学習

テスト1 標準レベル1 ① あつまりと かず

じかん 10ぷん　ごうかくてん 80てん　てん

1 えを 見(み)て、(　　) に かずを かきなさい。（1つ10てん・30てん）

❶ みかんは、(　　　) こ あります。

❷ りんごは、(　　　) こ あります。

❸ いちごは、(　　　) こ あります。

2 えを 見(み)て、(　　) に かずを かきなさい。（1つ10てん・30てん）

❶ たまねぎは、(　　　) こ あります。

❷ さつまいもは、(　　　) こ あります。

❸ はくさいは、(　　　) こ あります。

3 えの かずを かぞえて、□に かずを かきなさい。（1つ10てん・40てん）

❶ はさみの かずを かきなさい。

❷ えんぴつの かずを かきなさい。

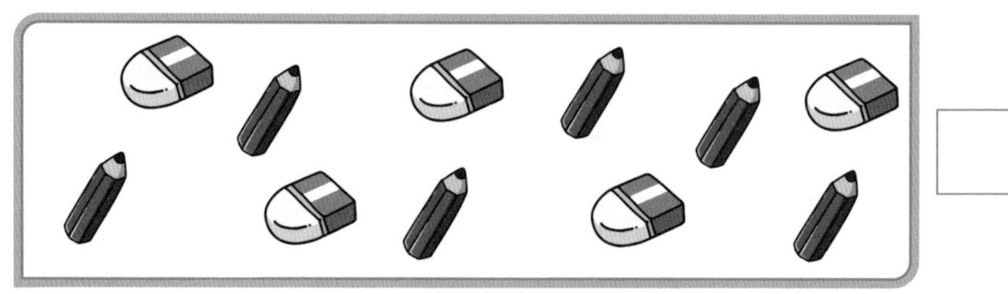

❸ ぼうしの かずを かきなさい。

❹ かにの かずを かきなさい。

テスト2 標準レベル2

① あつまりと かず

じかん 10ぷん ごうかくてん 80てん　てん

1 えを 見(み)て、□に かずを かきなさい。

（1つ10てん・40てん）

れい

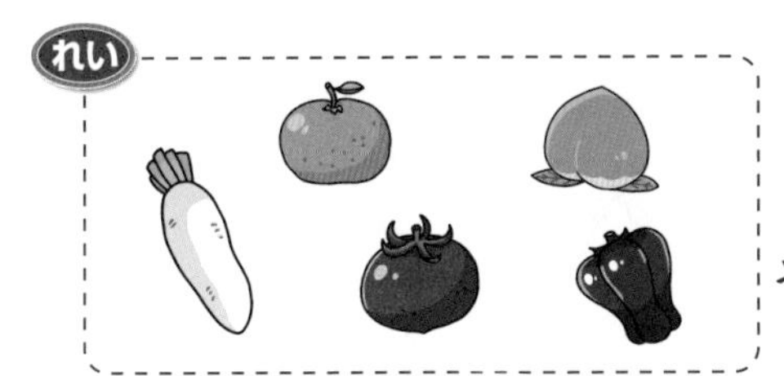

くだものの なかま… 2

やさいの なかま… 3

①

くだものの なかま… □

やさいの なかま… □

②

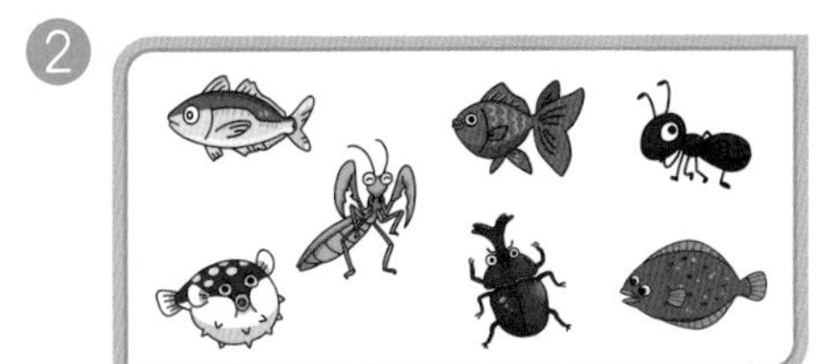

さかなの なかま… □

むしの なかま…… □

③

のりものの なかま… □

たべものの なかま… □

④

とりの なかま…… □

さかなの なかま… □

2 おなじ かずどうしを ——で つなぎなさい。

（1つ10てん・60てん）

① 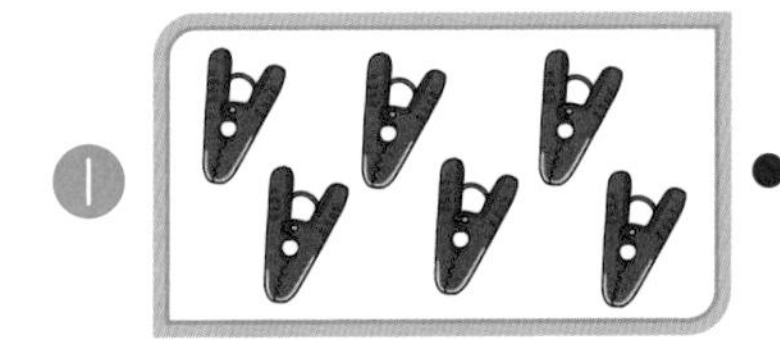 ● ● 

②  ● ● 

③  ● ● 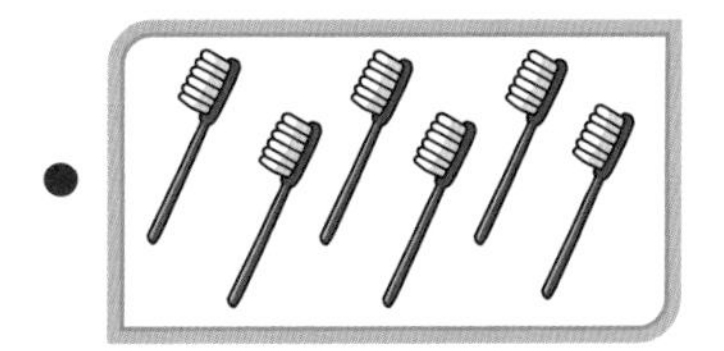

④  ● ● 

⑤  ● ● 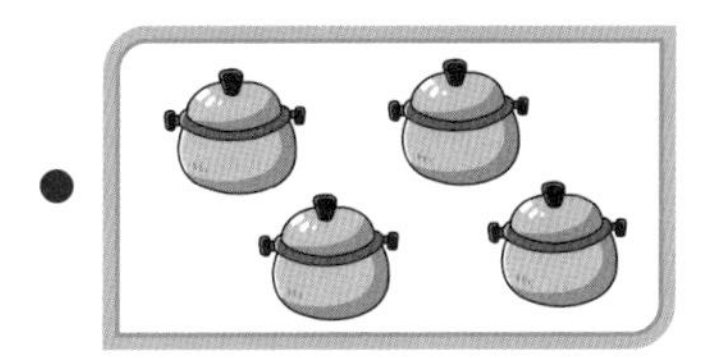

⑥ 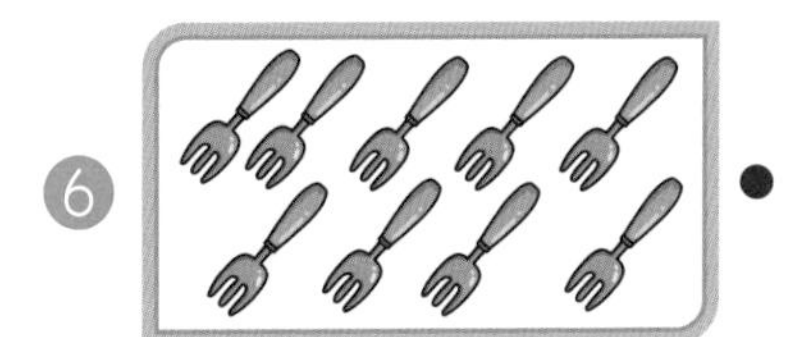 ● ● 

テスト 3 ハイレベル ① あつまりと　かず　じかん 15ふん　ごうかくてん 70てん　てん

1 えを　見て、□に　かずを　かきなさい。（1つ10てん・40てん）

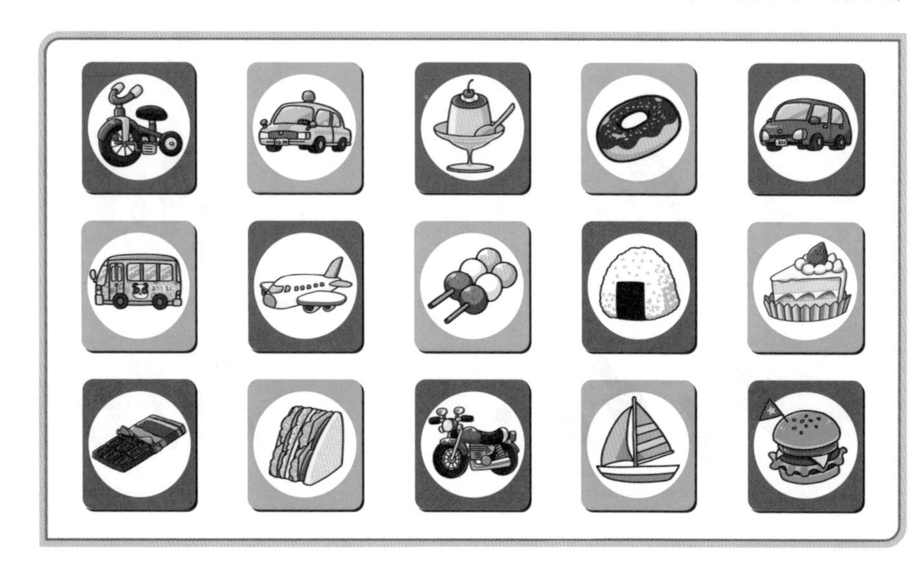

❶ 赤い　かみは、□まい　あります。

❷ 青い　かみは、□まい　あります。

❸ 赤い　かみで　のりものの　なかまは、□まい　あります。

❹ 青い　かみで　たべものの　なかまは、□まい　あります。

2 □に　かずや　かたちを　かきなさい。（1つ4てん・20てん）

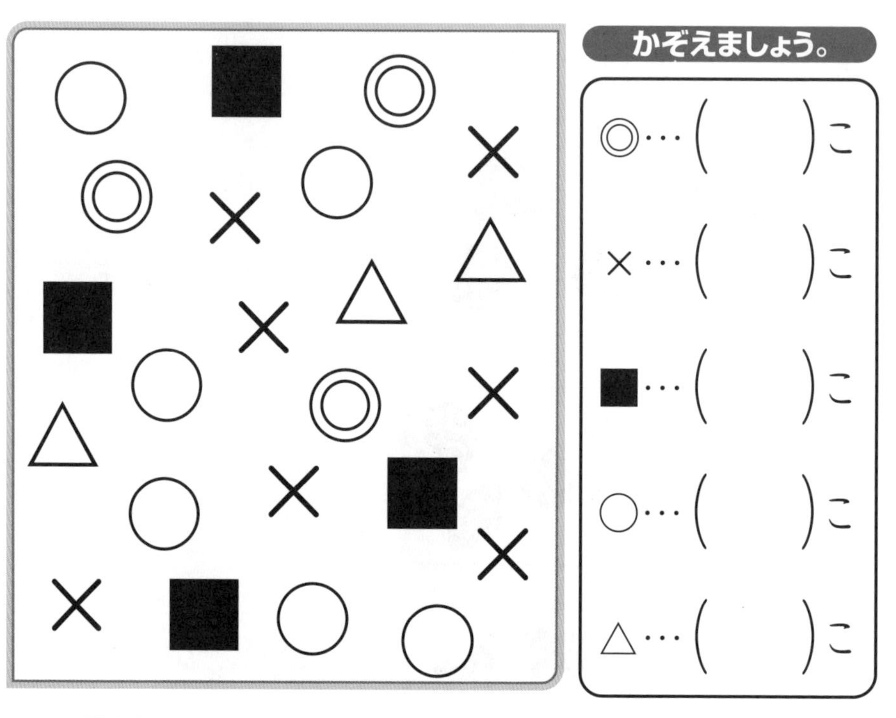

❶ □と□は、おなじ　かずです。(5てん)

❷ ■は、△より□こ　おおい。(5てん)

❸ ◎は、○より□こ　すくない。(5てん)

❹ ×は、○と　△を　あわせた　かずより□こ　すくない。(5てん)

3 えを　見(み)て、こたえなさい。　(1つ5てん・20てん)

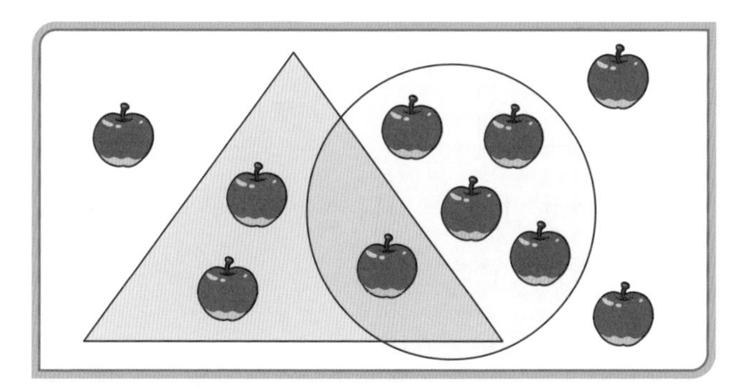

れい　三(さん)かくの　中(なか)に　入(はい)って　いる　りんごは、なんこ　ありますか。　こたえ　3 こ

❶ まるの　中(なか)に　入(はい)って　いる　りんごは、なんこ　ありますか。　こたえ

❷ 三(さん)かくの　中(なか)に　入(はい)って　いない　りんごは、なんこ　ありますか。　こたえ

❸ 三(さん)かくにも　まるにも　入(はい)って　いる　りんごは、なんこ　ありますか。　こたえ

❹ 三(さん)かくにも　まるにも　入(はい)って　いない　りんごは、なんこ　ありますか。　こたえ

テスト4　最レベ　最高レベルにチャレンジ!!　① あつまりと　かず

じかん 10ぷん　ごうかくてん 50てん　　てん

● えを　見(み)て、こたえなさい。　(1つ25てん・100てん)

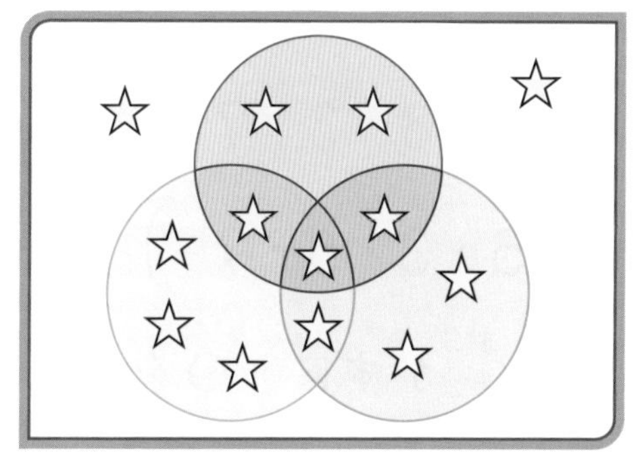

❶ 赤(あか)い　まるの　中(なか)に　入(はい)って　いる　☆は、なんこ　ありますか。　こたえ

❷ 青(あお)い　まるの　そとに　ある　☆は、なんこ　ありますか。　こたえ

❸ 青(あお)い　まるにも　みどりの　まるにも　入(はい)って　いる　☆は、なんこ　ありますか。　こたえ

❹ 赤(あか)い　まるにも　青(あお)い　まるにも　みどりの　まるにも　入(はい)って　いる　☆は、なんこ　ありますか。　こたえ

テスト5 標準レベル1 ② すう字

1 いちばん 大きい かずに ○を つけなさい。 （1つ5てん・10てん）

❶ （ 5・6・2・4・8・3・7 ）

❷ （ 4・7・1・5・3・6・9 ）

2 いちばん 小さい かずに ○を つけなさい。 （1つ5てん・10てん）

❶ （ 4・9・7・2・5・8・6 ）

❷ （ 6・3・8・7・5・4・9 ）

3 □の かずより 大きい かず ぜんぶに ○を つけなさい。 （1つ5てん・20てん）

❶ 6 →（ 8・4・7・5・6・9 ）

❷ 3 →（ 6・3・2・7・4・1 ）

❸ 5 →（ 5・9・2・3・7・6 ）

❹ 4 →（ 3・7・5・2・4・6 ）

4 □に ちょうど よい すう字を かきなさい。 （10てん）

1－2－□－□－5－□－□－8－9

5 □の かずより 小さい かず ぜんぶに ○を つけなさい。 （1つ5てん・10てん）

❶ 5 →（ 2・8・3・5・4・6 ）

❷ 7 →（ 9・4・5・10・7・6 ）

6 かずの 大きい じゅんに ならべなさい。 （1つ10てん・20てん）

❶ （2・4・5・1）→（□・□・□・□）

❷ （2・7・5・9）→（□・□・□・□）

7 下の かずを 見て、こたえなさい。 （1つ10てん・20てん）

6	3	1	5	4	9	3	10	8

❶ 2つ ある かずを かきなさい。 こたえ □

❷ 1から 10までの かずで、上に ない かずを ぜんぶ かきなさい。 こたえ □

テスト 6 標準レベル 2 ② すう字

1 □に かずを かきなさい。 (1つ5てん・30てん)

❶ 1より 4大きい かずは、□です。

❷ 7より 5小さい かずは、□です。

❸ 8より 3小さい かずより 1大きい かずは、□です。

❹ 2より 4大きい かずは、□より 3小さいです。

❺ 2と 6の まん中の かずは、□です。

❻ 1と 9の まん中の かずは、□です。

2 かずの 小さい じゅんに ならべなさい。 (1つ10てん・20てん)

❶ (9・5・7・4) → (□・□・□・□)

❷ (8・3・2・6) → (□・□・□・□)

3 えが、▭で かくれて います。▭の ところに かくれて いる えの かずを かきなさい。 (1つ10てん・50てん)

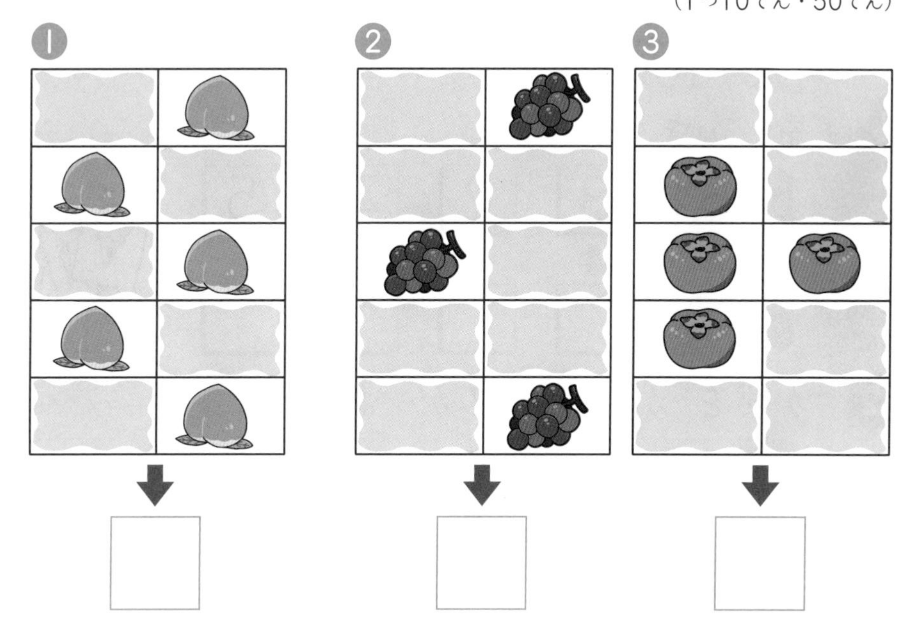

❶ → □　❷ → □　❸ → □

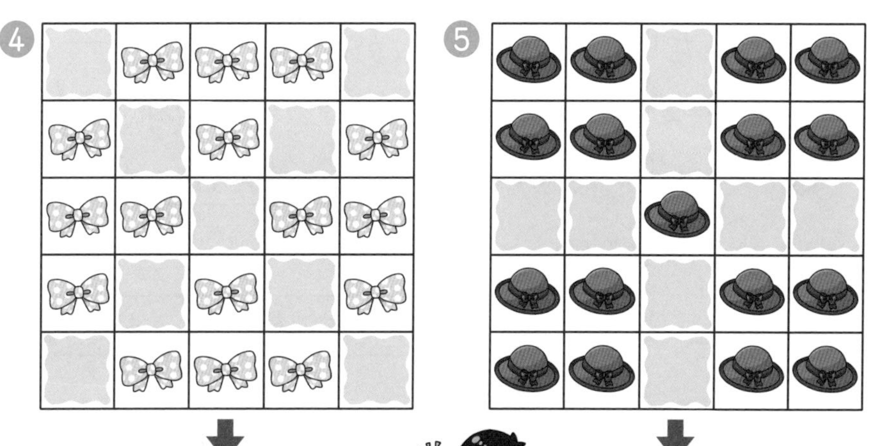

❹ → □　❺ → □

1 かみの　おもてと　うらの　かずを　あわせると、どれも　10より　3小さい　かずです。うらの　かずを　かきなさい。（1つ4てん・20てん）

おもて　6　3　2　4　5

うら　□　□　□　□　□

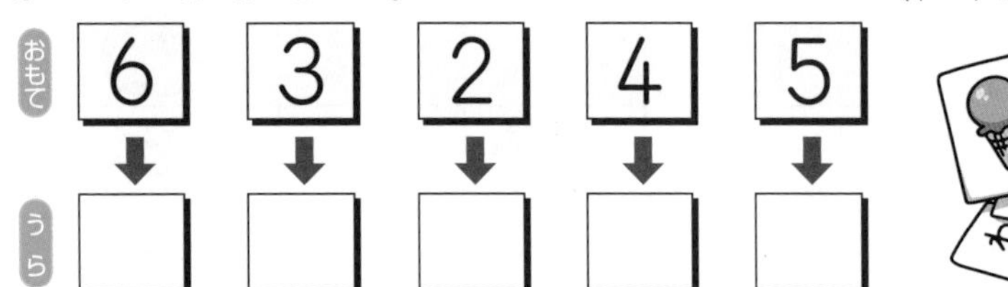

2 かずを　かいた　かみが　あります。（1つ5てん・20てん）

❶ いちばん　小さい　かずを　かきなさい。　こたえ

❷ 5より　大きい　かずを　ぜんぶ　かきなさい。　こたえ

❸ 6より　小さい　かずを　ぜんぶ　かきなさい。　こたえ

❹ 3ばん目に　大きい　かずを　かきなさい。　こたえ

3 ずを　見て　もんだいに　こたえなさい。

0　5　10

あ　い　う　え

❶ あ、い、う、えの　かずを　かきなさい。（1つ5てん・20てん）

❷ うより　4つ　まえの　かずは、いくつですか。（5てん）　こたえ

❸ あと　えの　ちょうど　まん中の　かずは、いくつですか。（5てん）　こたえ

4 すう字を　かいた　5まいの　かみを　大きい　かずが　上に　なるように　ならべます。

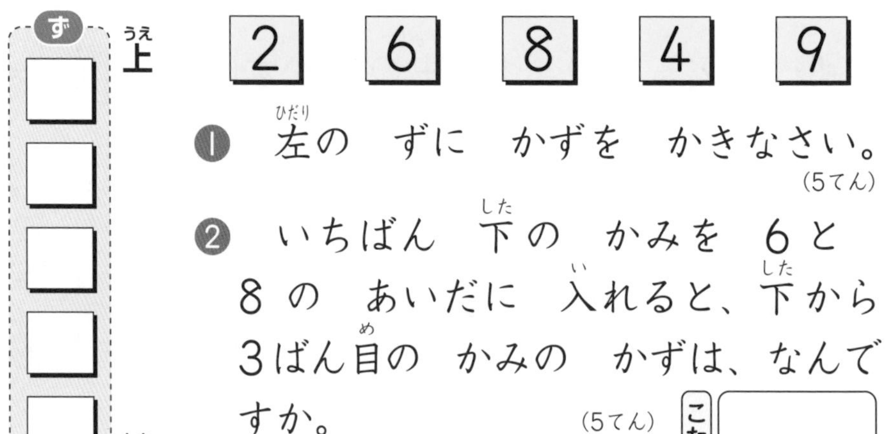

❶ 左の　ずに　かずを　かきなさい。（5てん）

❷ いちばん　下の　かみを　6と　8の　あいだに　入れると、下から　3ばん目の　かみの　かずは、なんですか。（5てん）　こたえ

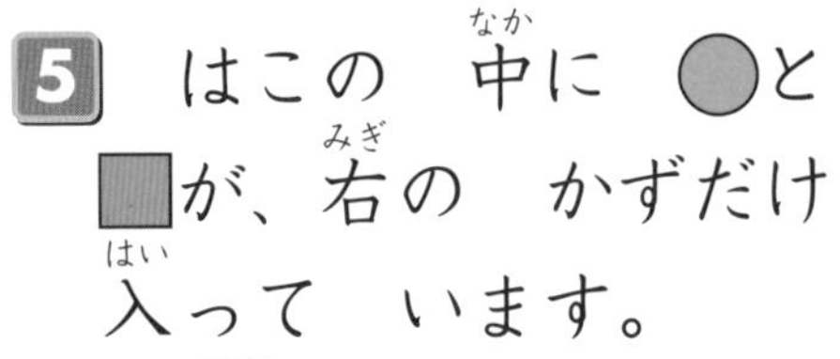

5 はこの　中(なか)に　●と　■が、右(みぎ)の　かずだけ　入(はい)って　います。

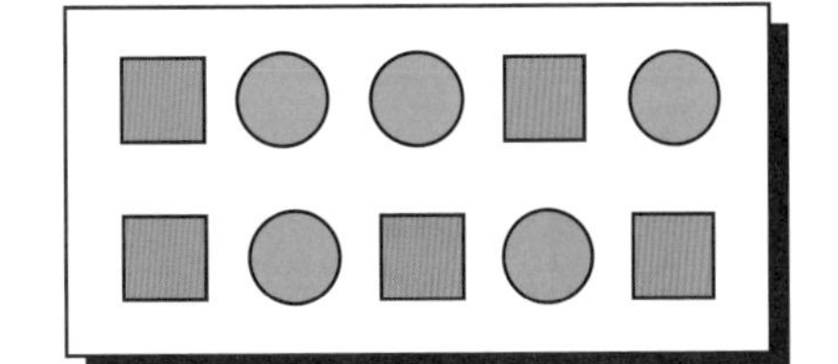

⬭の　ところに　なにが、なんこ　かくれて　いますか。

（１つ５てん・20てん）

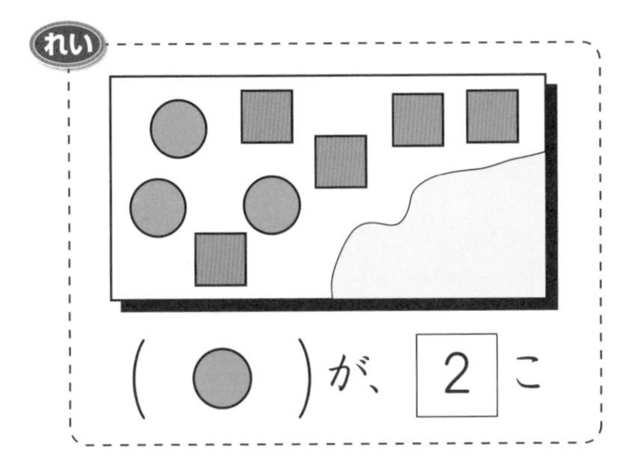

れい　（　●　）が、［２］こ

1

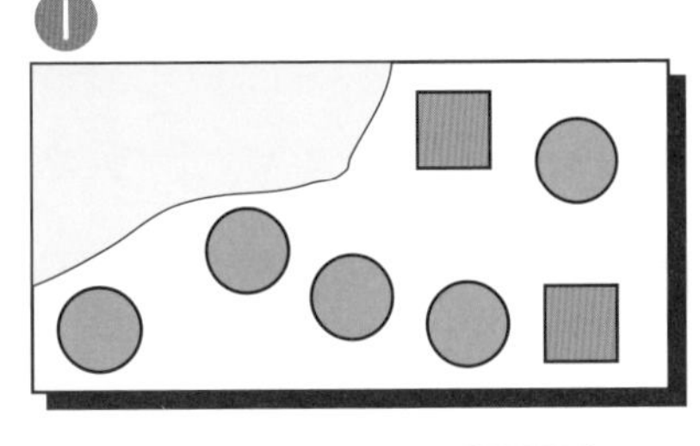

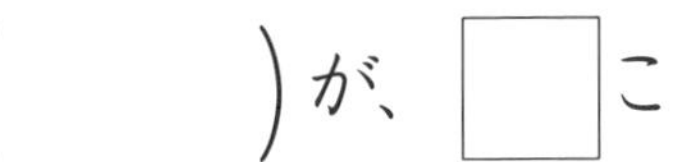

（　　　）が、□こ

2

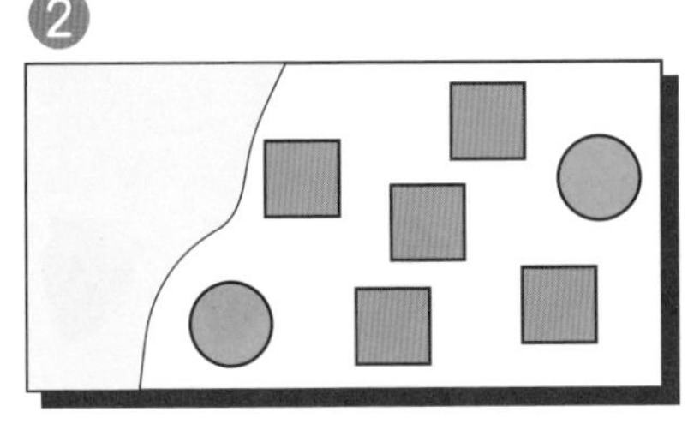

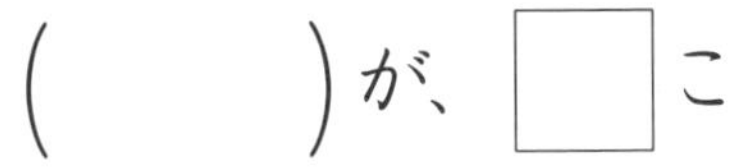

（　　　）が、□こ

3

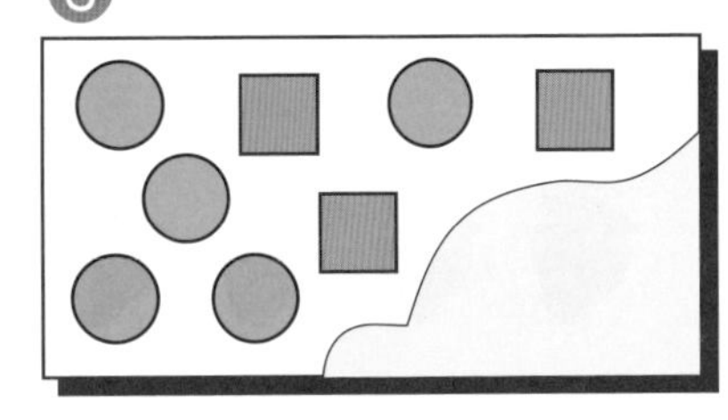

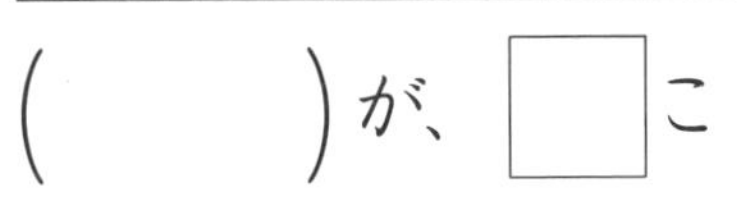

（　　　）が、□こ

4

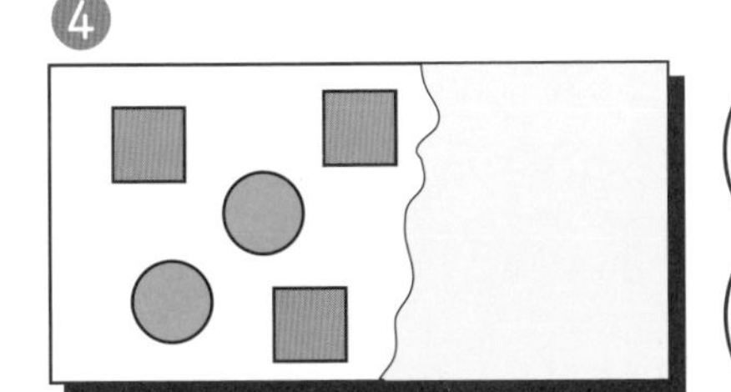

（　　　）が、□こ

（　　　）が、□こ

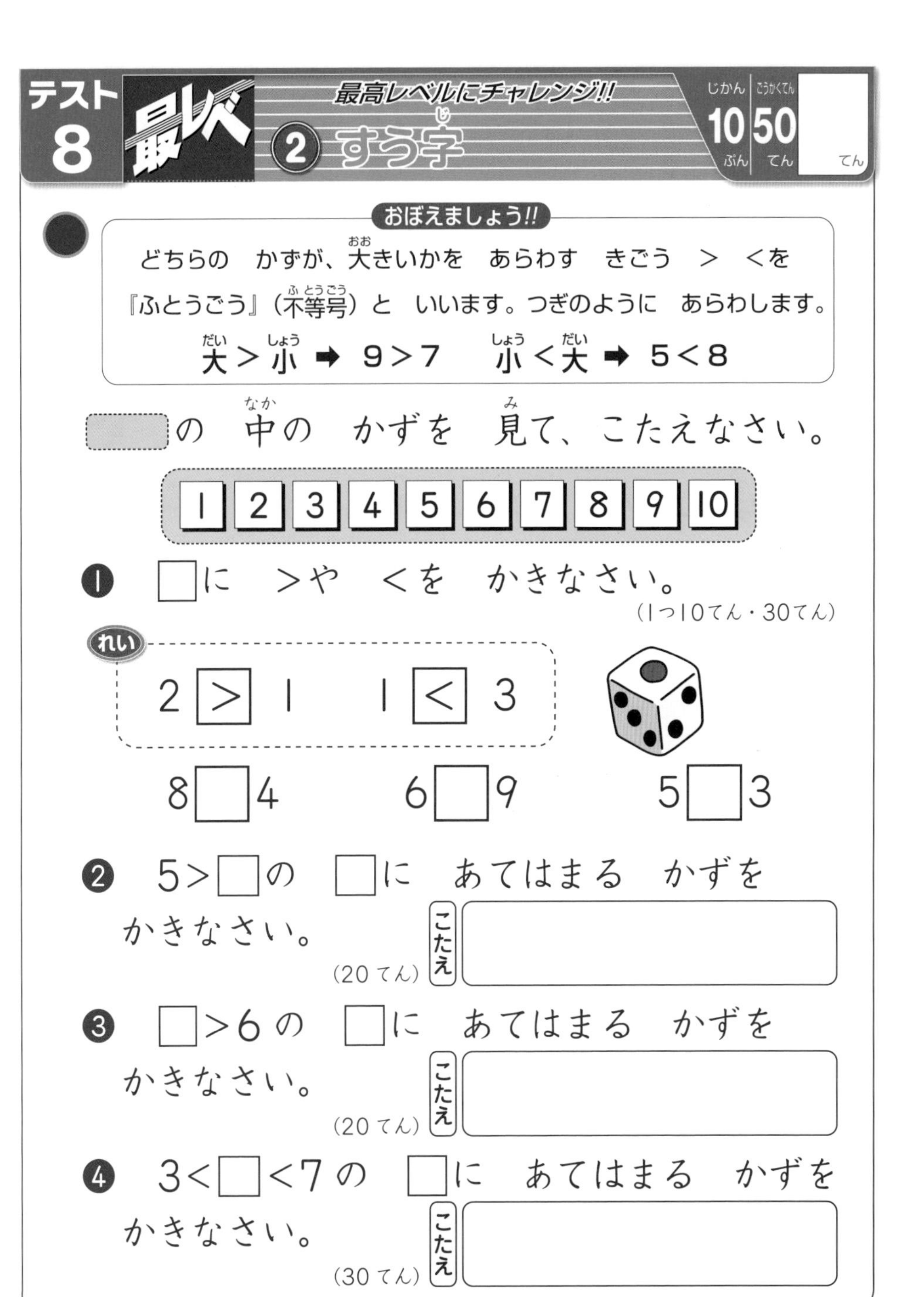

テスト8　最レベ　最高レベルにチャレンジ!!　2 すう字(じ)

じかん 10ぷん　ごうかくてん 50てん　　てん

おぼえましょう!!

どちらの　かずが、大(おお)きいかを　あらわす　きごう　>　<を『ふとうごう』（不等号(ふとうごう)）と　いいます。つぎのように　あらわします。

大(だい)＞小(しょう) ➡ 9＞7　　小(しょう)＜大(だい) ➡ 5＜8

▭の　中(なか)の　かずを　見(み)て、こたえなさい。

1	2	3	4	5	6	7	8	9	10

1 □に　>や　<を　かきなさい。（1つ10てん・30てん）

れい　2 ［>］ 1　　1 ［<］ 3

8□4　　6□9　　5□3

2 5>□の　□に　あてはまる　かずを　かきなさい。（20てん）　こたえ［　　　］

3 □>6 の　□に　あてはまる　かずを　かきなさい。（20てん）　こたえ［　　　］

4 3<□<7 の　□に　あてはまる　かずを　かきなさい。（30てん）　こたえ［　　　］

テスト9 標準レベル1 ③じゅんばん

じかん 10ぷん　ごうかくてん 80てん　　てん

1 つぎの　もんだいに　こたえなさい。

❶ 左から　4ばん目の　かたつむりに　○を　つけなさい。　（1つ10てん・20てん）

❷ 右から　6ばん目の　のりに　○を　つけなさい。

2 下の　えを　見て、もんだいに　こたえなさい。　（1つ10てん・30てん）

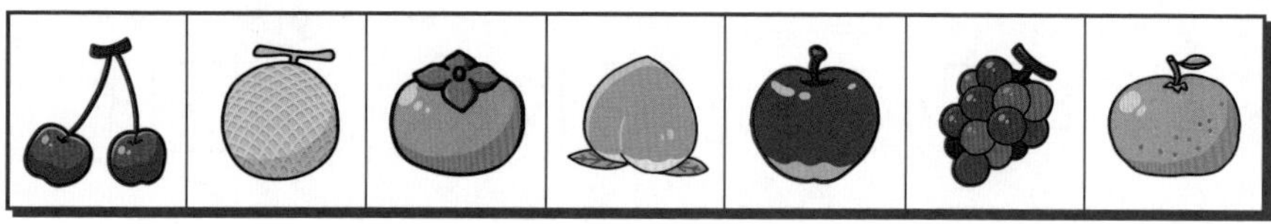

❶ りんごは、左から　なんばん目ですか。

こたえ　　ばん目

❷ ぶどうは、左から　なんばん目ですか。

こたえ　　ばん目

❸ かきは、右から　なんばん目ですか。

こたえ　　ばん目

3 えを　見て　もんだいに　こたえなさい。　（1つ10てん・20てん）

❶ 犬は、まえから　なんばん目ですか。

こたえ　　ばん目

❷ ひつじの　うしろには　なんびき　いますか。

こたえ　　ひき

4 ×が　ついて　いる　□は、右から　かぞえて　なんばん目ですか。　（10てん）

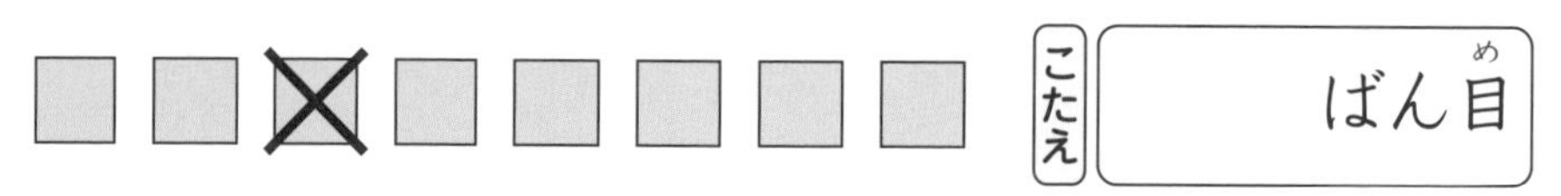

こたえ　　ばん目

5 えを　見て　もんだいに　こたえなさい。　（1つ10てん・20てん）

❶ 左から　4ばん目の　いちごと、右から　4ばん目の　いちごの　あいだに、いちごは　なんこ　ありますか。

こたえ　　こ

❷ 右から　2ばん目の　いちごと、左から　3ばん目の　いちごの　あいだに、いちごは　なんこ　ありますか。

こたえ　　こ

テスト10 標準レベル2 ③ じゅんばん

1 つぎの　えに　○を　つけなさい。（1つ10てん・50てん）

① 左から　4ばん目

② 右から　3ばん目

③ まえから　5ばん目

④ うしろから　7ばん目

⑤ ちょうど　まん中

2 つぎの　えを　見て　もんだいに　こたえなさい。（1つ10てん・20てん）

① いちばん　せの　たかい　花は、右から　なんばん目に　ありますか。

こたえ　　ばん目

② ちょうちょは、左から　なんばん目と　なんばん目の　花の　あいだに　いますか。

こたえ　　ばん目と　　ばん目の　あいだ

3 すう字を　かいた　かみが　あります。（1つ15てん・30てん）

① 左から　4まい目の　かみの　すう字を　かきなさい

こたえ

② 7の　かみは　どこに　ありますか

こたえ　左から　　まい目　右から　　まい目

テスト 11 ハイレベ ハイレベル ③ じゅんばん

じかん 15ふん　ごうかくてん 70てん　　てん

1 えを　見て　こたえなさい。（1つ10てん・20てん）

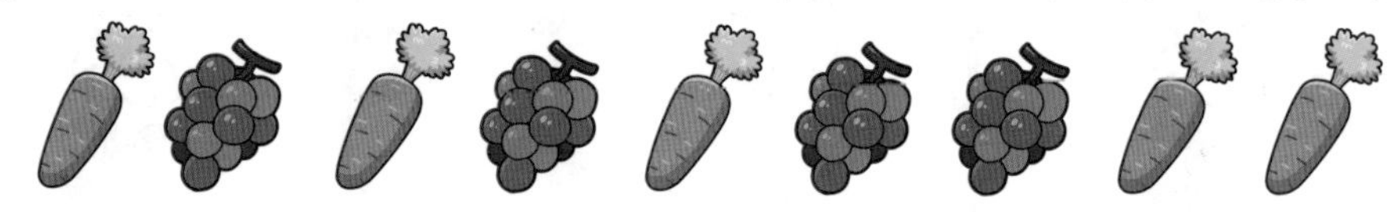

❶ 左から　2ばん目の　にんじんの　右に　にんじんは、なん本　ありますか。

こたえ

❷ 右から　2ばん目の　ぶどうの　左に　ぶどうは、なんこ　ありますか。

こたえ

2 すう字を　かいた　かみが　あります。（1つ10てん・20てん）

4	7	6	8	2	9	3	5

❶ 左から　3ばん目の　かみと、右から　3ばん目の　かみの　あいだに、かみは　なんまい　ありますか。

こたえ

❷ いちばん　大きい　かずを　かいた　かみは、左から　なんばん目ですか。

こたえ

3 こどもたちが、下の　ように　ならんで　います。（1つ5てん・20てん）

まえ　ゆみ ― たけし ― まさや ― ももか ― ひろし ― さち ― よしこ　うしろ

❶ ももかさんは、まえから　なんばん目ですか。

こたえ

❷ ひろしさんは、うしろから　なんばん目ですか。

こたえ

❸ たけしさんの　うしろには、なん人　いますか。

こたえ

❹ ちょうど　まん中は、だれですか。

こたえ

4 すう字を　かいた　かみが　ならんで　います。左から　3ばん目の　4の　かみを　3と　5の　あいだに　入れました。（1つ10てん・20てん）

9	6	4	8	3	5	2	7

❶ 8の　かみは、左から　なんばん目に　なりましたか。

こたえ

❷ 4の　かみは、右から　なんばん目に　なりましたか。

こたえ

5 □に　かずや　かたちを　かきなさい。

（1つ4てん・20てん）

△◇△◎◇△☆○◇◇○◇

れい　☆は、左から　7　ばん目に　あります。

❶　◎は、右から　□　ばん目に　あります。

❷　○は、右から　□　ばん目と　□　ばん目に　あります。

❸　☆の　右に　◇が　□　こ　あります。

❹　◎が　なくなれば、左から　5ばん目は　□　です。

❺　○が　ぜんぶ　なくなれば、右から　5ばん目は　□　です。

テスト
12
最レベ
最高レベルにチャレンジ!!
③ じゅんばん
じかん 10 ぷん
ごうかくてん 50 てん
てん

1　子どもが、1れつに　8人　ならんで　います。たけしさんは　まえから　7ばん目で、まきさんは　うしろから　6ばん目に　います。（50てん）

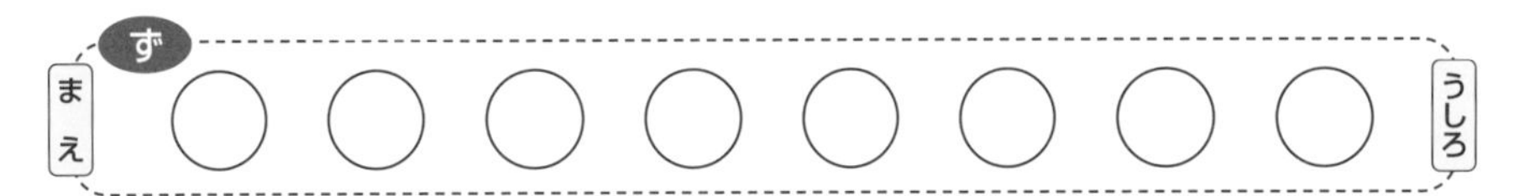

●　たけしさんと　まきさんの　あいだに　子どもは　なん人　いますか。

こたえ □

2　子どもが、1れつに　9人　ならんで　います。あきらさんは　まえから　8ばん目に　います。ゆみさんは　うしろから　7ばん目に　います。（50てん）

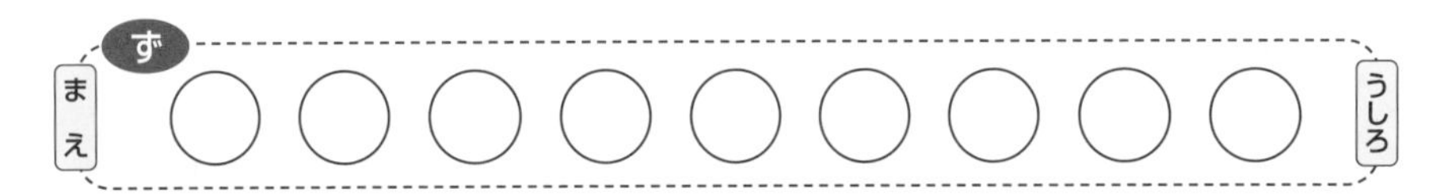

●　あきらさんと　ゆみさんの　あいだに　子どもは　なん人　いますか。

テスト13 標準レベル1 ④ かずの わけかた

じかん 10ぷん　ごうかくてん 80てん　てん

1 6は、いくつと いくつに なりますか。□に かずを かきなさい。

(1つ5てん・25てん)

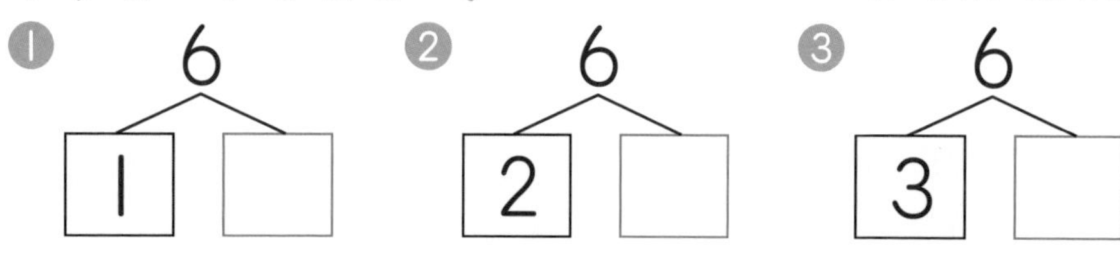

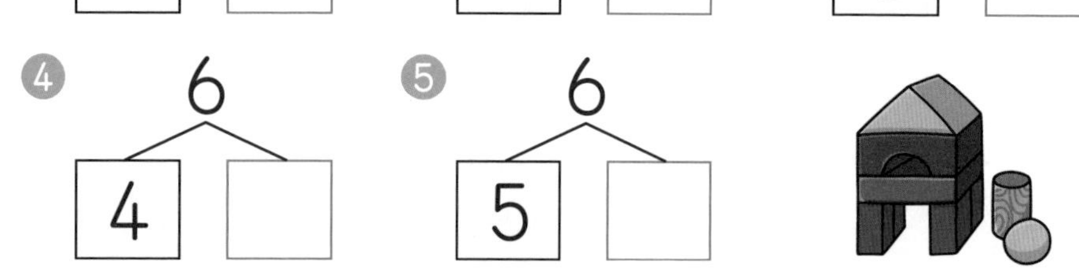

2 9は、いくつと いくつに なりますか。□に かずを かきなさい。

(1つ5てん・40てん)

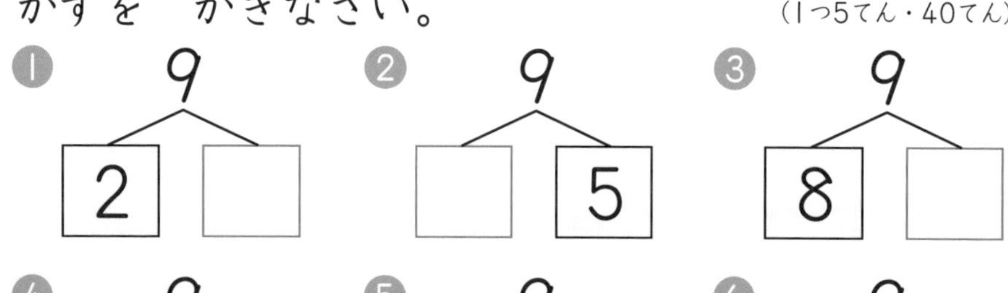

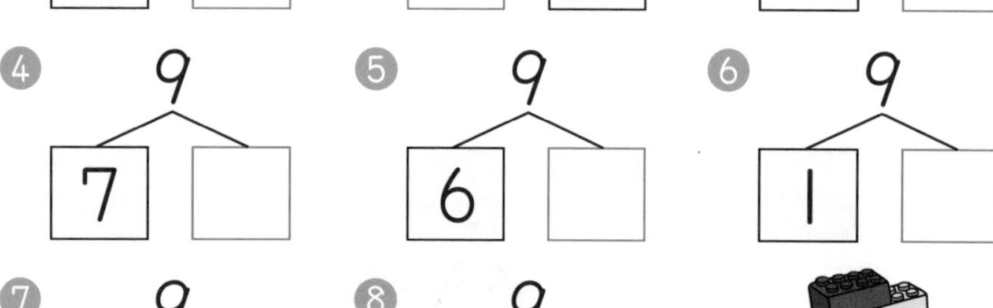

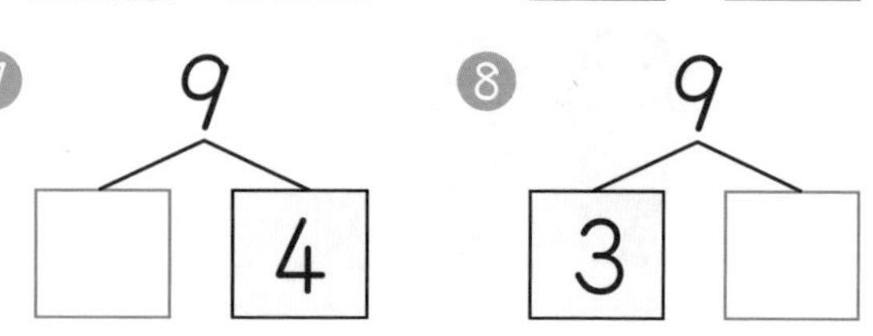

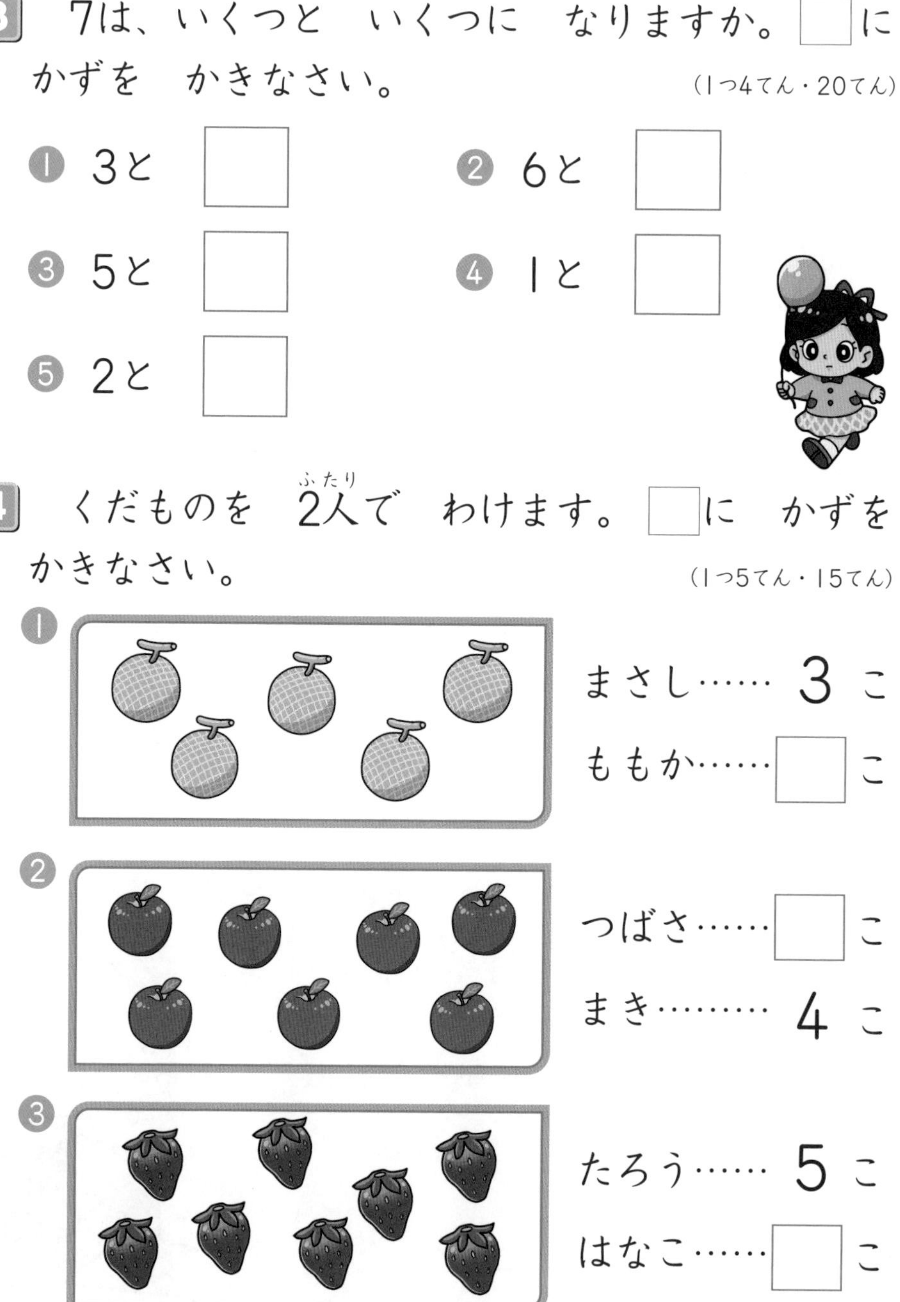

3 7は、いくつと いくつに なりますか。□に かずを かきなさい。

(1つ4てん・20てん)

❶ 3と □　❷ 6と □

❸ 5と □　❹ 1と □

❺ 2と □

4 くだものを 2人（ふたり）で わけます。□に かずを かきなさい。

(1つ5てん・15てん)

❶ まさし…… 3 こ
ももか…… □ こ

❷ つばさ…… □ こ
まき……… 4 こ

❸ たろう…… 5 こ
はなこ…… □ こ

テスト14 標準レベル2 ④かずの　わけかた

じかん 10ぷん　ごうかくてん 80てん　てん

1 10は、いくつと　いくつに　なりますか。□に　かずを　かきなさい。（1つ5てん・40てん）

① 2 と □　② 5 と □

③ 4 と □　④ 8 と □

⑤ 7 と □　⑥ 3 と □

⑦ 6 と □　⑧ 9 と □

2 10に　なるように　――で　むすびなさい。（1つ5てん・20てん）

3 かえるが、9ひき　います。はっぱに　なんびき　かくれて　いますか。かくれて　いる　かずを　かきなさい。（1つ5てん・20てん）

4 7この　あめを　たろうさんと　はなこさんの　2人（ふたり）で　わけます。

① どんな　わけかたが　ありますか。下（した）の　ひょうに　かずを　かきなさい。（10てん）

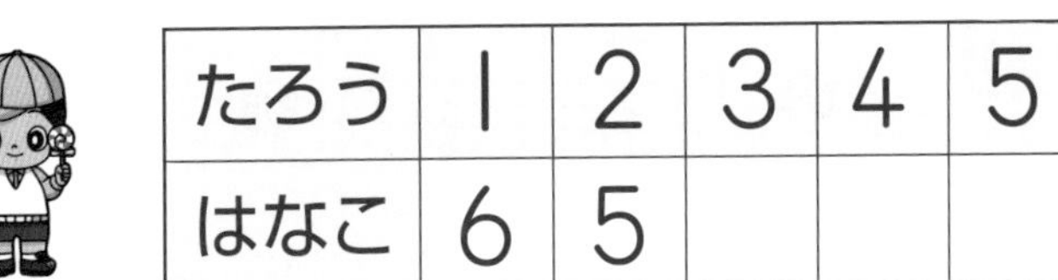

たろう	1	2	3	4	5	6
はなこ	6	5				

② たろうさんが　はなこさんよりも　1こ　おおく　もらうとき、つぎの　2人（ふたり）は、なんこ　もらいますか。（10てん）

こたえ　たろう　　こ　はなこ　　こ

テスト15 ハイレベル ハイレベル

④ かずの　わけかた

じかん 15ふん　ごうかくてん 70てん　てん

1 たろうさんと　じろうさんと　はなこさんの　3人で、上の　あめを　わけます。(　)に　もらえる　かずを　かきなさい。

(1つ5てん・15てん)

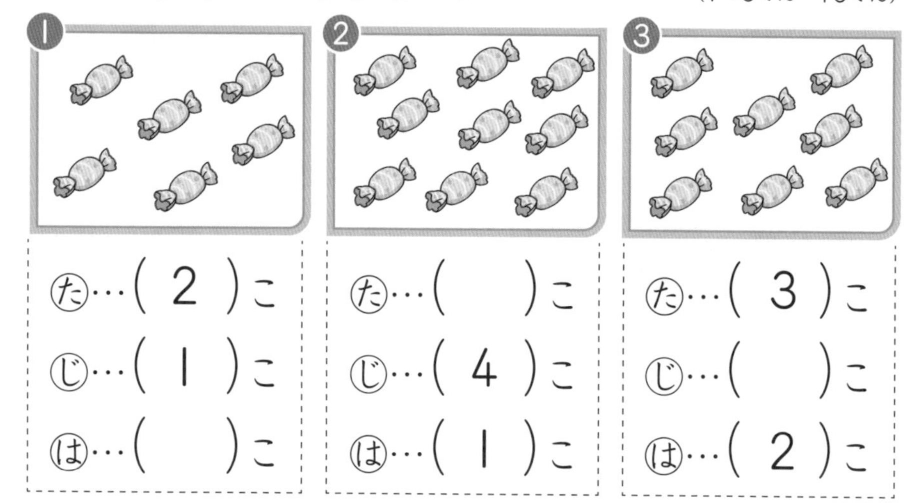

2 上の　かずを　3つの　かずに　わけます。□に　かずを　かきなさい。

(1つ5てん・25てん)

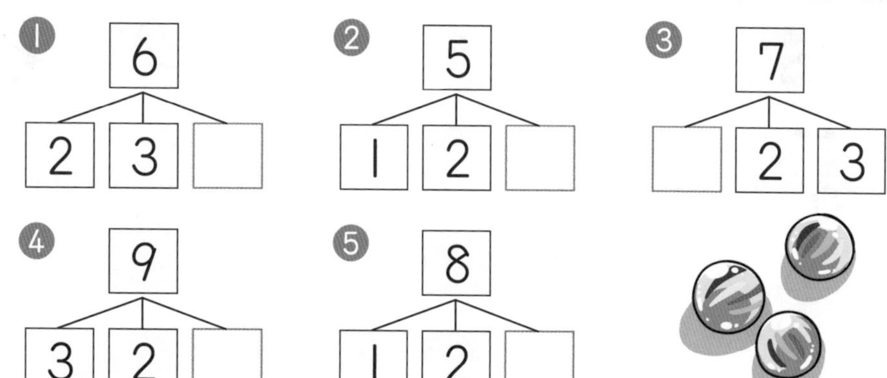

3 10を　3つの　かずに　わけます。□に　かずを　かきなさい。

(1つ5てん・25てん)

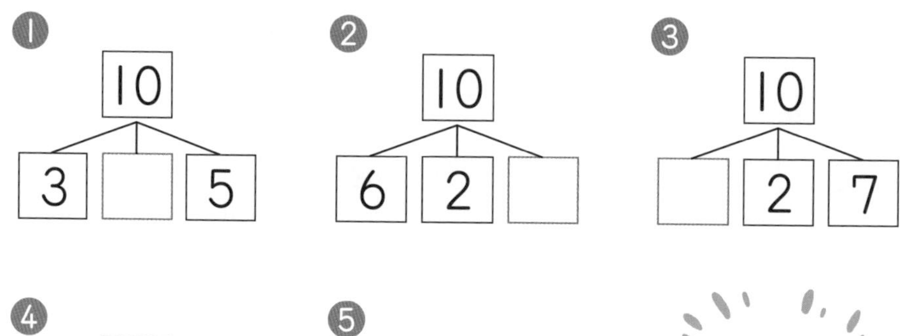

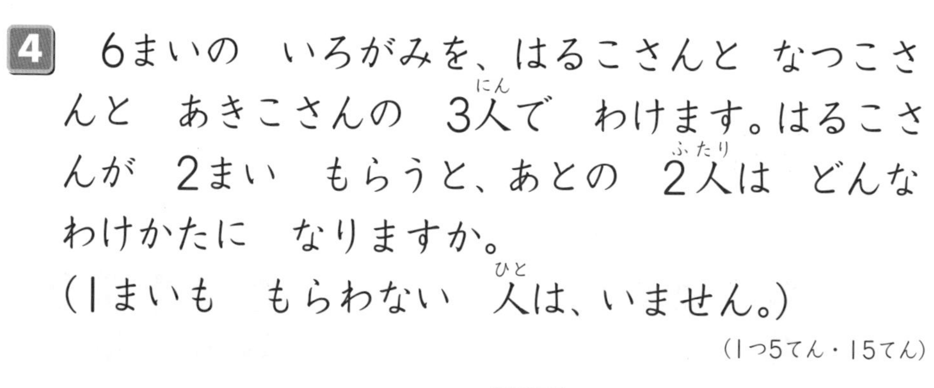

4 6まいの　いろがみを、はるこさんと　なつこさんと　あきこさんの　3人で　わけます。はるこさんが　2まい　もらうと、あとの　2人は　どんな　わけかたに　なりますか。
(1まいも　もらわない　人は、いません。)

(1つ5てん・15てん)

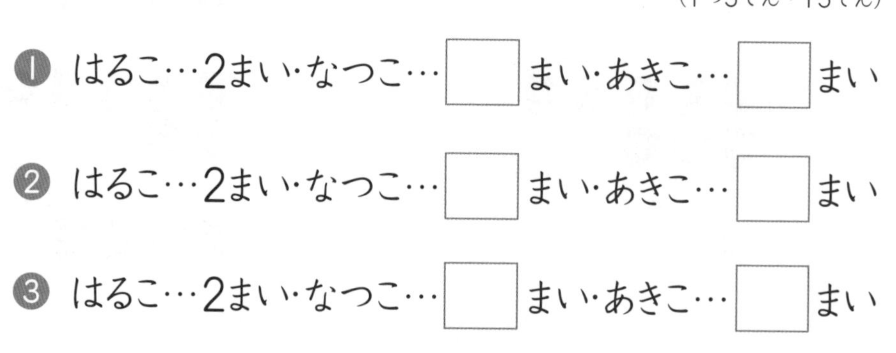

① はるこ…2まい・なつこ…□まい・あきこ…□まい
② はるこ…2まい・なつこ…□まい・あきこ…□まい
③ はるこ…2まい・なつこ…□まい・あきこ…□まい

5 あきらさんと　ひろしさんと　かずおさんが、10この　みかんを　わけます。ひろしさんは、あきらさんより　1こ　おおく　とります。

❶ あきらさんが　1こ　とる　とき、かずおさんは　なんこ　とりますか。(4てん)

こたえ [　　　]

❷ 空(あ)いて　いる　ところに　かずを　かきなさい。(1つ1てん・6てん)

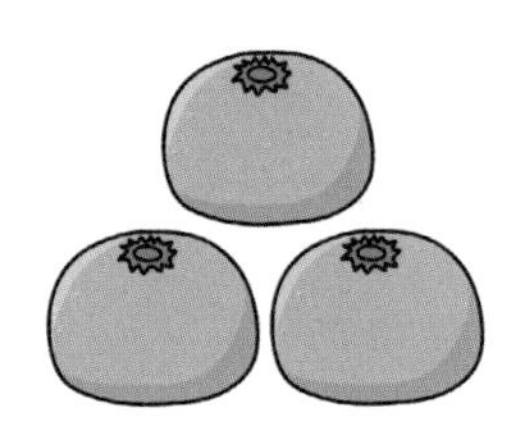

あきらさん	2		4
ひろしさん		4	
かずおさん			

6 はるこさんと　なつこさんと　あきこさんが、10この　あめを　わけます。はるこさんは、あきこさんより　2こ　おおく　とります。(1つ5てん・10てん)

❶ はるこさんが　3こ　とる　とき、なつこさんは　なんこ　とりますか。

こたえ [　　　]

❷ なつこさんが　4こ　とる　とき、あきこさんは　なんこ　とりますか。

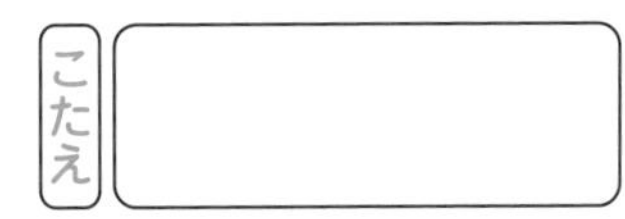

テスト16　最レベ　最高レベルにチャレンジ!!　❹ かずの　わけかた

じかん 10ぷん　ごうかくてん 60てん　　てん

● ○や　□や　△の　中(なか)に　1から　3までの　かずの　どれかを　入(い)れて、たしざんの　しきを　つくります。おなじ　かたちには、おなじ　かずが　入(はい)ります。それぞれの　しきの　○や　□や　△の　中(なか)に　かずを　かきなさい。(1つ20てん・100てん)

れい

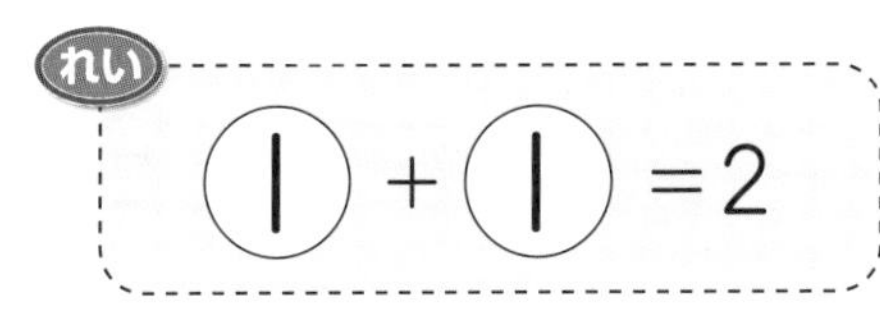

❶ □＋□＝4

❷ □＋○＋○＝4

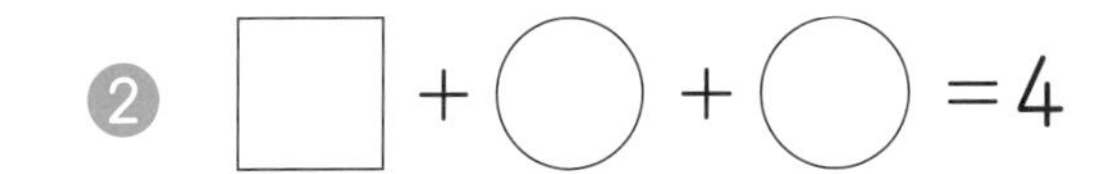

❸ △＋△＋△＝9

❹ □＋□＋○＋○＝6

❺ ○＋○＋○＋□＋△＝8

テスト17 標準レベル1 ❺ たしざん（1）（あわせる）

1 りんごが　2こと　みかんが　3こ　あります。くだものは、あわせて　なんこ　ありますか。（10てん）

しき □＋□＝□　こたえ □

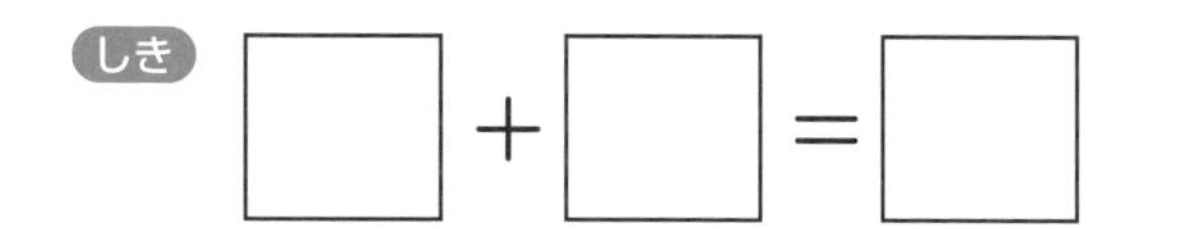

2 男の子の　ぼうしが　4こ、女の子の　ぼうしが　3こ　あります。ぼうしは、あわせて　なんこ　ありますか。（10てん）

しき □＋□＝□　こたえ □

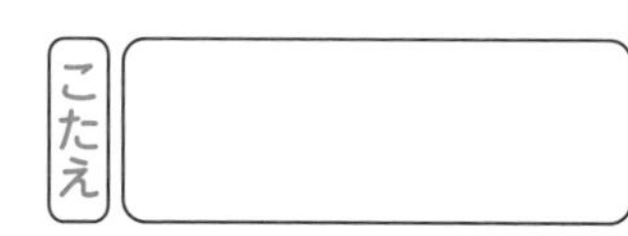

3 まさのりくんは、えんぴつを　7本　もって　います。ももかさんは、えんぴつを　2本　もって　います。えんぴつは、あわせて　なん本　ありますか。（10てん）

しき □＋□＝□　こたえ □

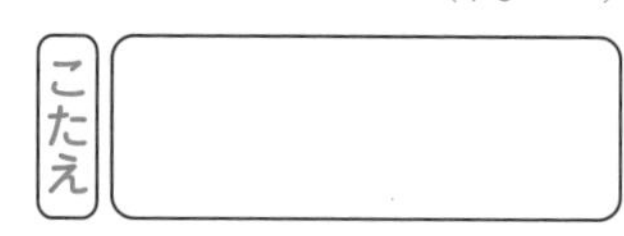

4 あめが　右手に　5こ、左手に　5こ　あります。あめは、あわせて　なんこ　ありますか。（10てん）

しき □＋□＝□　こたえ □

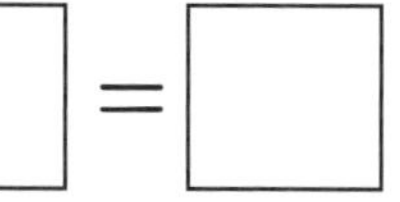
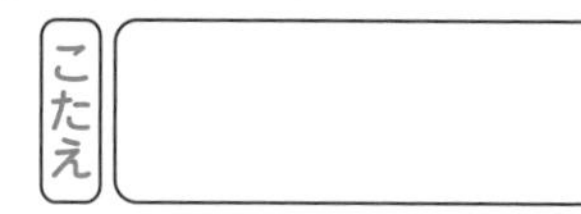

5 わなげで　1かい目は、3つ　入りました。2かい目は　入りませんでした。ぜんぶで　いくつ　入りましたか。（15てん）

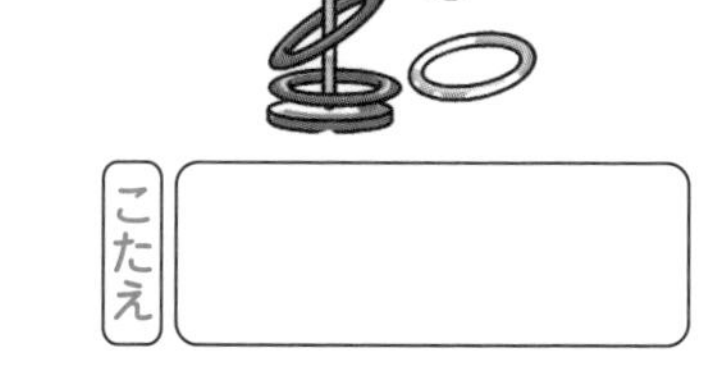

しき □＋□＝□　こたえ □

6 ゆりさんは、あさ　貝を　5こ　ひろいました。ひるからは　ひとつも　ひろえませんでした。ゆりさんは、貝を　ぜんぶで　なんこ　ひろいましたか。（15てん）

しき □＋□＝□　こたえ □

7 2人の　男の子が、かきを　4こずつ　たべました。ぜんぶで　なんこ　たべましたか。（15てん）

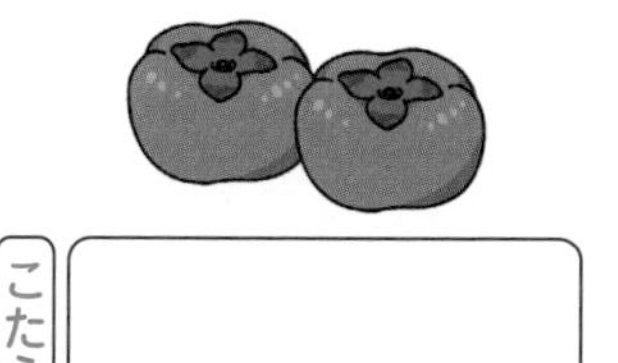

しき □＋□＝□　こたえ □

8 こうえんに　男の子と　女の子が　5人ずつ　います。こどもは、みんなで　なん人　いますか。（15てん）

しき □＋□＝□　こたえ □

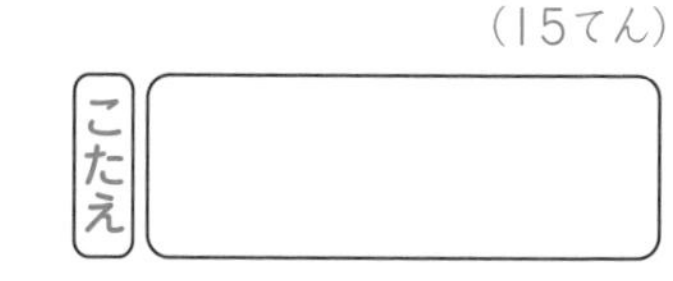

テスト 18 標準 レベル2 ❺ たしざん（1）（ふえる）

じかん 10ぷん ごうかくてん 80てん てん

1 すずめが、3わ　います。そのあと　4わ　きました。すずめは、なんわに　なりましたか。（10てん）

しき

□＋□＝□

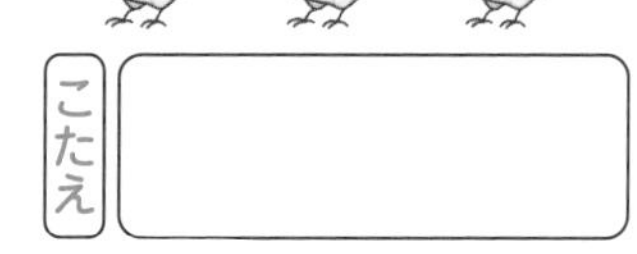

こたえ

2 男（おとこ）の子（こ）が、5人（にん）　います。あとから　3人（にん）　きました。みんなで　なん人（にん）に　なりましたか。（10てん）

しき　□＋□＝□

こたえ

3 いろがみを　6まい　もって　います。おかあさんに　4まい　もらいました。いろがみは、なんまいに　なりましたか。（10てん）

しき

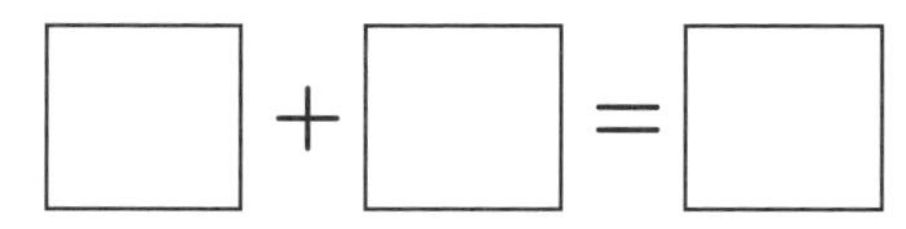

□＋□＝□

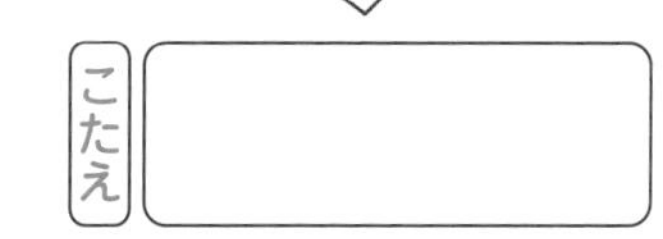

こたえ

4 犬（いぬ）が　7ひき　います。そのあと　2ひき　きました。犬（いぬ）は、なんびきに　なりましたか。（10てん）

しき　□＋□＝□

こたえ

5 車（くるま）が　2だい　とまって　います。あとから　8だい　きました。車（くるま）は、ぜんぶで　なんだいに　なりましたか。（15てん）

しき

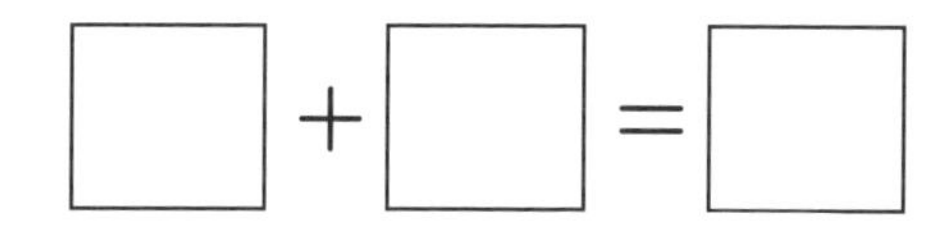

□＋□＝□

こたえ

6 みかんを　4こ　たべると、のこりは　5こになりました。みかんは、はじめ　なんこ　ありましたか。（15てん）

しき

□＋□＝□

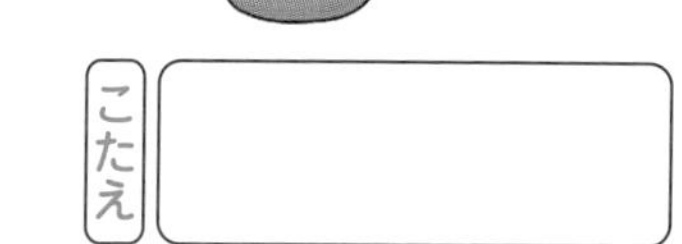

こたえ

7 きのう、赤（あか）い　花（はな）が　3本（ぼん）、白（しろ）い花（はな）が　2本（ほん）さいて　いました。きょう、赤（あか）い　花（はな）が　2本（ほん）と白（しろ）い　花（はな）が　5本（ほん）　さきました。

❶ 赤（あか）い　花（はな）は、なん本（ぼん）　さきましたか。（15てん）

しき　□＋□＝□　こたえ

❷ 白（しろ）い　花（はな）は、なん本（ぼん）　さきましたか。（15てん）

しき　□＋□＝□　こたえ

テスト 19 ハイレべ ハイレベル

⑤ たしざん（1）

じかん 15ふん　ごうかくてん 70てん　　てん

1　ぼくは、えんぴつを　4本　もって　います。おとうとは　2本、いもうとは　3本　もって　います。みんなで　えんぴつを　なん本　もって　いますか。（10てん）

しき

こたえ

2　赤い　玉と　青い　玉と　みどりの　玉が、3こずつ　あります。玉は、ぜんぶで　なんこ　ありますか。（10てん）

しき

こたえ

3　子どもが　こうえんで　3人　あそんで　います。そこへ　2人　きました。そのあと　また　2人きました。みんなで　なん人に　なりましたか。（10てん）

しき

こたえ

4　めだかを　赤ぐみは　4ひき、白ぐみと　青ぐみは　2ひきずつ　かって　います。めだかを　ぜんぶで　なんびき　かって　いますか。（10てん）

しき

こたえ

5　あめを　きのうと　きょうで　3こずつ　たべると、のこりは　4こに　なりました。はじめ、あめは　なんこ　ありましたか。（10てん）

しき

こたえ

6　えりこさんは、くりを　3こ　もって　います。きょう、おとうさんと　おかあさんから　2こずつもらいました。くりは、ぜんぶで　なんこに　なりましたか。（10てん）

しき

こたえ

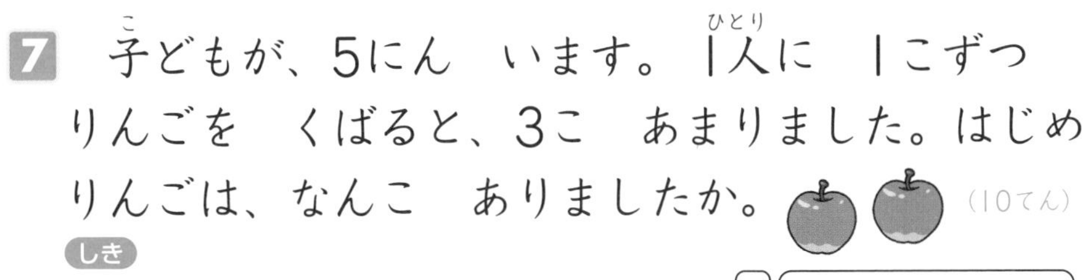

7 子どもが、5にん　います。1人に　1こずつ　りんごを　くばると、3こ　あまりました。はじめ　りんごは、なんこ　ありましたか。（10てん）

しき

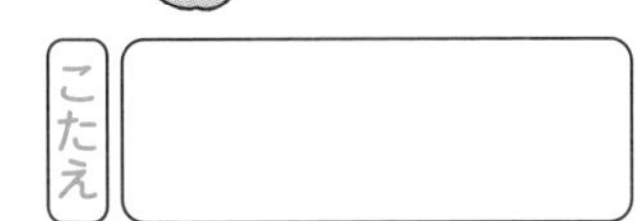

こたえ

8 7まいの　いろがみを　1まいずつ　ともだちに　くばります。みんなに　くばるには　2まい　たりません。子どもは、なん人　いますか。（10てん）

しき

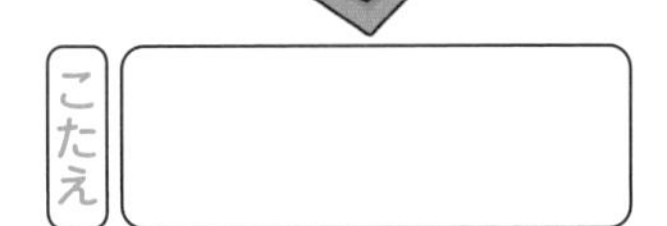

こたえ

9 みちこさんは、どんぐりを　4こ　ひろいました。おにいさんは、みちこさんより　2こ　おおく　ひろいました。2人で　どんぐりを　なんこ　ひろいましたか。（10てん）

しき

こたえ

10 くりは　1こ　2円、いちごは　1こ　3円です。くりと　いちごを　2こずつ　かうと、なん円に　なりますか。（10てん）

しき

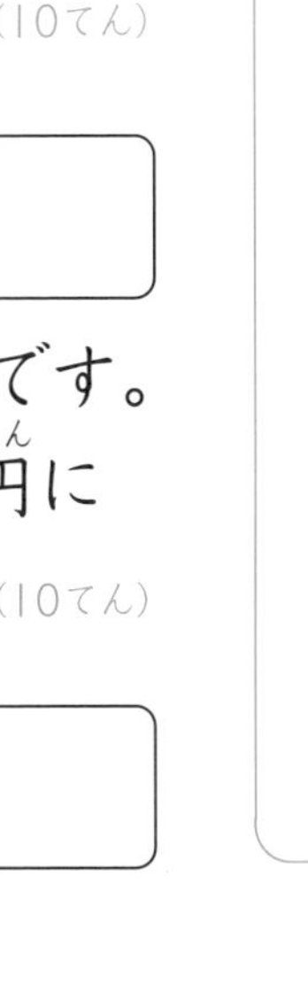

こたえ

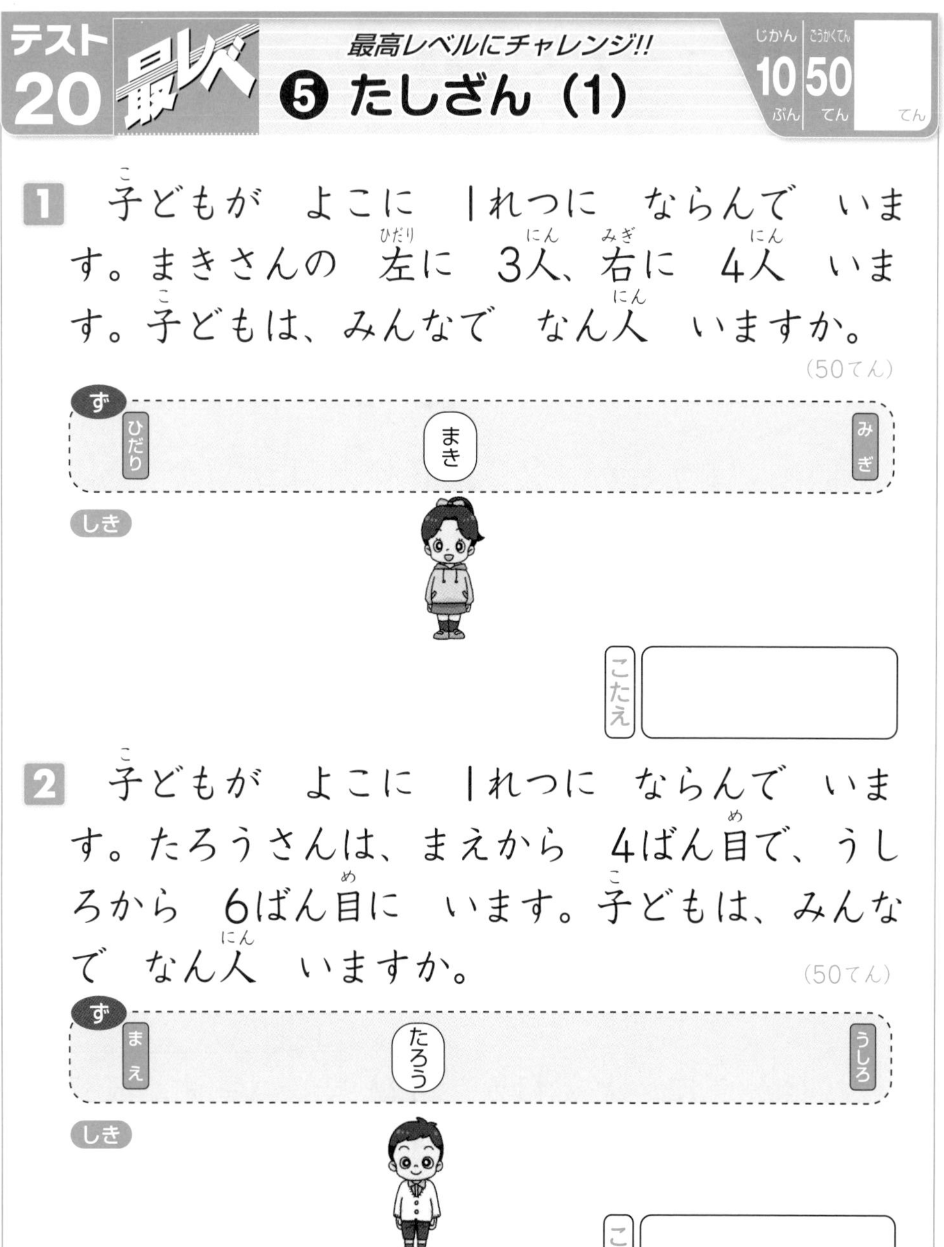

テスト20　最レベ　最高レベルにチャレンジ!!

❺ たしざん（1）

じかん 10ぷん　ごうかくてん 50てん　　てん

1 子どもが　よこに　1れつに　ならんで　います。まきさんの　左に　3人、右に　4人　います。子どもは、みんなで　なん人　いますか。（50てん）

ず

しき

こたえ

2 子どもが　よこに　1れつに　ならんで　います。たろうさんは、まえから　4ばん目で、うしろから　6ばん目に　います。子どもは、みんなで　なん人　いますか。（50てん）

ず

しき

こたえ

リビューテスト 1-①（ふくしゅうテスト）

じかん 10ぷん ごうかくてん 70てん　てん

1 こうえんに　男の子が　3人、女の子が　4人　います。みんなで　なん人　いますか。（10てん）

しき

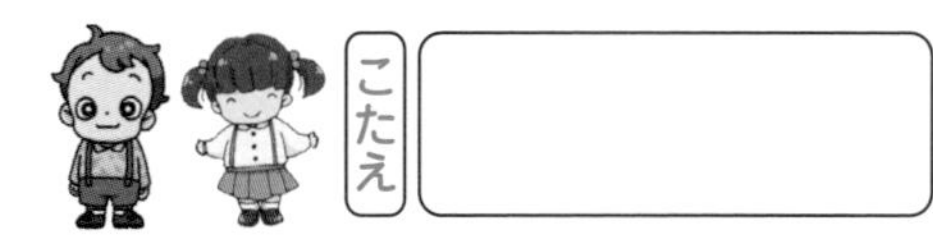

こたえ

2 赤い　ぼうしが　2こ、青い　ぼうしが　6こ　あります。ぼうしは、あわせて　なんこ　ありますか。（10てん）

しき

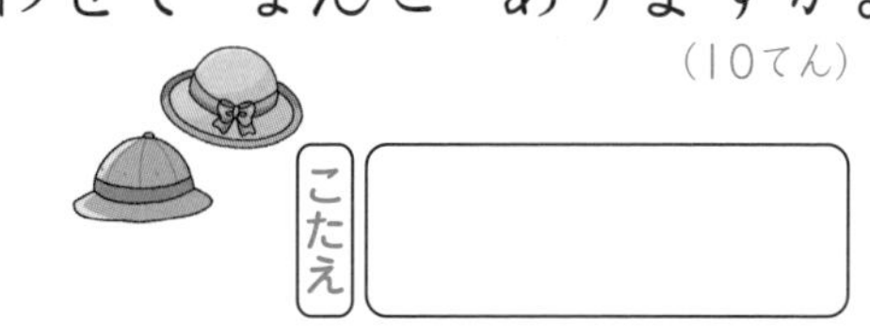

こたえ

3 おりがみを　4まい　もって　います。おかあさんから　2まい　もらいました。おりがみは、ぜんぶで　なんまいに　なりましたか。（10てん）

しき

こたえ

4 むしかごに　とんぼが　7ひき　います。そこに　2ひき　いれると、とんぼは　なんびきに　なりますか。（10てん）

しき

こたえ

5 わなげで　1かいめは　3こ　入り、2かいめは　入りませんでした。ぜんぶで　なんこ　入りましたか。（15てん）

しき

こたえ

6 おとうさんと　おかあさんから　本を　4さつずつ　もらいました。もらった　本は、ぜんぶで　なんさつですか。（15てん）

しき

こたえ

7 子どもが　2人　います。そこへ、男の子と　女の子が　3人ずつ　きました。子どもは、みんなで　なん人に　なりましたか。（15てん）

しき

こたえ

8 くりを　きのうと　きょうで　2こずつ　たべると、のこりは　5こに　なりました。くりは、はじめに　なんこ　ありましたか。（15てん）

しき

こたえ

リビューテスト 1-②
(ふくしゅうテスト)

じかん 10ぷん　ごうかくてん 70てん　　てん

1　わたしは、けしごむを　5こ　もって　います。おとうとは　2こ　もって　います。2人(ふたり)　あわせると　なんこに　なりますか。　(10てん)

しき

こたえ

2　おはじきを　4こ　もって　います。5こ　もらうと、おはじきは　なんこに　なりますか。　(10てん)

しき

こたえ

3　あめを　右手(みぎて)に　2こ、左手(ひだりて)に　4こ　もって　います。あめは、ぜんぶで　なんこ　ありますか。　(10てん)

しき

こたえ

4　はとが、にわに　6わ　います。4わ　とんで　きました。はとは、ぜんぶで　なんわに　なりましたか。　(10てん)

しき

こたえ

5　まとあてを　しました。1かい目(め)は　3てん、2かい目(め)は　0てん、3かい目(め)も　0てん　でした。ぜんぶで　なんてんに　なりましたか。　(15てん)

しき

こたえ

6　3人(にん)の　ともだちに、2こずつ　どんぐりを　くばります。どんぐりは、なんこ　いりますか。(15てん)

しき

こたえ

7　くりを　4こ　ひろいました。おにいさんは、それより　1こ　おおく　ひろいました。2人(ふたり)で　くりを　なんこ　ひろいましたか。　(15てん)

しき

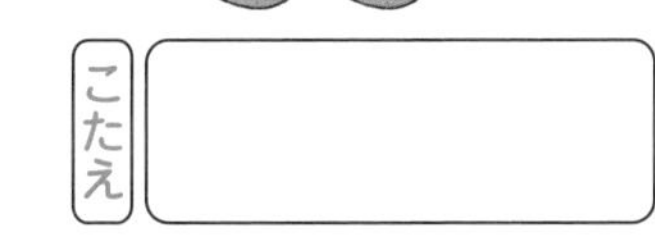

こたえ

8　ぼくは、みかんを　2こ　たべました。おねえさんは　それより　1こ　おおく、おにいさんは　おねえさんより　2こ　おおく　たべました。3人(にん)で　みかんを　なんこ　たべましたか。　(15てん)

しき

こたえ

テスト21 標準レベル1 ❻ ひきざん (1) (のこり)

1 かきが、4こ　あります。2こ　たべると、なんこに　なりますか。 (10てん)

しき

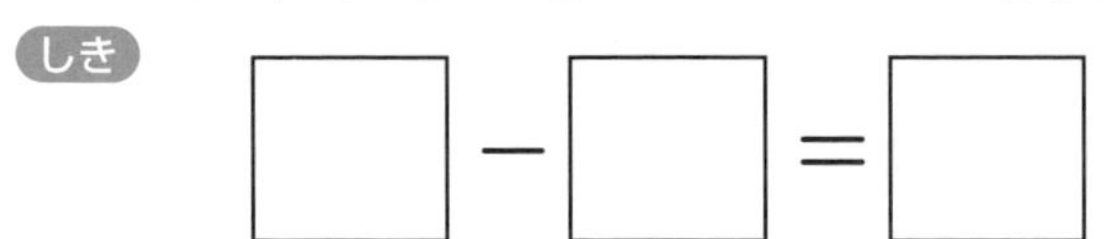

□ － □ ＝ □

こたえ □

2 こうえんに　男の子が、6人　います。3人　かえると　なん人に　なりますか。 (10てん)

しき

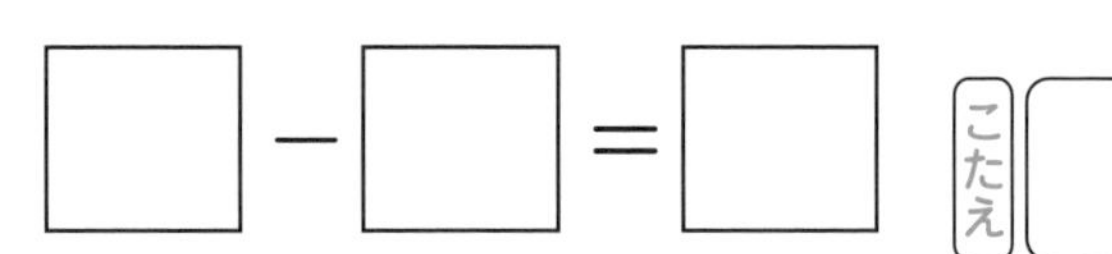

□ － □ ＝ □

こたえ □

3 すずめが、9わ　いました。そのうち　2わが　とんで　いきました。すずめは、なんわに　なりましたか。(10てん)

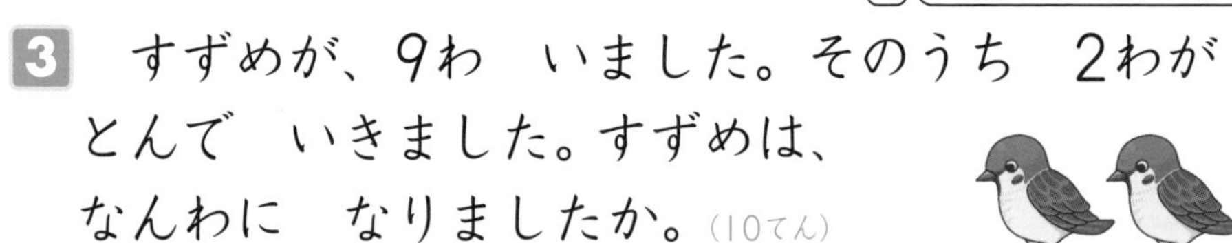

しき

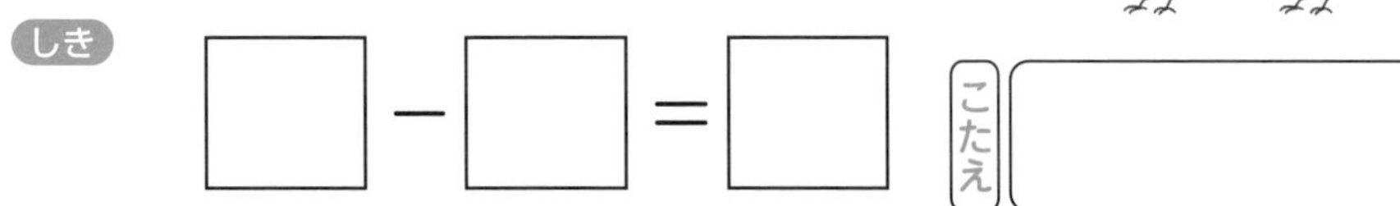

□ － □ ＝ □

こたえ □

4 いろがみが、7まい　ありました。そのうちの　4まい　つかいました。いろがみは、なんまい　のこって　いますか。(10てん)

しき

□ － □ ＝ □

こたえ □

5 おにぎりが、5こ　あります。ぼくが、1人で　5こ　たべました。のこりは、なんこですか。 (10てん)

しき

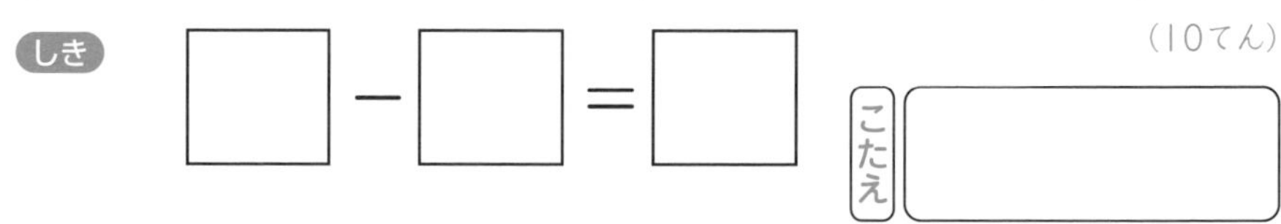

□ － □ ＝ □

こたえ □

6 りんごが、4こ　あります。いもうとが　4こ　たべると、のこりは　なんこですか。 (10てん)

しき

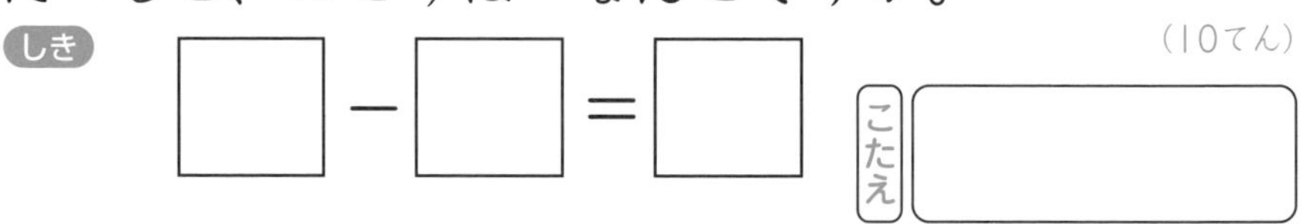

□ － □ ＝ □

こたえ □

7 あめが、10こ　あります。ぼくが　そのうちの　3こ　たべて、おとうとが　2こ　たべました。あめは、あと　なんこ　のこって　いますか。(20てん)

しき

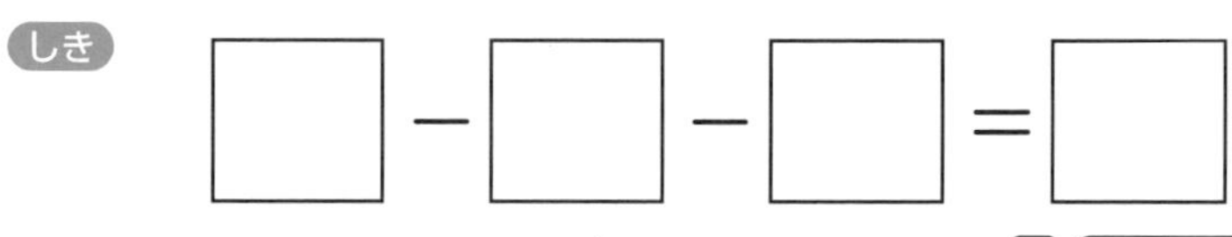

□ － □ － □ ＝ □

こたえ □

8 子どもが　7人　あそんで　います。そのうち　男の子が　2人、女の子が　3人　かえりました。子どもは、なん人　のこって　いますか。 (20てん)

しき

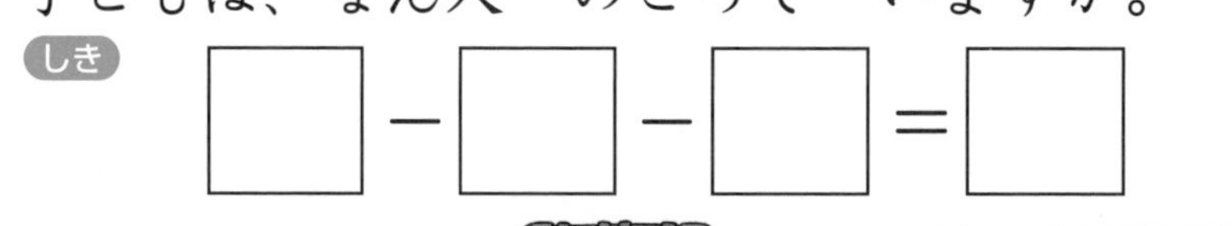

□ － □ － □ ＝ □

こたえ □

テスト22 標準レベル2

⑥ ひきざん（1）（ちがい）

じかん 10ぷん　ごうかくてん 80てん　てん

1 みかんが　6こ、りんごが　4こ　あります。みかんは、りんごより　なんこ　おおいですか。（10てん）

しき

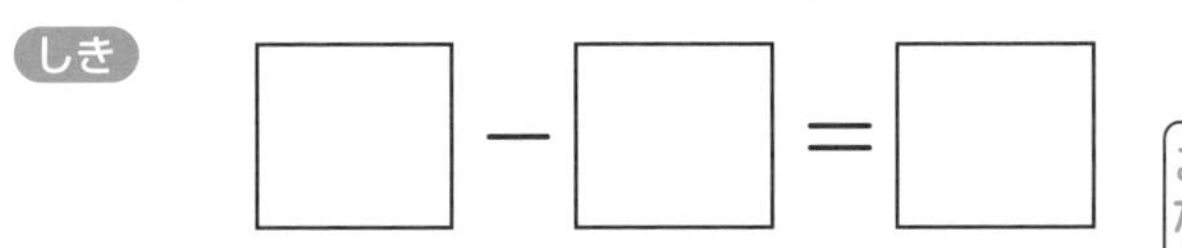

□－□＝□

こたえ

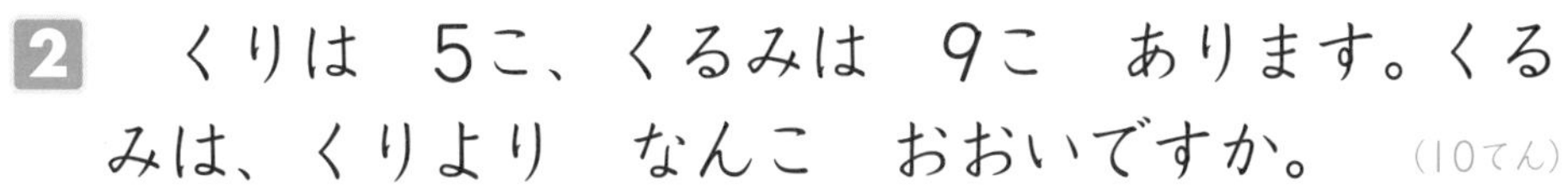

2 くりは　5こ、くるみは　9こ　あります。くるみは、くりより　なんこ　おおいですか。（10てん）

しき

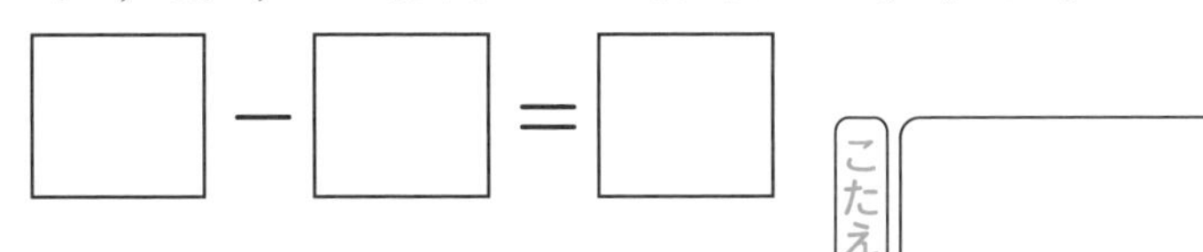

□－□＝□

こたえ

3 犬（いぬ）は　8ひき、ねこは　3びき　います。どちらが、なんびき　おおい　ですか。（15てん）

しき

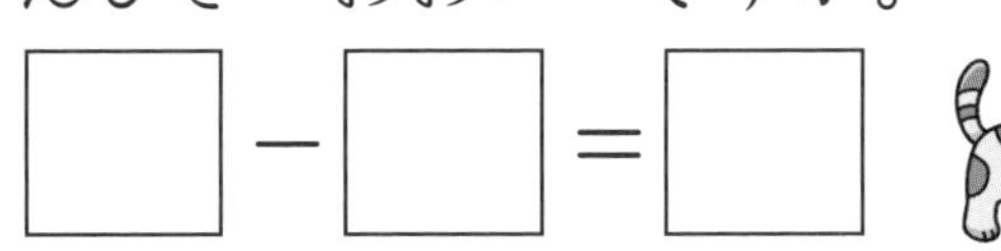

□－□＝□

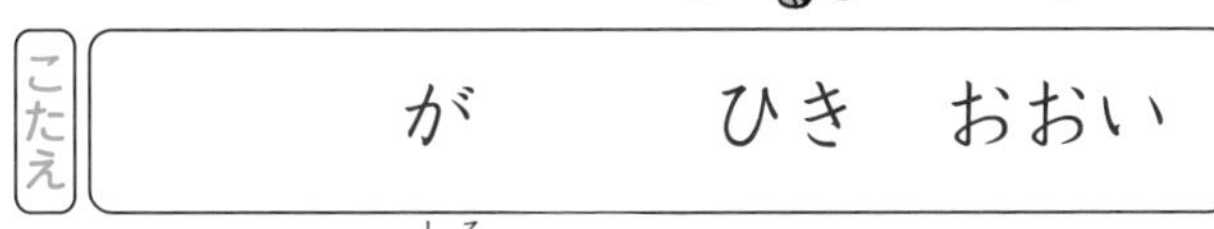

こたえ　が　ひき　おおい

4 赤（あか）い　かみが　7まい、白（しろ）い　かみが　4まい　あります。どちらが　なんまい　おおいですか。（15てん）

しき

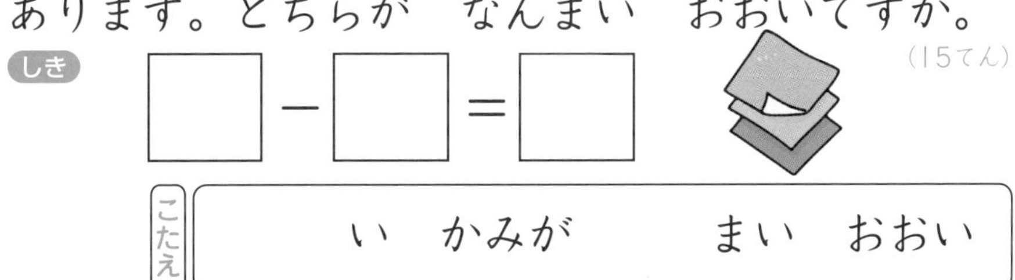

□－□＝□

こたえ　い　かみが　まい　おおい

5 わなげで　たけしさんは、2つ　入（はい）りました。ゆりさんは、ひとつも　入（はい）りませんでした。入（はい）った　かずの　ちがいは、なんこですか。（15てん）

しき

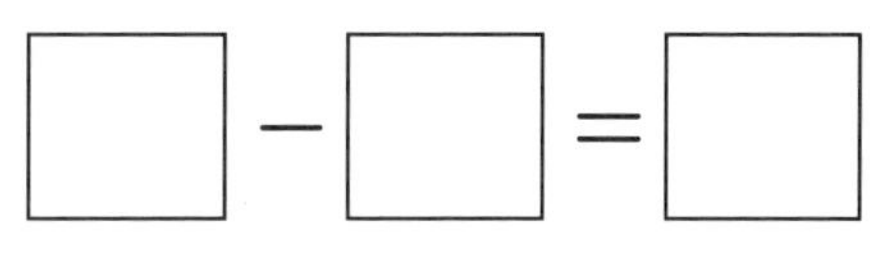

□－□＝□

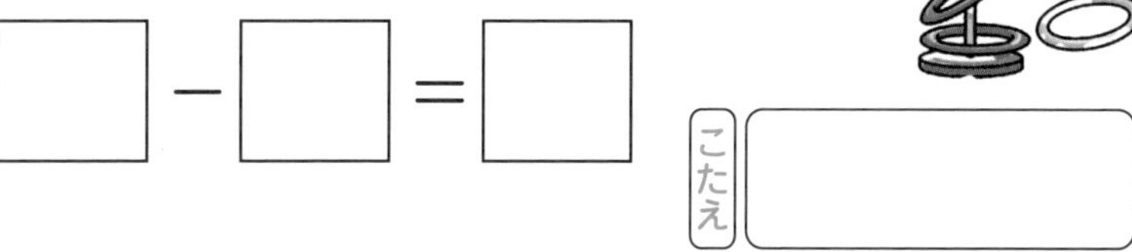

こたえ

6 まとあてで　ひろしさんは　3てん、みどりさんも　3てん　です。2人（ふたり）の　てんすうの　ちがいは、なんてんですか。（15てん）

しき

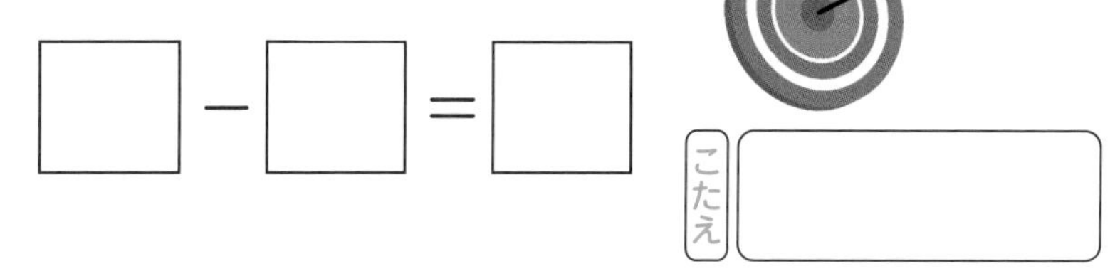

□－□＝□

こたえ

7 こうえんに　犬（いぬ）が　7ひき、ねこが　5ひき　います。そのうち　犬（いぬ）が　2ひき　いなくなり、ねこは　4ひき　いなくなりました。いま、犬（いぬ）と　ねこの　かずは、なんびき　ちがいますか。（20てん）

しき

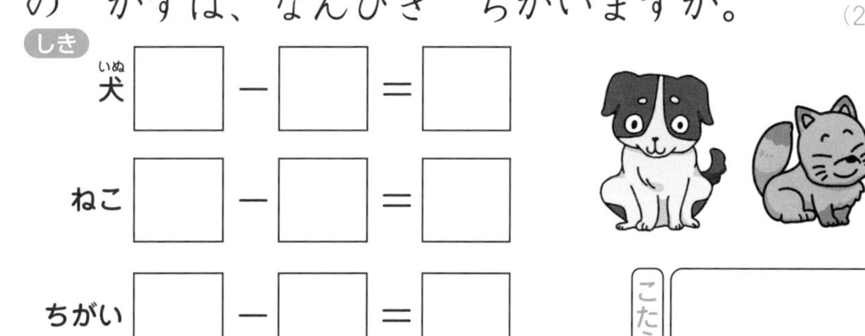

犬（いぬ）　□－□＝□

ねこ　□－□＝□

ちがい　□－□＝□

こたえ

テスト23 ハイレベ ハイレベル

⑥ ひきざん (1)

じかん 15ふん ごうかくてん 70てん てん

1 えんぴつを 9本(ほん) もって います。おとうとに 4本(ほん)、いもうとに 2本(ほん) あげました。えんぴつは、なん本(ぼん) のこって いますか。 (10てん)

しき

こたえ

2 りんごは 7こ、みかんは 4こ あります。きょう、みかんを 2こ たべました。りんごと みかんの かずの ちがいは、なんこに なりましたか。 (10てん)

しき

こたえ

3 とんぼが 8ひき、はちが 5ひき います。そのあと とんぼが、5ひき とんで いきました。どちらが なんびき おおい ですか。 (10てん)

しき

こたえ　　　　が　　　　おおい

4 あめが、10こ あります。わたしと おねえさんで 2こずつ たべると、のこりは なんこに なりますか。 (10てん)

しき

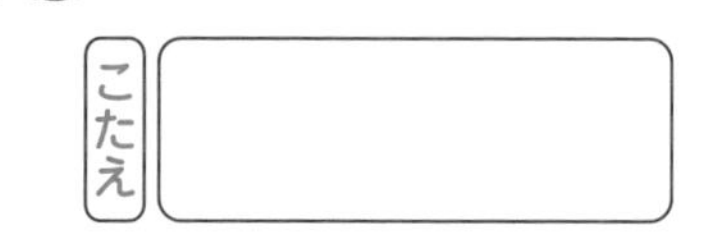

こたえ

5 あんパンが 7こ、メロンパンが 4こ あります。きょう、あんパンを 3こと メロンパンを 1こ たべました。どちらが なんこ おおく なりましたか。 (15てん)

しき

こたえ　　　　が　　　　おおい

6 からすが 5わと すずめが 7わ います。そのうち、からすが 1わと すずめが 5わ とんで いきました。どちらが なんわ おおく なりましたか。 (15てん)

しき

こたえ　　　　が　　　　おおい

7 子どもが　1れつに　10人　ならんで　います。たろうさんは　まえから　3ばん目で、ひろこさんは　うしろから　4ばん目に　います。(1つ10てん・20てん)

ず

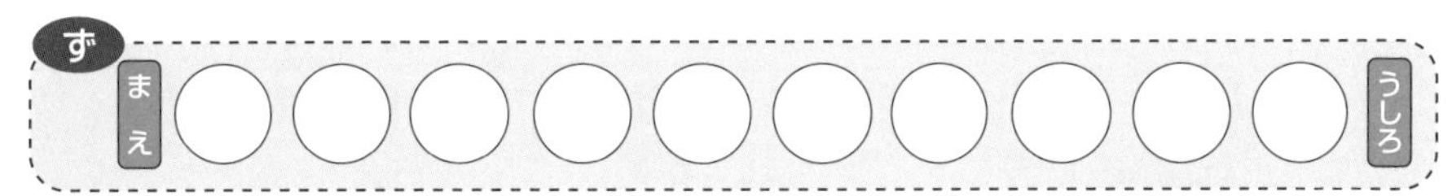

① ひろこさんは、まえから　なんばん目ですか。

しき

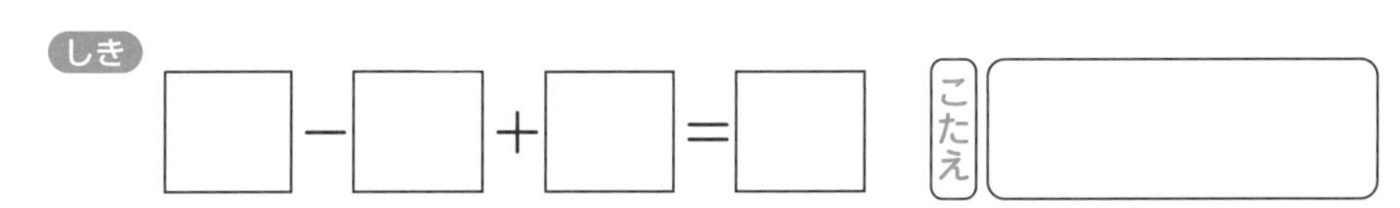

こたえ

② たろうさんと　ひろこさんの　あいだに　子どもが　なん人　いますか。

しき

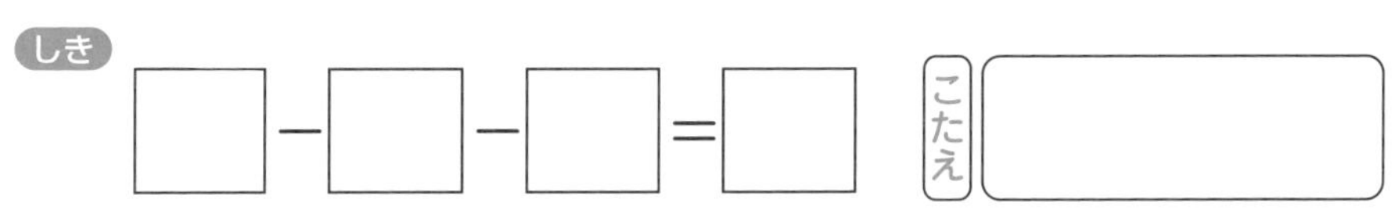

こたえ

8 赤と　白と　きいろの　かみが、あわせて　9まい　あります。白の　かみは、赤の　かみより　2まい　おおくて　4まい　あります。では、きいろの　かみは、なんまい　ありますか。(10てん)

しき
- 白い　かみ　□まい
- 赤い　かみ　□－□＝□
- きいろい　かみ

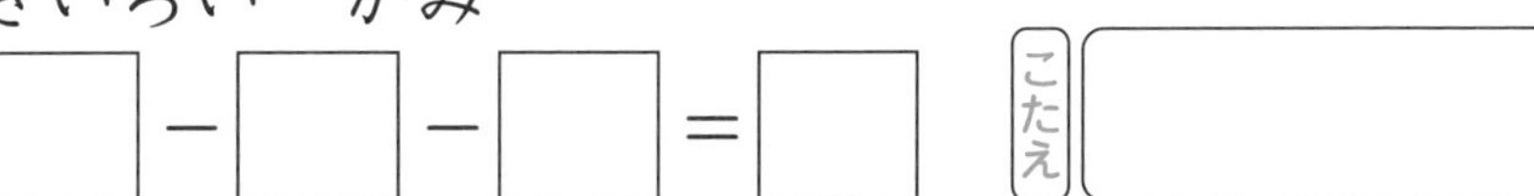

こたえ

テスト 24 最レベ　最高レベルにチャレンジ!!

⑥ ひきざん (1)

じかん 10ぷん　ごうかくてん 60てん　てん

● 8人まで　のれる　エレベーターが　あります。

① 1かいで　なん人か　のりましたが、あと　2人　のれます。いま、この　エレベーターの　中に　なん人　のって　いますか。(30てん)

しき

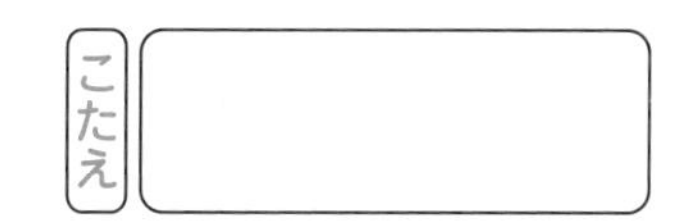

② 2かいでは　のって　きた　人が、おりた　人より　1人　おおかった　そうです。いま、エレベーターの　中に　なん人　のって　いますか。(30てん)

しき

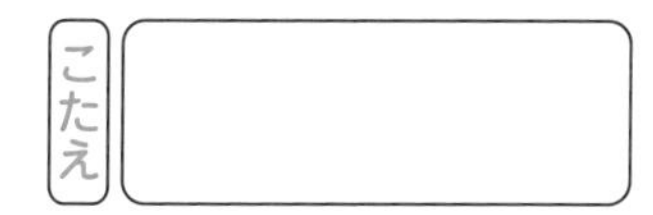

③ 3がいで　5人が　エレベーターを　まって　いましたが、そのうち　2人が　のれませんでした。3がいで　おりた　人は、なん人ですか。(40てん)

しき

こたえ

テスト25 標準レベル1 ⑦たしざんと　ひきざん(1)

じかん 10ぷん　ごうかくてん 80てん　てん

れい

こうえんに、こどもが　7人　います。3人　きました。そのあと　4人　かえりました。子どもは　なん人　のこって　いますか。

子ども　7人（はじめの　かず）　3人　きた（ふえた　かず）　4人　かえった（へった　かず）

しき　7 ＋ 3 － 4 ＝ 6　　こたえ　6人

1　あめを　6こ　もって　います。おかあさんから　3こ　もらった　あと、2こ　たべました。あめは　なんこに　なりましたか。（25てん）

はじめ　6こ　　3こ　もらう　　2こ　たべる

しき

□ ＋ □ － □ ＝ □

こたえ

2　はとが　4わ　います。5わ　とんで　きました。そのあと、6わ　とんで　いきました。はとは、なんわに　なりましたか。（25てん）

しき

□ ＋ □ － □ ＝ □

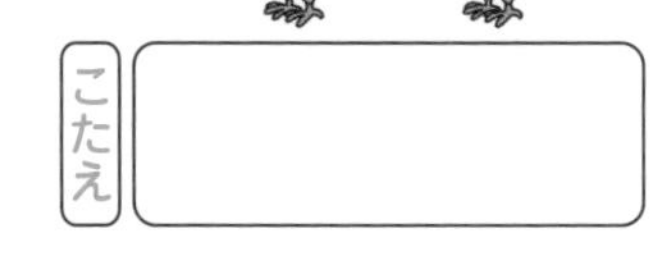
こたえ

れい

おりがみを　5まい　もって　います。2まい　つかいました。そのあと、3まい　もらいました。おりがみは、なんまいに　なりましたか。

はじめ　5まい（はじめの　かず）　2まい　つかう（へった　かず）　3まい　もらう（ふえた　かず）

しき　5 － 2 ＋ 3 ＝ 6　　こたえ　6まい

3　車が、9だい　とまって　います。6だい　出て　いきました。そして、4だい　きました。車は、ぜんぶで　なんだいに　なりましたか。（25てん）

はじめ　9だい　　6だい　でていく　　4だい　くる

しき

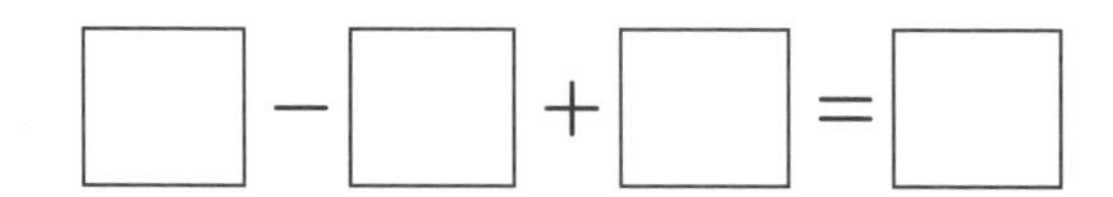
□ － □ ＋ □ ＝ □

こたえ

4　とんぼが、にわに　8ひき　います。5ひき　とんで　いきました。そのあと　6ぴき　とんで　きました。とんぼは、なんびきに　なりましたか。（25てん）

しき

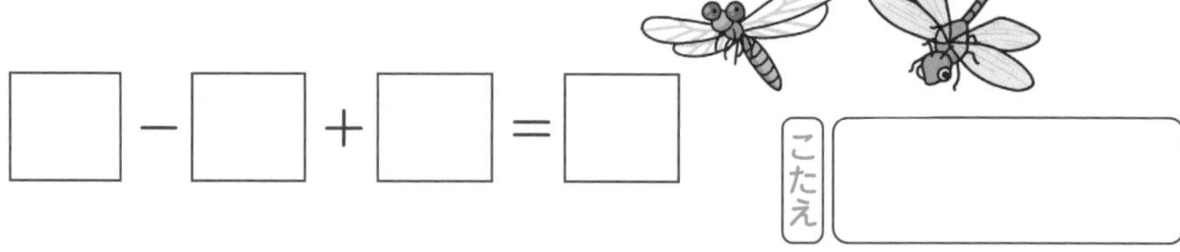
□ － □ ＋ □ ＝ □

こたえ

テスト 26 標準レベル 2

⑦ たしざんと ひきざん (1)

じかん 10ぷん　ごうかくてん 80てん　　てん

れい ねこは、いぬより 2ひき おおくて 5ひき います。あわせて なんびき いますか。

ねこの かず…

5 ひき

しき
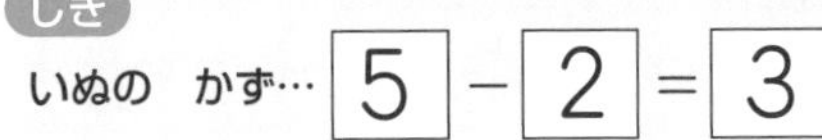

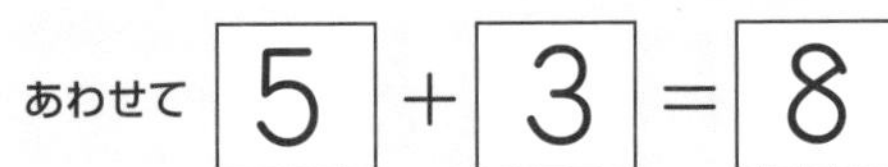

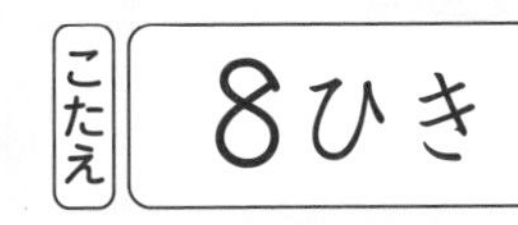

1 ぶたは、うしより 6とう おおくて 8とう います。あわせて なんとう いますか。 (25てん)

ぶたの かず…

□ とう

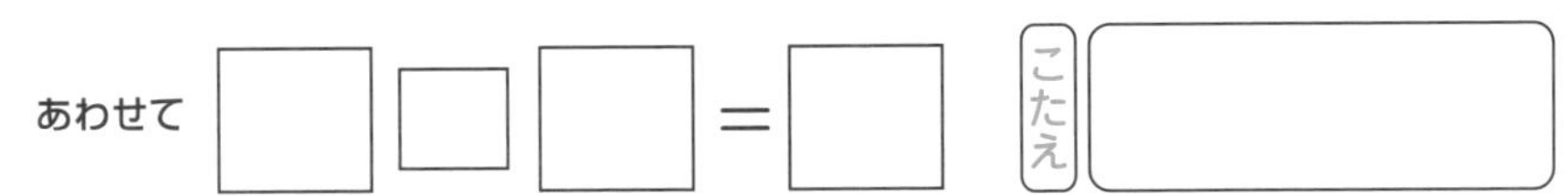

こたえ □

2 くりは、みかんより 5こ おおくて 7こ あります。あわせて なんこ ありますか。 (25てん)

しき くりの かず… □ こ　みかんの かず… □□□＝□

あわせて □□□＝□　こたえ □

れい はとは、すずめより 3わ すくなくて 2わ います。とりは、あわせて なんわ いますか。

しき
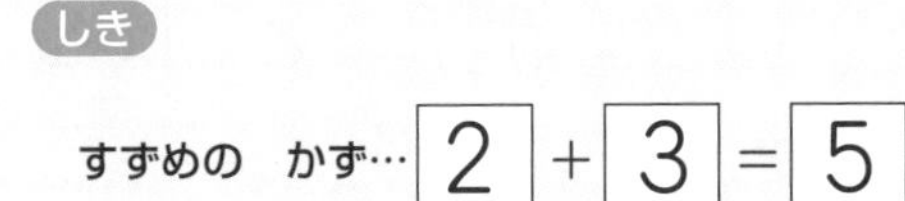

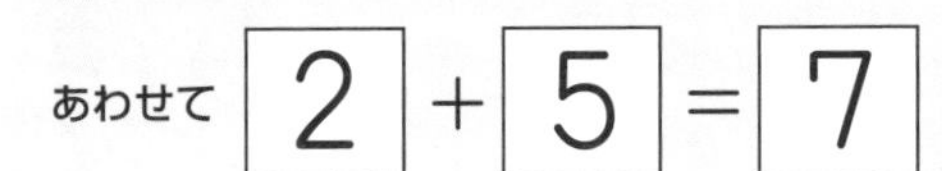

こたえ 7わ

3 赤(あか)い あめは、白(しろ)い あめより 4こ すくなくて 3こ あります。あめは、あわせて なんこ ありますか。 (25てん)

しき 赤(あか)い あめ… □ こ

白(しろ)い あめ… □□□＝□

4こ すくない

あわせて □□□＝□　こたえ □

4 りすは、ねずみより 2ひき すくなくて 3びき います。あわせて なんびき いますか。 (25てん)

しき りすの かず… □ びき

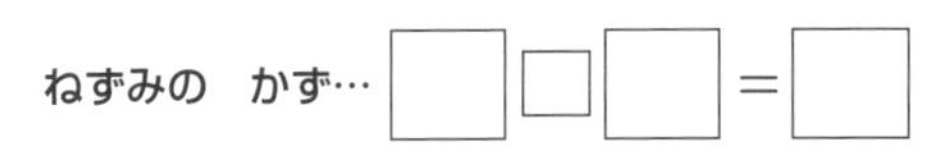

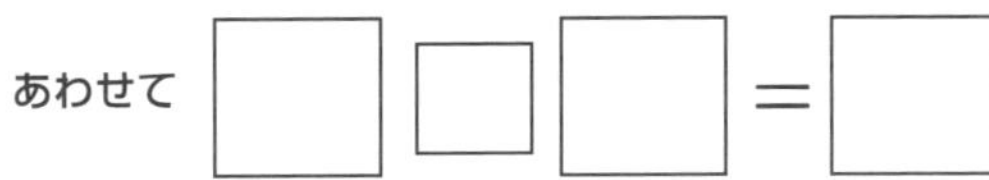

こたえ □

テスト 27 ハイレベ ハイレベル ⑦ たしざんと　ひきざん（1）

じかん 15ふん　ごうかくてん 70てん　てん

れい　にわとりが、3わ　います。すずめと　はとが　2わずつ　とんで　きました。とりは、ぜんぶで　なんわに　なりましたか。

ふえた　かず　すずめ…2わ　はと…2わ

しき　ぜんぶで

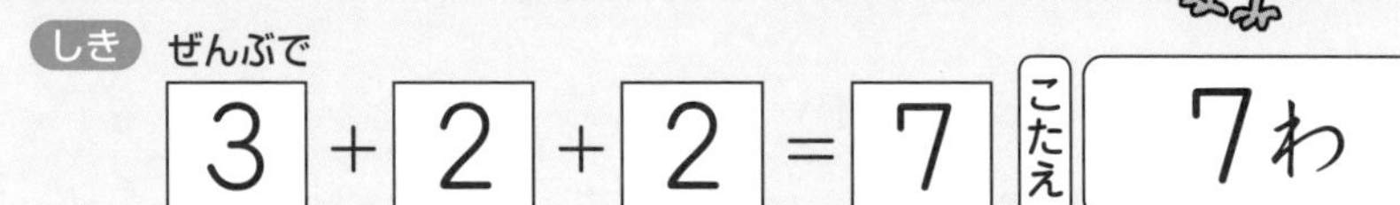

3 ＋ 2 ＋ 2 ＝ 7　　こたえ　7わ

1　子(こ)どもが、4人(にん)　います。男(おとこ)の子(こ)と　女(おんな)の子(こ)が　3人(にん)ずつ　きました。こどもは、みんなで　なん人(にん)に　なりましたか。（15てん）

ふえた　かず　男(おとこ)の子(こ)…□人(にん)

女(おんな)の子(こ)…□人(にん)

しき

みんなで

□□□□□＝□　こたえ □

2　くるみが、8こ　あります。りすと　ねずみが　2こずつ　たべると、のこりは　なんこですか。（15てん）

しき　たべる　かず　りす…□こ　ねずみ…□こ

のこりは

□□□□□＝□　こたえ □

れい　パンと　ケーキが、あわせて　7こ　あります。そのうち　パンは　2こです。パンと　ケーキでは、どちらが　なんこ　おおいですか。

しき　ケーキの　かずは…7 − 2 ＝ 5

しき　パンと　ケーキの　ちがいは

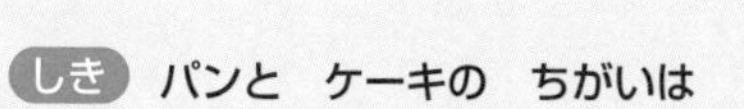

5 − 2 ＝ 3　　こたえ

ケーキが 3こ　おおい

3　とんぼと　せみが、あわせて　8ひき　います。そのうち　とんぼは　5ひきです。とんぼと　せみとでは、どちらが　なんびき　おおいですか。（15てん）

せみの　かずは…□□□＝□

しき　とんぼと　せみの　ちがいは

□□□＝□　こたえ　□が　□おおい

4　どんぐりと　くりが、あわせて　10こ　あります。そのうち　くりは　4こです。どんぐりと　くりとでは、どちらが　なんこ　すくないですか。（15てん）

しき　どんぐりの　かずは…□□□＝□

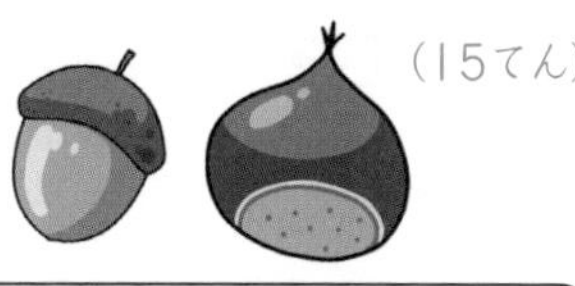

どんぐりと　くりの　かずの　ちがいは

□□□＝□　こたえ　□が　□すくない

れい りんごが、5こ　あります。かきは　りんごより　2こ　おおく、みかんは　かきより　3こ　すくないです。みかんは、なんこ　ありますか。

しき
かきの　かず… 5 ＋ 2 ＝ 7
みかんの　かず… 7 － 3 ＝ 4

こたえ　4こ

5 いちごは、6こ　あります。ももは　いちごより　3こ　おおく、いちじくは　ももより　5こ　すくないです。いちじくは、なんこ　ありますか。　(20てん)

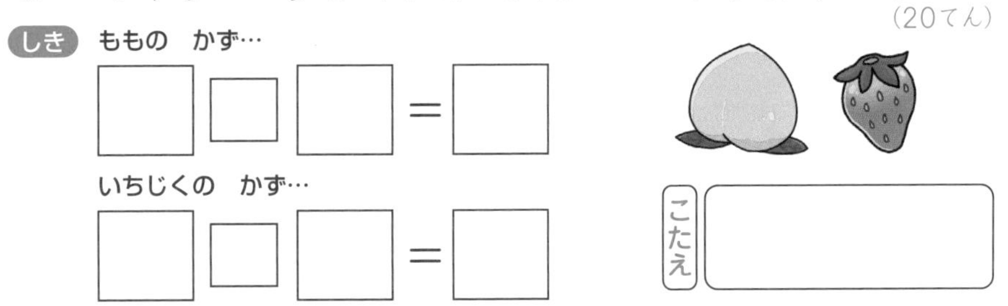

6 ケーキが、8こ　あります。パンは　ケーキより　4こ　すくなく、ドーナツは　パンより　2こ　すくないです。ドーナツは、なんこですか。　(20てん)

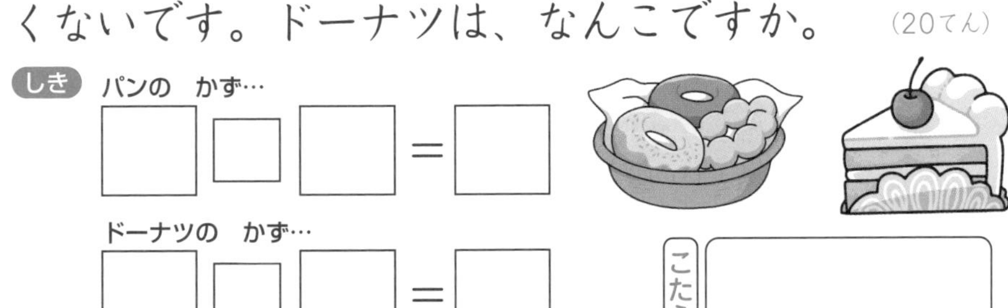

● 下の　ずを　見て、もんだいに　こたえなさい。

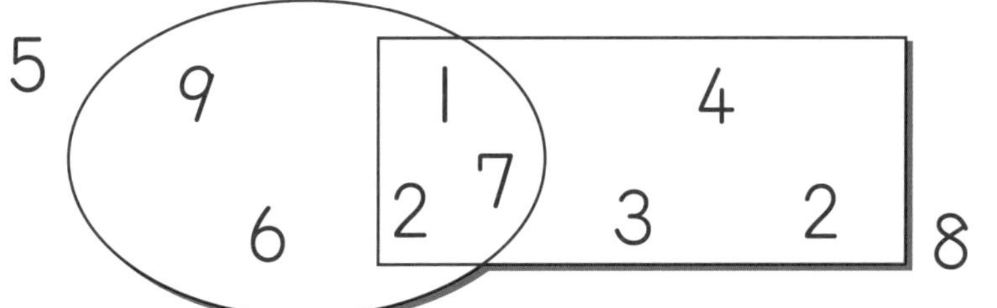

❶ まるに　入って　いる　かずの　中で、いちばん　大きい　かずを　かきなさい。　(25てん)

こたえ

❷ ながしかく　だけに　入って　いる　かずを　ぜんぶ　たすと、いくつですか。　(25てん)

しき

こたえ

❸ まるにも　ながしかくにも　入って　いない　かずの　ちがいは、いくつですか。　(25てん)

しき

こたえ

❹ まるにも　ながしかくにも　入って　いる　かずを　ぜんぶ　たすと、いくつですか。(25てん)

しき

こたえ

テスト 29 標準 レベル1

⑧ 20までの かず

1 えを 見(み)て、もんだいに こたえなさい。（1つ10てん・20てん）

① はさみは、なんこ ありますか。 こたえ

② のりは、なんこ ありますか。 こたえ

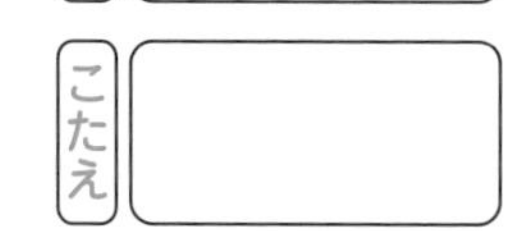

2 えを 見(み)て、かずを かきなさい。（1つ10てん・30てん）

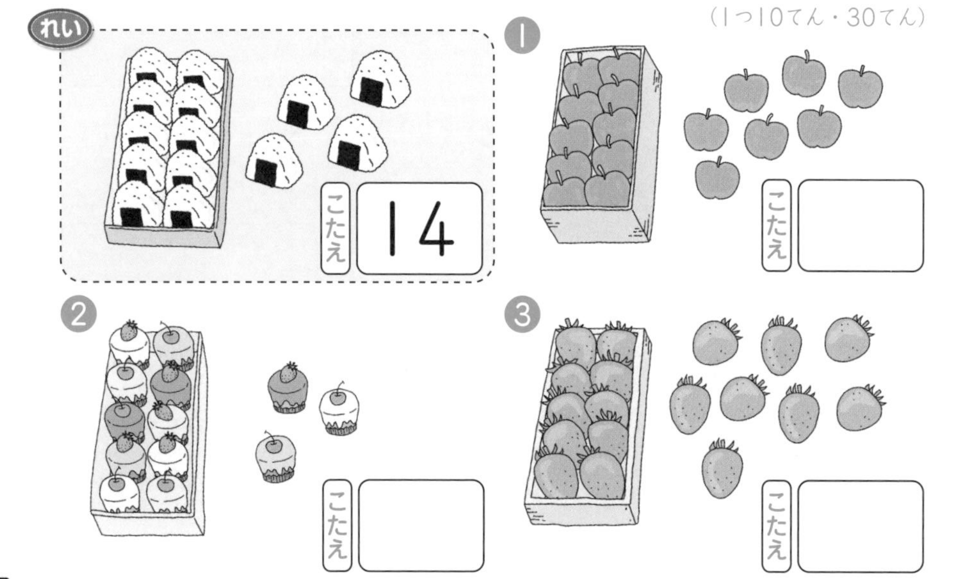

3 つぎの ような かずを かいた かみが あります。

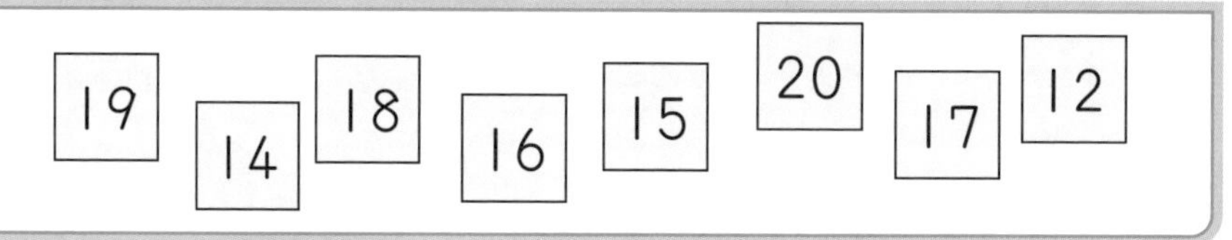

① いちばん 小(ちい)さい かずを かきなさい。（10てん） こたえ

② 16より 小(ちい)さい かずを ぜんぶ かきなさい。（10てん） こたえ

③ かずの 大(おお)きい じゅんに ならべなさい。（10てん）

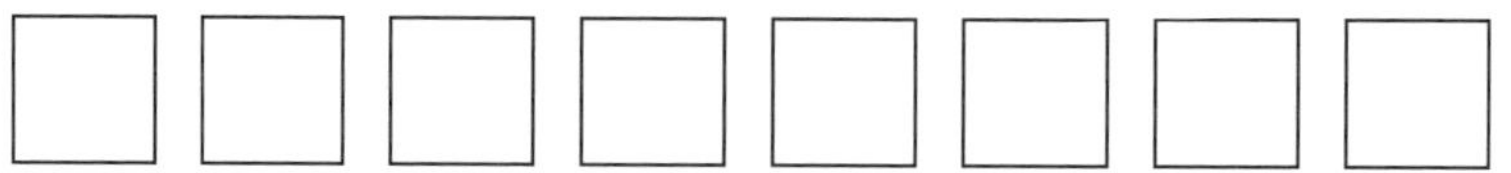

4 おなじ かずを ――― で むすびなさい。（1つ5てん・20てん）

12　18　15　16

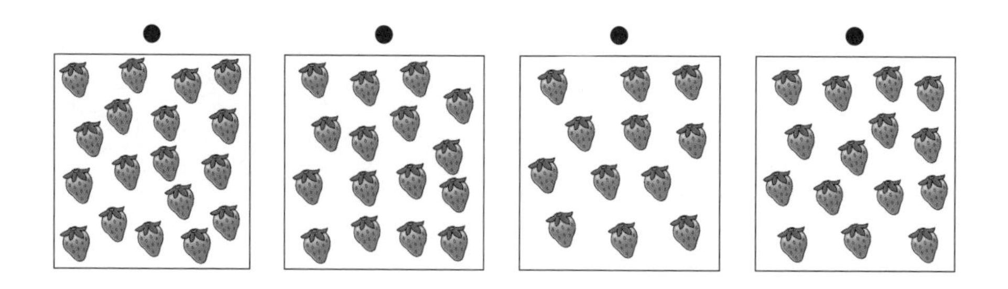

テスト30 標準 レベル2 ⑧ 20までの　かず

じかん 10ぷん　ごうかくてん 80てん　てん

1 下の　かずの　せんを　見て、もんだいに　こたえなさい。（1つ5てん・25てん）

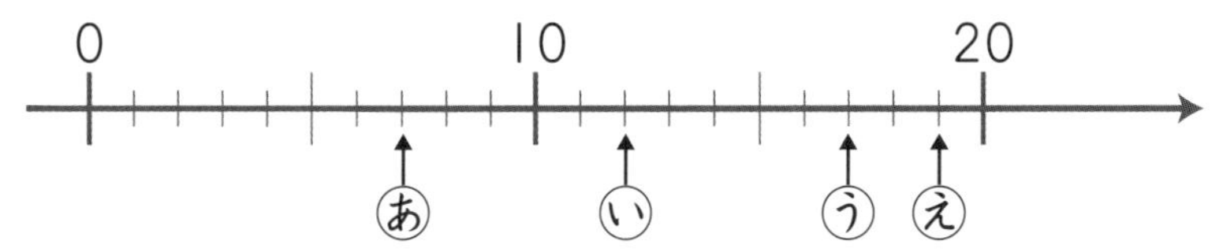

❶ あ〜えの　かずを　かきなさい。

あ（　　）　い（　　）　う（　　）　え（　　）

❷ いより　4　小さい　かずを　こたえなさい。

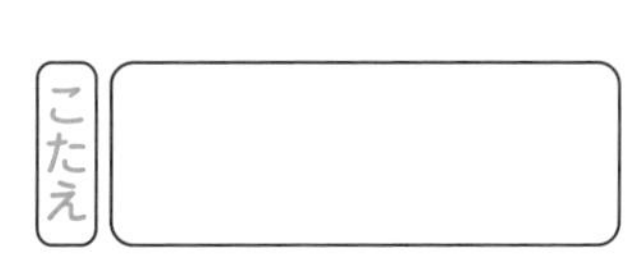

2 □に　あてはまる　かずを　かきなさい。（1つ5てん・10てん）

❶ 10—11—□—13—□—□—16

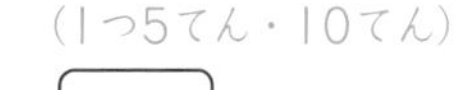

❷ 13—□—15—16—□—18—□

3 かずの　小さい　じゅんに　かきなさい。（1つ5てん・15てん）

❶（14・9・7・16）➡（□・□・□・□）

❷（15・8・12・18）➡（□・□・□・□）

❸（14・11・19・17）➡（□・□・□・□）

4 □の　中に　あてはまる　かずを　かきなさい。（1つ5てん・15てん）

❶ 15—14—□—12—□—□—9

❷ 17—□—15—14—□—12—□

❸ □—18—17—□—15—□—13

5 かずの　大きい　じゅんに　かきなさい。（1つ5てん・15てん）

❶（12・15・11・13）➡（□・□・□・□）

❷（14・19・20・11）➡（□・□・□・□）

❸（13・15・18・12）➡（□・□・□・□）

6 11から　20までの　あてはまる　かずを　かきなさい。（1つ10てん・20てん）

❶ 1つ　とばして、小さい　じゅんに　かきなさい。

（11・□・□・□・□）

❷ 1つ　とばして、大きい　じゅんに　かきなさい。

（20・□・□・□・□）

⑧ 20までの　かず

じかん 15ふん　ごうかくてん 70てん　　てん

1 ずを　見て、もんだいに　こたえなさい。

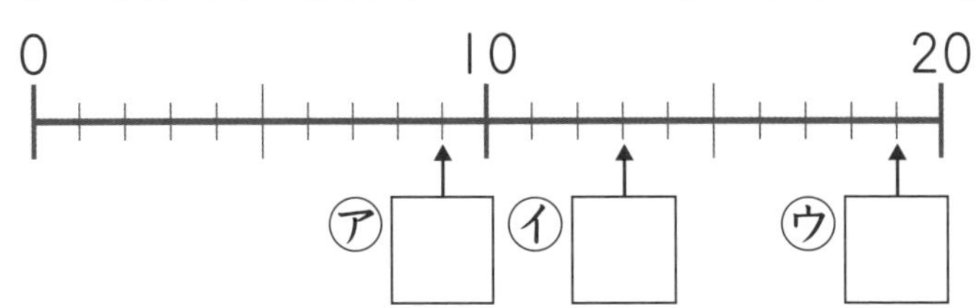

❶ ㋐〜㋒の　かずを　かきなさい。(12てん)

❷ 10より　7　大きい　かずは、いくつですか。(4てん)

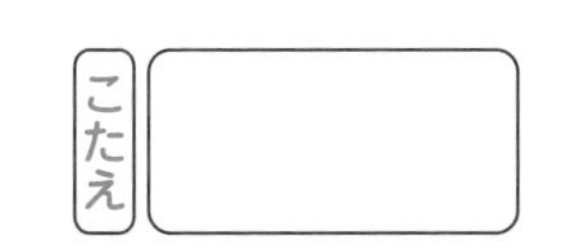

こたえ

❸ ㋐の　かずと　㋒の　かずの　ちょうど　まん中の　かずは、いくつですか。(4てん)

こたえ

2 1から　1つとばしに　19までの　かずを　かいた　カードが　あります。うらを　むいて　いる　カードの　かずを　かきなさい。(10てん)

こたえ　　と

3 ぜんぶで　なん円ですか。(1つ4てん・20てん)

❶

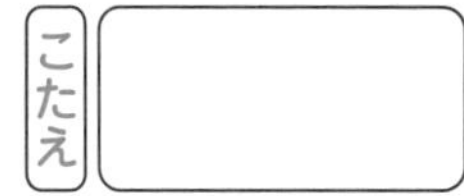

こたえ

❷

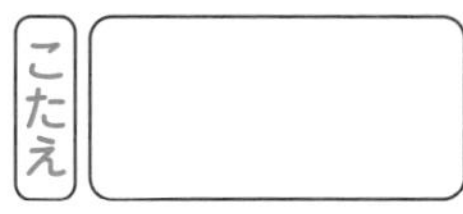

こたえ

❸

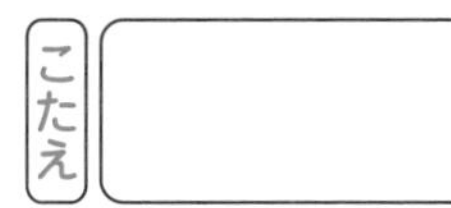

こたえ

❹ 10円玉　1まいと　1円玉　4まい

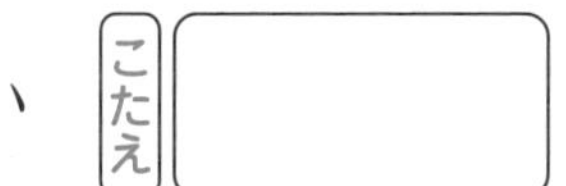

こたえ

❺ 5円玉　3まいと　1円玉　4まい

こたえ

4 3人の　女の子が、玉入れを　しました。それぞれ　なんてん　ですか。○の　玉は　2てんで、●の　玉は　1てんです。(1つ5てん・15てん)

あ

(　　)てん

い

(　　)てん

う

(　　)てん

5 □に　かずを　かきなさい。　(1つ4てん・20てん)

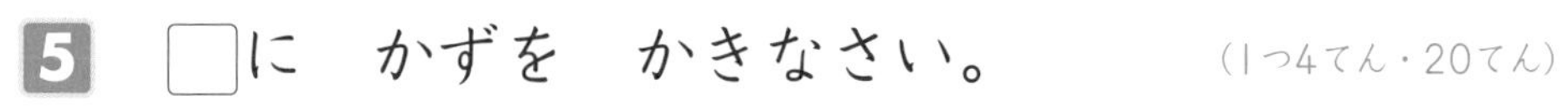

❶ 3—□—7—9—□—13—□

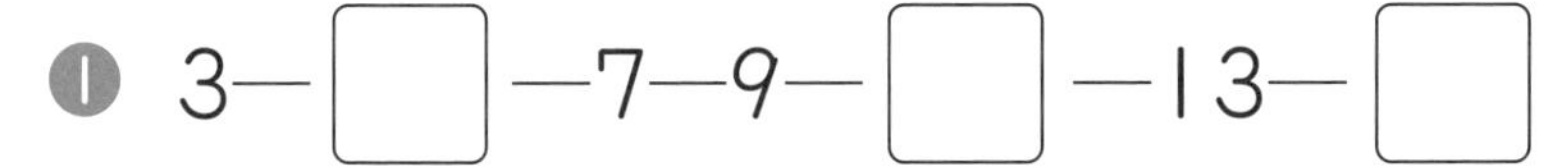

❷ 19—17—□—13—□—□—7

❸ 0—□—10—□—20

❹ 12は □ より　4小(ちい)さい　かずです。

❺ 18より　5小(ちい)さい　かずより □ 小(ちい)さい　かずは　11です。

6 あてはまる　かずを　ぜんぶ　かきなさい。　(1つ5てん・15てん)

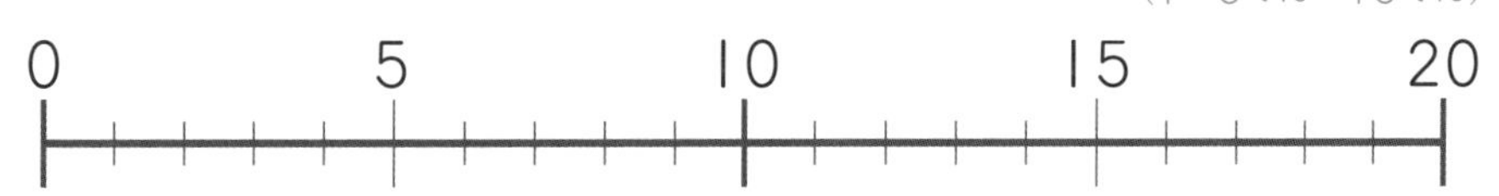

❶ 11より　大(おお)きく　16より　小(ちい)さい　かず

こたえ

❷ 14より　大(おお)きく　19より　小(ちい)さい　かず

こたえ

❸ 17より　小(ちい)さく　12より　大(おお)きい　かず

こたえ

最高レベルにチャレンジ!!

❽ 20までの　かず

じかん 10ぷん　ごうかくてん 50てん　てん

1 ずを　見(み)て、もんだいに　こたえなさい。　(1つ10てん・80てん)

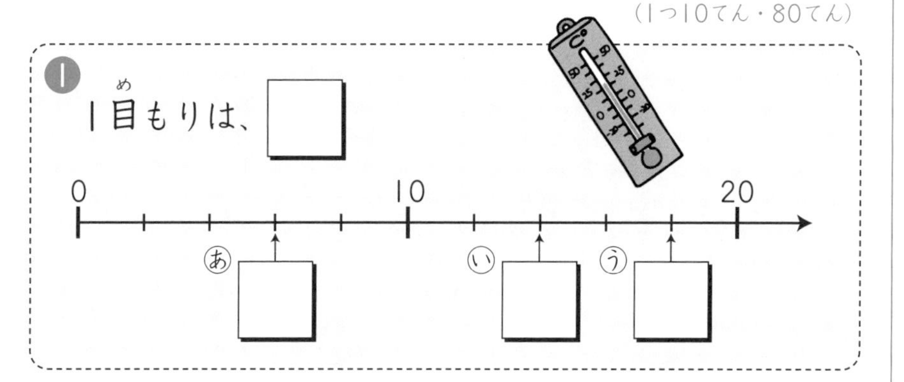

❶ 1目(め)もりは、□

あ □　い □　う □

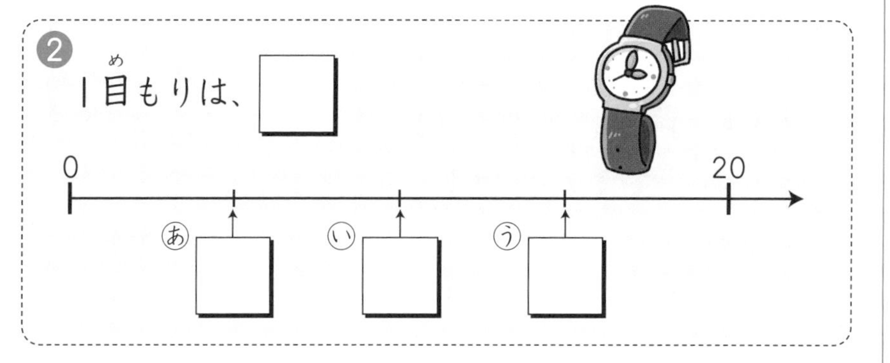

❷ 1目(め)もりは、□

あ □　い □　う □

2 ずを　見(み)て、もんだいに　こたえなさい。　(1つ4てん・20てん)

1目(め)もりは、□

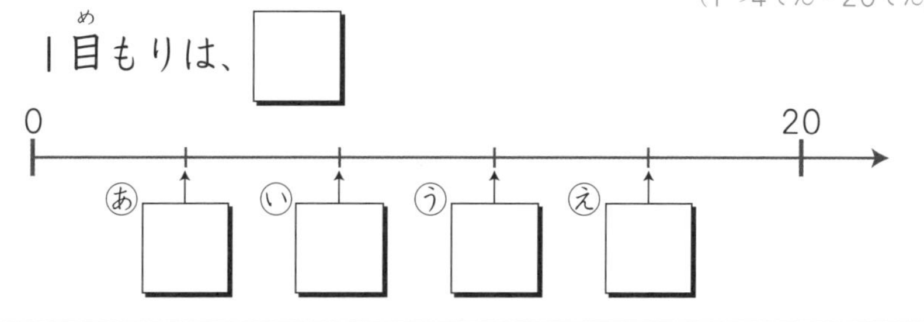

あ □　い □　う □　え □

テスト33 標準レベル1

⑨ たしざん (2)
(くり上がり・3つの　かずの　けいさん)

じかん 10ぷん　ごうかくてん 80てん　てん

1 けしごむが、10こ　あります。おにいさんから3こ　もらうと、ぜんぶで　なんこに　なりますか。(10てん)

しき

こたえ

2 いろがみが、12まい　あります。おねえさんから6まい　もらうと、ぜんぶで　なんまいに　なりますか。(10てん)

しき

こたえ

3 赤い　おはじきが　15こ、青い　おはじきが4こ　あります。おはじきは、ぜんぶで　なんこありますか。(10てん)

しき

こたえ

4 すずめが、やねに　5わ　います。13わ　とんできました。すずめは、ぜんぶで　なんわに　なりましたか。(10てん)

しき

こたえ

5 りんごが　左の　さらに　7こ、右の　さらに5こ　あります。りんごは、あわせて　なんこ　ありますか。(15てん)

しき

こたえ

6 こうえんで　男の子が　9人、女の子が　6人あそんで　います。子どもは、みんなで　なん人いますか。(15てん)

しき

こたえ

7 車が、8だい　とまって　います。9だい　きました。車は、ぜんぶで　なんだいに　なりましたか。(15てん)

しき

こたえ

8 ねこが　やねの　うえに　4ひき、にわに　8ひき　います。また、にわに　2ひき　きました。ねこは、ぜんぶで　なんびきに　なりましたか。(15てん)

しき

こたえ

⑨ たしざん (2)
(くり上がり・3つの かずの けいさん)

じかん 10ぷん　ごうかくてん 80てん　てん

1 金ぎょが 大きな 入れものに 10ぴき、小さな 入れものに 7ひき います。金ぎょは、ぜんぶで なんびき いますか。 (10てん)

しき

こたえ

2 赤い ぼうしが 14こ、青い ぼうしが 5こ あります。ぼうしは、あわせて なんこ ありますか。 (10てん)

しき

こたえ

3 ももが 右の かごに 6こ、左の かごに 12こ 入って います。ももは、あわせて なんこ ありますか。 (10てん)

しき

こたえ

4 みどりさんは、おりがみを 9まい もって います。おかあさんから 8まい もらいました。おりがみは、ぜんぶで なんまいに なりましたか。 (10てん)

しき

こたえ

5 おとなの 人が、バスに 7人 のって いました。そのあと 4人 のって きました。バスに のって いる 人は、なん人に なりましたか。 (10てん)

しき

こたえ

6 わなげを しました。1かい目は、8こ 入りました。2かい目は、7こ 入りました。ぜんぶで なんこ 入りましたか。 (10てん)

しき

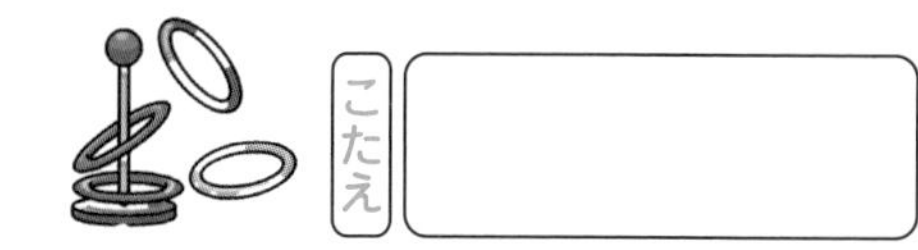

こたえ

7 はじめくんは いちごを あさ 5こ、ひるに 8こ よるに 4こ たべました。はじめくんは、いちごを ぜんぶで なんこ たべましたか。 (20てん)

しき

こたえ

8 さちえさんは、えんぴつを 4本 もって います。おにいさんから 5本、おねえさんから 9本 もらいました。さちえさんの えんぴつは、なん本に なりましたか。 (20てん)

しき

こたえ

テスト 35 ハイレベ ハイレベル

9 たしざん (2) (くり上がり・3つの かずの けいさん)

じかん 15ふん ごうかくてん 70てん てん

1 あめを おとうとと いもうとに 4こずつ あげると 6こ のこりました。はじめに あめは、なんこ ありましたか。(10てん)

しき

こたえ

2 2人の ともだちに カードを 7まいずつ くばると、2まい のこりました。はじめに カードは なんまい ありましたか。(10てん)

しき

こたえ

3 子どもが、よこに 4人ずつ 2れつに ならんで います。まえの れつの 子には はたを 2本ずつ、うしろの れつの 子には はたを 1本ずつ くばります。はたは、ぜんぶで なん本 いりますか。(10てん)

しき

こたえ

4 にわに 赤い 花が 8本 さいて います。白い 花は、赤い 花より 3本 おおく さいて います。花は、ぜんぶで なん本 さいて いますか。(10てん)

しき

こたえ

5 りんごが、2はこと 2こ あります。1はこには、りんごが 8こ 入って います。りんごは、ぜんぶで なんこ ありますか。(10てん)

しき

こたえ

6 3人の 男の子が、ふくろの 中から ボールを 4こずつ とり出しても、まだ 5こ のこって います。はじめ ふくろの 中に、ボールは なんこ ありましたか。(10てん)

しき

こたえ

7 子どもが、よこに 1れつに ならんで います。ふゆこさんの 左には 6人、右には 7人 います。子どもは、みんなで なん人 ならんで いますか。（10てん）

ず

しき

こたえ

8 15人で かけっこを しました。まさるくんの まえに 6人 はしって います。まさるくんの うしろには なん人 はしって いますか。（15てん）

ず

しき

こたえ

9 ぼくと おとうとと おねえさんとで もって いる えんぴつの かずくらべを しました。ぼくは おとうとより 3本 おおく、おねえさんは ぼくより 4本 おおくて、9本です。3人の えんぴつを ぜんぶ あわせると なん本に なりますか。

しき

（15てん）

こたえ

テスト 36

最高レベルにチャレンジ!!

9 たしざん (2)

（くり上がり・3つの かずの けいさん）

じかん 10ぷん　ごうかくてん 50てん　てん

● ゆみこさんと みよこさんが、おなじ ところから 左右に すすむ じゃんけんゲームを しました。かつと 2ます 右に すすみ、まけると 1ます 左に すすみます。2人は、はじめに あ の ところに います。（あいこは ありません。）

…｜｜｜｜｜｜｜｜｜｜｜｜あ｜｜｜｜｜｜｜｜｜｜｜｜｜…

① ゆみこさんは、さいしょに 3かい つづけて かちました。ゆみこさんは、あ から いくつ 右に すすみましたか。（30てん）

しき

こたえ

② このとき みよこさんと ゆみこさんは、いくつ はなれて いますか。（30てん）

しき

こたえ

③ そのあと 4かい つづけて じゃんけんを すると、みよこさんが 2かい かって、ゆみこさんが 2かい まけました。2人は、いくつ はなれて いますか。（40てん）

しき

こたえ

テスト37 標準 レベル1 ⑩ ひきざん(2)（くり下がり・3つの　かずの　けいさん）

じかん 10ぷん　ごうかくてん 80てん　　てん

1 子どもが、こうえんで　16人　あそんで　いました。そのうち　4人が　かえりました。子どもは、なん人に　なりましたか。（10てん）

しき

こたえ

2 いろがみを　18まい　もって　いました。そのうちの　5まいを　つかいました。いろがみは、なんまい　のこって　いますか。（10てん）

しき

こたえ

3 りんごが、12こ　あります。みかんは　7こ　あります。りんごは、みかんより　なんこ　おおいですか。（10てん）

しき

こたえ

4 犬が、13びき　います。ねこが、9ひき　います。いぬは、ねこより　なんびき　おおいですか。（10てん）

しき

こたえ

5 くりが、17こ　あります。その　うち　8こを　たべました。くりは、なんこ　のこって　いますか。（10てん）

しき

こたえ

6 赤い　とりが、6わ　います。青い　とりが、14わ　います。青い　とりは、赤い　とりより　なんわ　おおい　ですか。（10てん）

しき

こたえ

7 いちごが、11こ　あります。その　うち　ぼくが　4こ　たべて、いもうとが　2こ　たべました。いちごは、なんこ　のこって　いますか。（20てん）

しき

こたえ

8 わたしは、おはじきを　15こ　もって　います。おかあさんから　3こ　もらったので、おとうとに　9こ　あげました。いま、わたしは　おはじきを　なんこ　もって　いますか。（20てん）

しき

こたえ

テスト 38 標準 レベル2

⑩ ひきざん（2）（くり下がり・3つの かずの けいさん）

じかん 10ぷん　ごうかくてん 80てん　てん

1 こうえんに 15人 います。そのうち 大人は 4人です。子どもは、なん人 いますか。

しき　（10てん）

こたえ

2 まめが 19こ あります。そのうち 6こを はとが、たべました。のこりは なんこ ですか。

しき　（10てん）

こたえ

3 きっ手が 16まい あります。きのう 7まい つかいました。きっ手は、なんまい のこって いますか。

しき　（10てん）

こたえ

4 わたしは、いろがみを 13まい もって います。いもうとの いろがみは、わたしの いろがみより 5まい すくないです。いもうとの いろがみは、なんまい ですか。

しき　（10てん）

こたえ

5 おにいさんの もって いる どんぐりは、ぼくの どんぐりより 4こ おおくて 12こ です。ぼくは、どんぐりを なんこ もって いますか。

しき　（10てん）

こたえ

6 犬が 6ぴき やって きたので、ぜんぶで 15ひきに なりました。犬は、はじめに なんびき いましたか。

しき　（10てん）

こたえ

7 はとが、やねに 14わ とまって います。そのうちの 8わが とんで いき、そのあと 3わが やねに とまりました。いま、やねに はとは、なんわ いますか。

しき　（20てん）

こたえ

8 くりが、16こ あります。そのうち わたしが 5こ たべて、おとうとが 4こ たべました。のこって いる くりは、なんこ ですか。

しき　（20てん）

こたえ

テスト 39 ハイレベ ハイレベル

⑩ ひきざん (2)（くり下がり・3つの　かずの　けいさん）

じかん 15ふん　ごうかくてん 70てん　　てん

1 りんごが、13こ　あります。ぼくと　おとうとで　4こずつ　もらいます。りんごは、なんこ　のこりますか。（10てん）

しき

こたえ

2 車が、14だい　とまって　います。そのうち　赤い　車と　白い　車が、6だいずつ　はしって　いきました。いま、車は　なんだい　とまって　いますか。（10てん）

しき

こたえ

3 あめを　12こ　もらいました。ぼくと　おとうとと　いもうとで　3こずつ　たべました。いま、あめは　なんこ　ありますか。（10てん）

しき

こたえ

4 木の　下に、どんぐりが　11こ　おちて　いました。おとうさんと　おかあさんが、2こずつ　ひろった　あとで、ぼくが　3こ　ひろいました。どんぐりは、なんこ　のこって　いますか。（10てん）

しき

こたえ

5 いちごが、19こ　あります。この　いちごを　8こずつ、2つの　はこに　入れます。はこに　入らない　いちごは、なんこ　ですか。（10てん）

しき

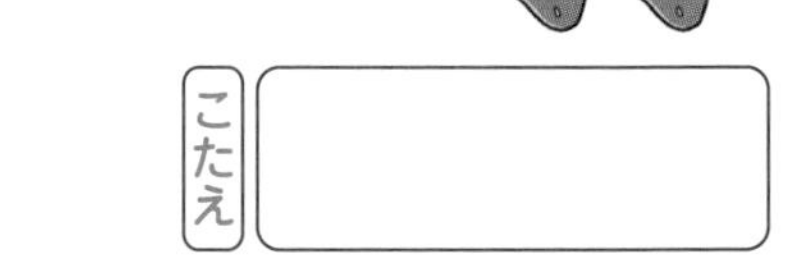

こたえ

6 プールで　15人の　子どもが、およいで　います。そのうち　7人が、男の子です。男の子と　女の子は、どちらが　なん人　おおいですか。（10てん）

しき

こたえ　　の　ほうが　　おおい。

7 はる子さんは、あめを　12こ　たべました。なつ子さんは　はる子さんより　3こ　少なく、あき子さんは　なつ子さんより　2こ　おおく　たべました。あき子さんは、あめを　なんこ　たべましたか。（10てん）

しき

こたえ

8 まきさんは、みかんを　13こ　もって　いました。じゅんさんに　4こ　あげると、2人(ふたり)の　みかんの　かずは　おなじに　なりました。じゅんさんは、はじめに　みかんを　なんこ　もって　いましたか。（10てん）

ず

しき

こたえ

9 14人(にん)の　女(おんな)の子(こ)が、よこに　1れつに　ならんで　います。ゆりさんの　左(ひだり)に　6人(にん)　います。ゆりさんの　右(みぎ)には　なん人(にん)　いますか。（10てん）

ず

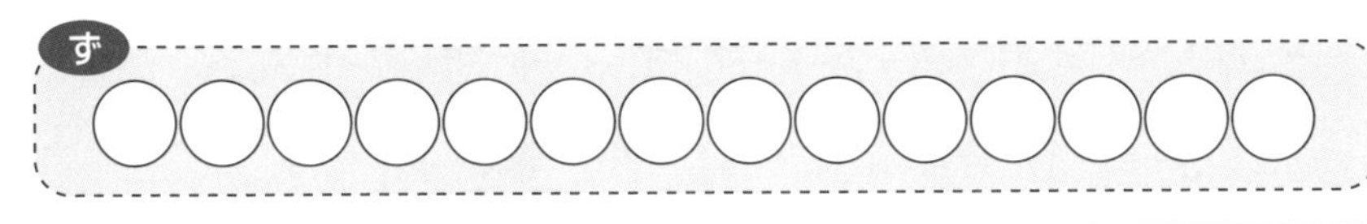

しき

こたえ

10 カードが、9まい　あります。2人(ふたり)の　ともだちに　6まいずつ　くばるには　なんまい　たりませんか。（10てん）

しき

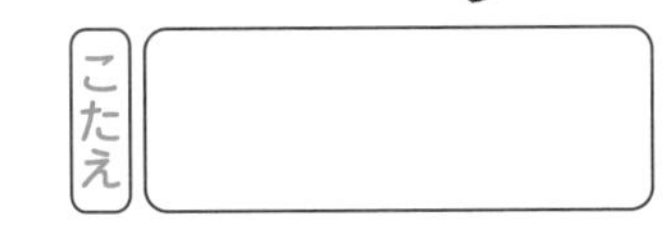

こたえ

テスト 40

最高レベルにチャレンジ!!

⑩ ひきざん (2)

（くり下(さ)がり・3つの　かずの　けいさん）

じかん 10ぷん　ごうかくてん 60てん　てん

● たて　よこ　ななめの　3つの　かずを　たすと、どれも（　）の　中(なか)の　かずに　なるように　します。あいて　いる　ところに　かずを　かきなさい。

（1つ20てん・100てん）

れい

（15）

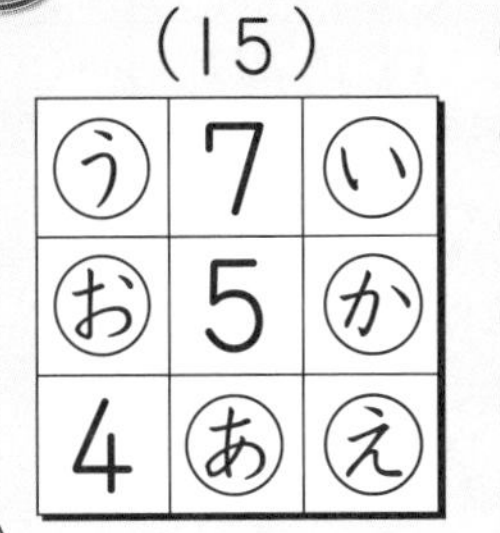

㋒	7	㋑
㋔	5	㋕
4	㋐	㋓

㋐15−7−5=3
㋑15−5−4=6
㋒15−7−6=2
㋓15−4−3=8
㋔15−2−4=9
㋕15−6−8=1

❶ （12）

6		
1		3

❷ （18）

		5
8		4

❸ （6）

	3	
2	1	

❹ （9）

1		5
		3

❺ （3）

2		
0		1

リビューテスト 2-①
(ふくしゅうテスト)

じかん 10ぷん　ごうかくてん 70てん　　てん

1 りんごが　6こ、みかんが　7こ　あります。あわせて　なんこに　なりますか。(10てん)

しき

こたえ

2 あめが、14こ　あります。ともだちに　9こ　あげると、のこりは　なんこに　なりますか。(10てん)

しき

こたえ

3 あきらさんは、えんぴつを　4本　もって　います。おにいさんから　7本、おねえさんから　5本　もらいました。あきらさんの　えんぴつは、なん本に　なりましたか。(10てん)

しき

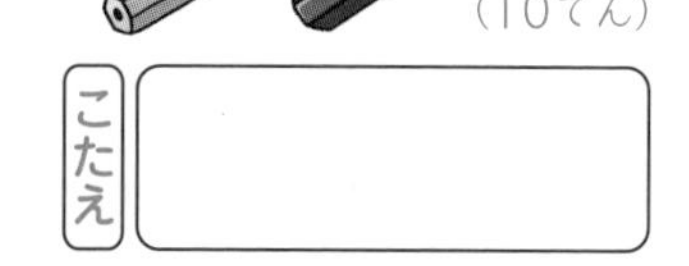

こたえ

4 くりが、17こ　あります。そのうち　わたしが　4こ、いもうとが　5こ　たべると、のこりは　なんこですか。(10てん)

しき

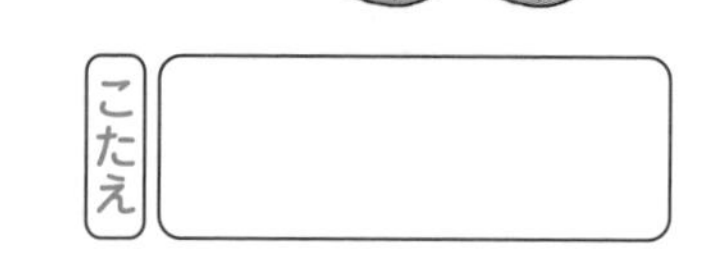

こたえ

5 2人の　ともだちに　いろがみを　6まいずつ　くばると、3まい　のこりました。いろがみは、はじめ　なんまい　ありましたか。(15てん)

しき

こたえ

6 おはじきが、13こ　あります。わたしと　いもうとで　3こずつ　もらいます。のこりは、なんこに　なりますか。(15てん)

しき

こたえ

7 赤い　玉が、7こ　あります。白い　玉は、赤い　玉より　2こ　おおいです。玉は、ぜんぶで　なんこ　ありますか。(15てん)

しき

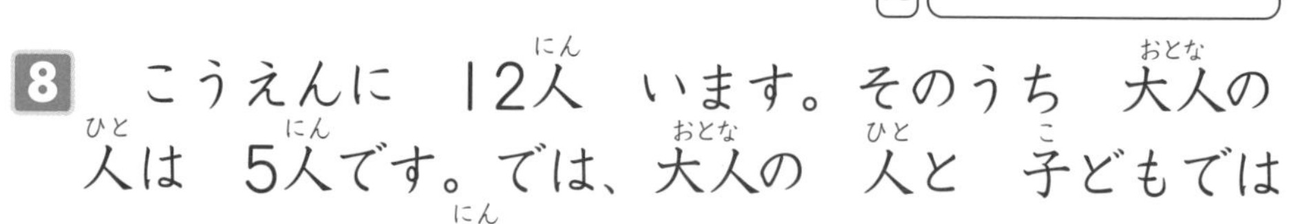

こたえ

8 こうえんに　12人　います。そのうち　大人の　人は　5人です。では、大人の　人と　子どもでは　どちらが　なん人　おおいですか。(15てん)

しき

こたえ　　　　が　　　　おおい

リビューテスト 2-② (ふくしゅうテスト)

1 おはじきを　右の　手に　7こ、左の　手に　8こ　もって　います。おはじきは、あわせて　なんこ　ありますか。 (10てん)

しき

こたえ

2 ケーキが、14こ　あります。5こ　たべると、のこりは　なんこですか。 (10てん)

しき

こたえ

3 すずめが、8わ　います。そのあと　9わ　とんで　きました。すずめは、なんわに　なりましたか。 (10てん)

しき

こたえ

4 犬が　11ぴき、ねこが　6ぴき　います。犬は　ねこより　なんびき　おおいですか。 (10てん)

しき

こたえ

5 ともだちが　5人　やって　きたので、みんなで　12人に　なりました。ともだちは、はじめに　なん人　いましたか。 (15てん)

しき

こたえ

6 おにいさんは　まめを　あさ　6こ、ひるに　5こ　よるに　7こ　たべました。おにいさんは、まめを　ぜんぶで　なんこ　たべましたか。 (15てん)

しき

こたえ

7 みどりさんは、あめを　15こ　もって　いました。よしこさんに　3こ　あげると、2人の　あめの　かずは　おなじに　なりました。よしこさんは、はじめに　あめを　なんこ　もって　いましたか。 (15てん)

しき

こたえ

8 13人で　かけっこを　しました。かずおさんの　まえに　5人　はしって　います。かずおさんの　うしろには　なん人　はしって　いますか。 (15てん)

しき

こたえ

テスト 41 標準 レベル 1

⑪ たしざん・ひきざん (2)（くり上がり・くり下がり）

じかん 10ぷん　ごうかくてん 80てん　てん

れい

こうえんで、子どもが　7人　あそんで　いました。そのあと　女の子が　6人と　男の子が　3人　あそびに　きました。子どもは、みんなで　なん人に　なりましたか。

（はじめの　かず）…7人　ふえた　かず　女の子…6人　男の子…3人

しき　7 ＋ 6 ＋ 3 ＝ 16　こたえ　16人

1　すずめが、やねに　4わ　とまって　います。5わ　とんできて、そのあと　7わ　きました。ぜんぶで　なんわに　なりましたか。（25てん）

しき（はじめの　かず）…□わ　ふえた　かず…□わと□わ

□ □ □ □ □ ＝ □　こたえ □

2　あめを　13こ　もって　います。おとうとに　6こ、いもうとに　4こ　あげました。あめは、なんこに　なりましたか。（25てん）

しき（はじめの　かず）…□こ　へった　かず…□こと□こ

□ □ □ □ □ ＝ □　こたえ □

れい

おきゃくさんが、バスに　12人　のって　いました。8人　おりて、そのあと　3人　のって　きました。おきゃくさんは、なん人に　なりましたか。

（はじめの　かず）…12人　へった　かず…8人　ふえた　かず…3人

しき　12 － 8 ＋ 3 ＝ 7　こたえ　7人

3　くりが、17こ　あります。いもうとに　9こ　あげました。そのあと　おかあさんに　2こ　もらいました。くりは、なんこに　なりましたか。（25てん）

しき

（はじめの　かず）…□こ　へった　かず…□こ　ふえた　かず…□こ

□ □ □ □ □ ＝ □　こたえ □

4　いろがみが、15まい　あります。6まい　つかいました。そのあと　2まい　もらいました。いろがみは、なんまいに　なりましたか。（25てん）

しき

（はじめの　かず）…□まい　へった　かず…□まい　ふえた　かず…□まい

□ □ □ □ □ ＝ □　こたえ □

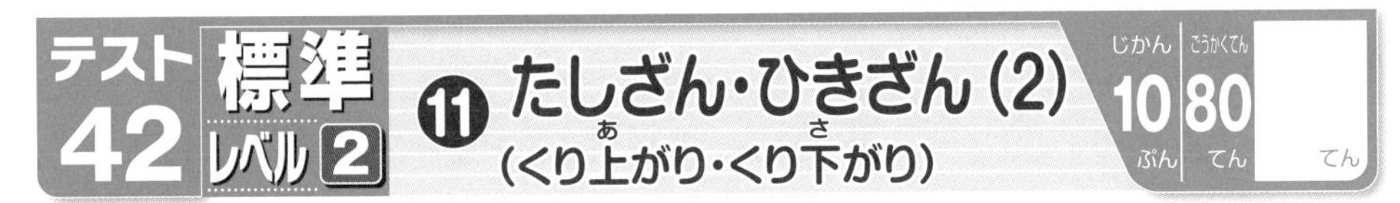

れい

犬が、8ひき　います。ねこは　犬より　5ひき　おおく、りすは　ねこより　4ひき　すくないです。りすは、なんびき　いますか。

しき

ねこの　かず… 8 + 5 = 13

りすの　かず… 13 − 4 = 9

こたえ　9ひき

1　ぶたが、9とう　います。うまは　ぶたより　3とう　おおく、うしは　うまより　7とう　すくないです。うしは、なんとう　いますか。　(25てん)

しき

うまは… □ □ □ = □

うしは… □ □ □ = □

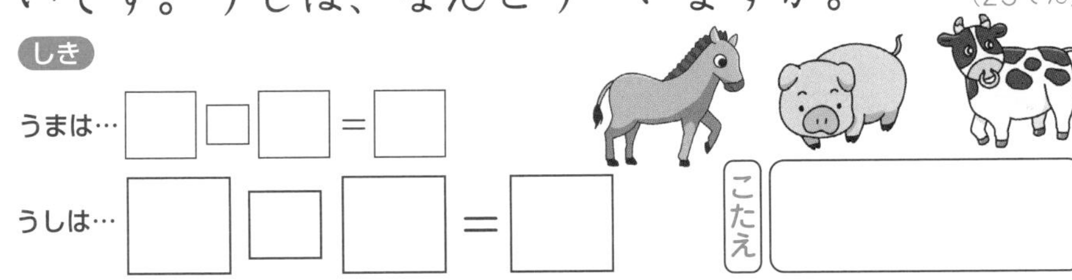

こたえ

2　くりが、14こ　あります。みかんは　くりより　8こ　すくなく、かきは　みかんより　7こ　おおいです。かきは、なんこ　ありますか。　(25てん)

しき

みかんは… □ □ □ = □

かきは… □ □ □ = □

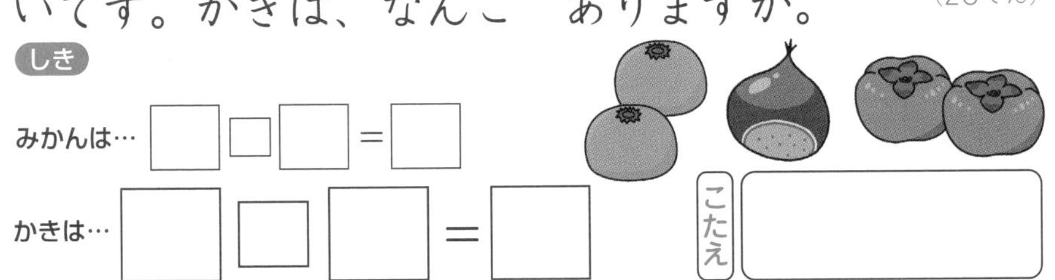

こたえ

れい

バスていで　子どもが　1れつに　ならんで　います。つよしさんは　まえから　7ばん目で、つよしさんの　うしろに　6人　います。みんなで　なん人　ならんで　いますか。

6人

まえ ○○○○○○ つよし ○○○○○○ うしろ

しき　7 + 6 = 13

こたえ　13人

3　みどりさんは、まえから　8ばん目に　います。みどりさんの　うしろに　4人　います。みんなで　なん人　いますか。　(25てん)

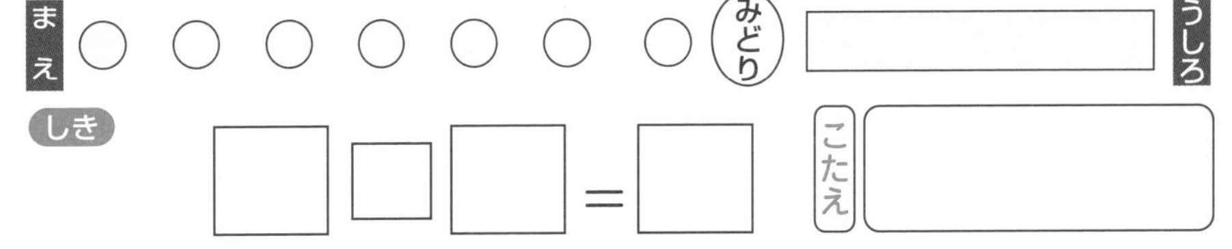

しき

□ □ □ = □

こたえ

4　子どもが、1れつに　ならんで　います。たろうさんの　まえに　7人　います。たろうさんの　うしろに　5人　います。子どもは、みんなで　なん人　ならんで　いますか。　(25てん)

しき

たろうさんは　まえから… □ + □ = □ ばん目

こどものかずは… □ + □ = □

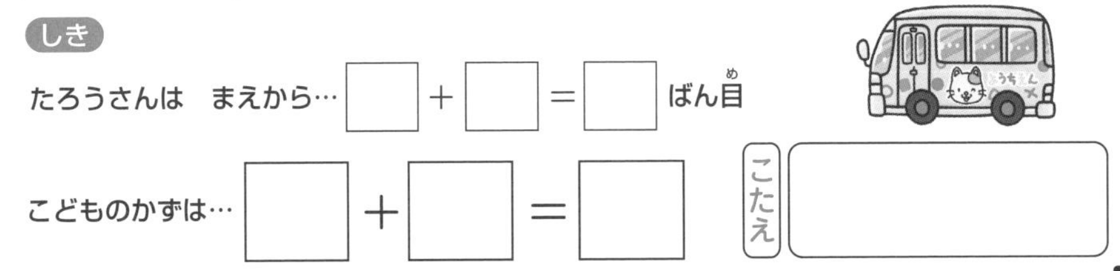

こたえ

テスト 43 ハイレベル ⑪ たしざん・ひきざん (2)（くり上がり・くり下がり）

じかん 15ふん　ごうかくてん 70てん　　てん

れい　あめが、11こ　あります。わたしが 3こ　たべてから、おとうさんと　おかあさんから　4こずつ　もらいました。あめは、なんこに　なりましたか。(はじめの　かず)… 11 こ　へった　かず… 3 こ　ふえた　かず… 4 こと 4 こ

しき　11 − 3 = 8
8 + 4 + 4 = 16

こたえ　16こ

1　いろがみが、14まい　あります。あさ　5まい　つかってから、おかあさんから　赤と　青の　いろがみを　4まいずつ　もらいました。いろがみは、なんまいに　なりましたか。（20てん）

しき　□ □ □ = □
□ □ □ □ □ = □

こたえ　□

2　くりが、12こ　あります。わたしが　4こ　たべてから、おにいさんと　おねえさんから　3こずつ　もらいました。いま　くりは、なんこ　ありますか。（20てん）

しき　□ □ □ = □
□ □ □ □ □ = □

こたえ　□

れい　かけっこで　あきらさんは、まえから　12ばん目でしたが、5人を　ぬきました。あきらさんは、まえから　なんばん目に　なりましたか。

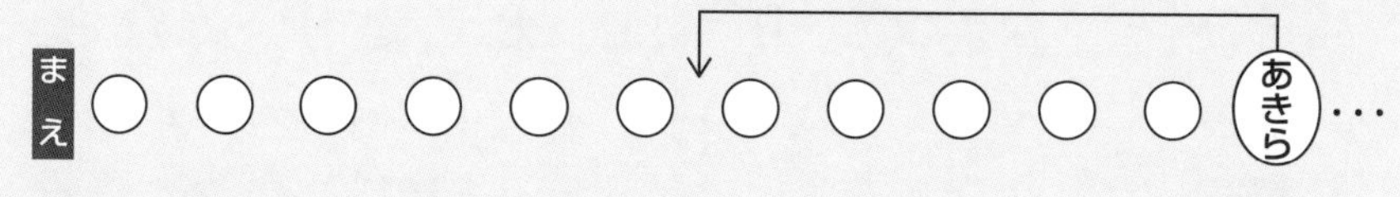

しき　12 − 5 = 7

こたえ　7ばん目

3　かけっこを　しました。ゆうきさんは、まえから　11ばん目でしたが、4人を　ぬきました。ゆうきさんは、まえから　なんばん目に　なりましたか。（20てん）

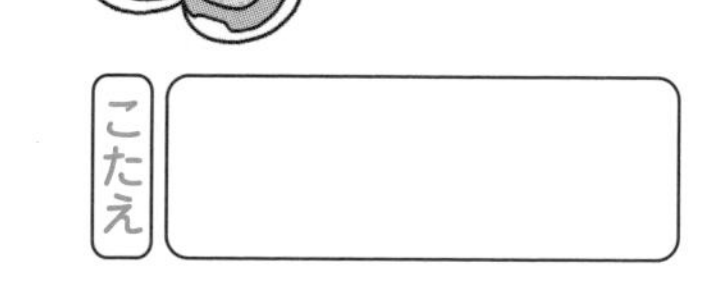

しき　ゆうきさんは まえから……　□ □ □ = □

こたえ　□

4　かけっこを　しました。さくらさんは、まえから　6ばん目でしたが、3人に　ぬかされました。さくらさんは、まえから　なんばん目に　なりましたか。（20てん）

しき

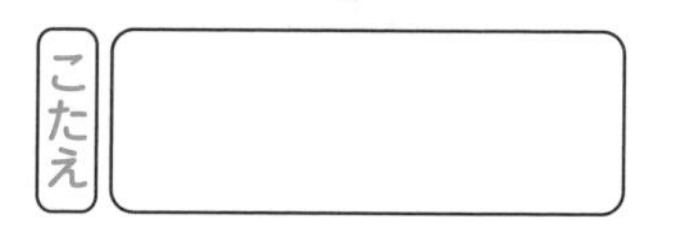

こたえ　□

れい

かずおさんは、6さいです。おねえさんと　おとうととは、としが　1さいずつ　ちがいます。3人の　としを　あわせると、なんさいに　なりますか。

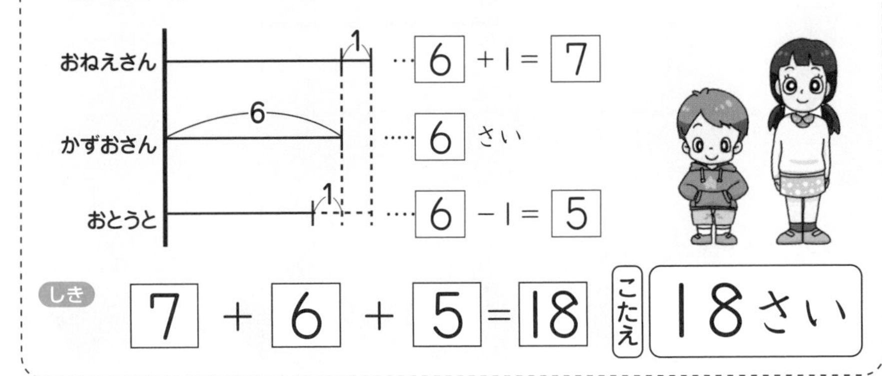

しき　7 + 6 + 5 = 18　こたえ　18さい

5　まきさんは、5さいです。おにいさんと　いもうととは、としが　3さいずつ　ちがいます。3人の　としを　あわせると、なんさいに　なりますか。

しき　（20てん）

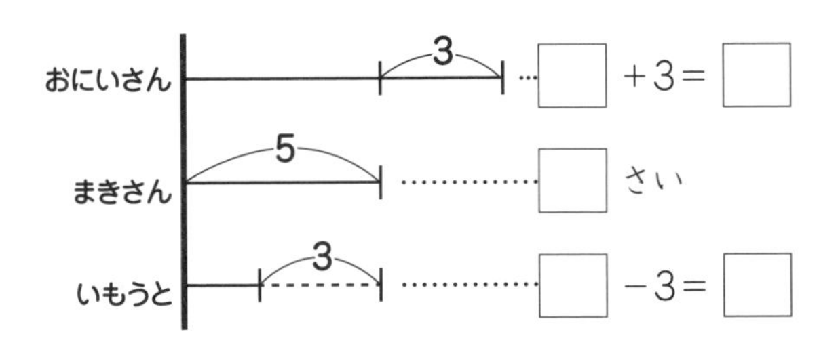

□ + □ + □ = □　こたえ

テスト 44

最高レベルにチャレンジ!!

⑪ たしざん・ひきざん (2)

（くり上がり・くり下がり）

じかん 10ぷん　ごうかくてん 50てん　てん

1　男の子が、6人　よこに　ならんで　います。男の子と　男の子の　あいだに、女の子が　1人ずつ　入ります。子どもは、みんなで　なん人に　なりますか。　（50てん）

ず

男の子と　男の子の　あいだの　かずは □ だから　女の子が □ 人　ふえる。

ぜんぶで… □ □ □ = □　こたえ

2　女の子が、7人　よこに　ならんで　います。女の子と　女の子の　あいだに、男の子が　2人ずつ　入ります。子どもは、みんなで　なん人に　なりますか。　（50てん）

しき　あいだの　かず… □

男の子の　かず… □

ぜんぶで… □ □ □ = □　こたえ

テスト45 標準 レベル1 ⑫ ながさ　くらべ

じかん 10ぷん　ごうかくてん 80てん　　てん

1　ながい　じゅんに　ばんごうを　かきなさい。
（1つ5てん・20てん）

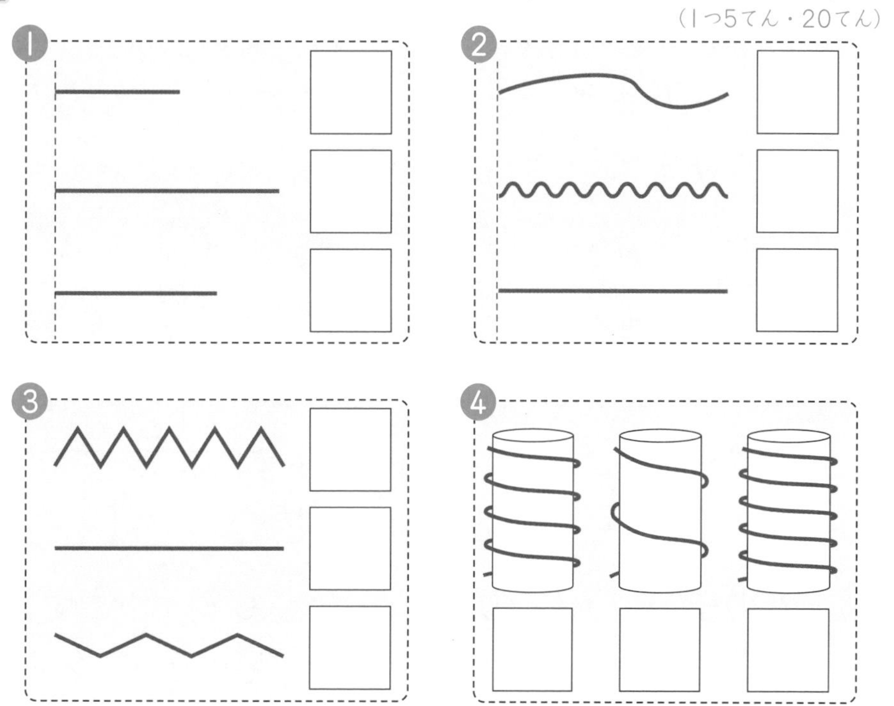

2　せの　たかい　じゅんに　ばんごうを　かきなさい。
（1つ4てん・20てん）

3　ながい　じゅんに　ばんごうを　かきなさい。
（1つ5てん・20てん）

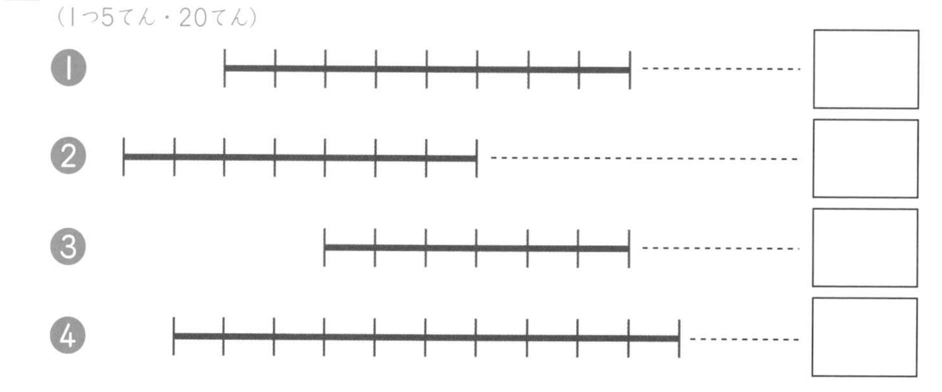

4　ひもの　ながさが　ながい　じゅんに　ばんごうを　かきなさい。
（1つ4てん・20てん）

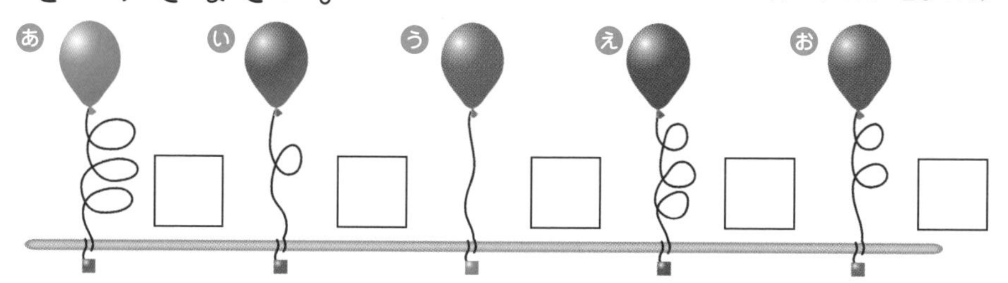

5　いろいろな　ふとさの　ぼうに　おなじ　ながさの　ひもを　まきつけると、つぎの　ように　なりました。ぼうの　ふとい　じゅんに　ばんごうを　かきなさい。
（1つ5てん・20てん）

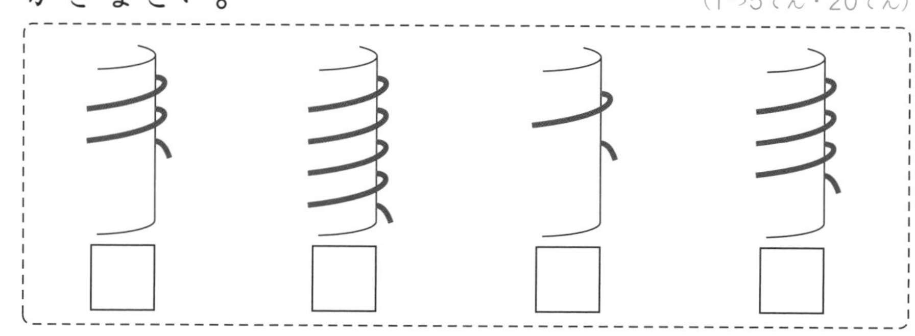

テスト46 標準レベル2 ⑫ ながさ くらべ

1 えを 見て、もんだいに こたえなさい。

(1つ10てん・20てん)

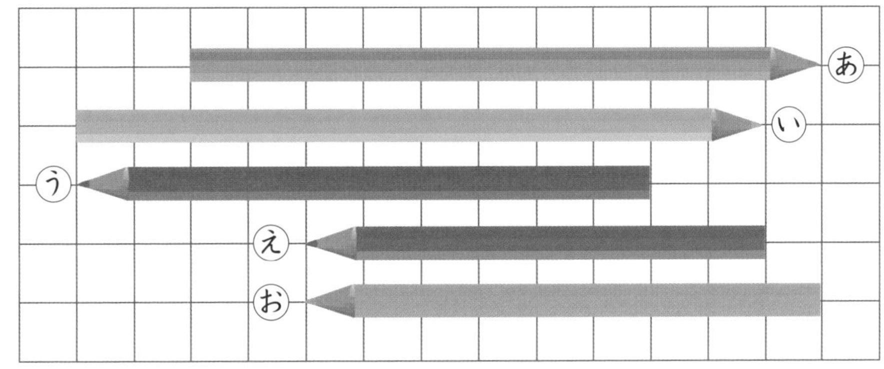

❶ いちばん ながい えんぴつは、どれですか。 こたえ

❷ いちばん みじかい えんぴつは、どれですか。 こたえ

2 左の ひもを まっすぐに すると、右の どの せんに なりますか。

(1つ10てん・30てん)

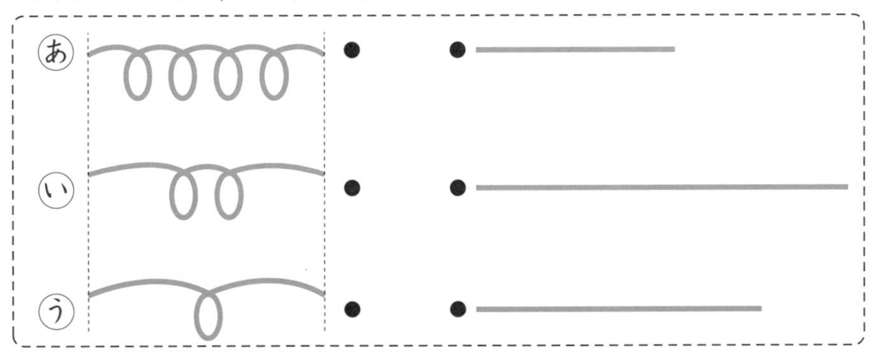

3 したの ずを 見て、あとの もんだいに こたえなさい。

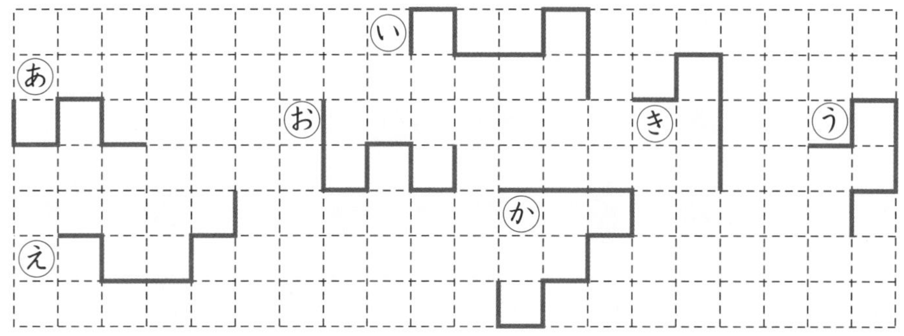

❶ いちばん ながい せんは、どれですか。 (10てん) こたえ

❷ おなじ ながさの せんは、どれと どれですか。 (1つ5てん・10てん)

こたえ　と　と

4

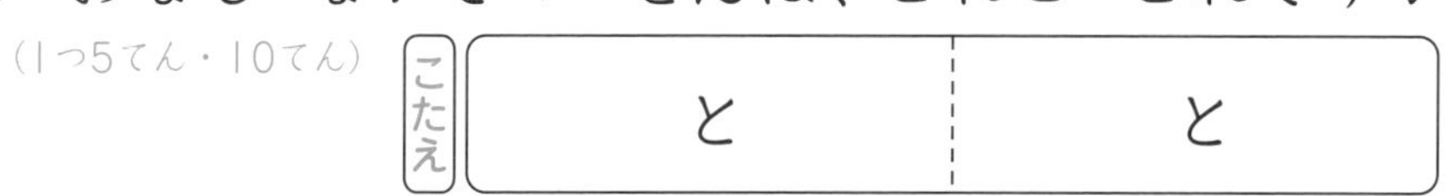

❶ いちばん せの たかい 花は、どれですか。 (10てん) こたえ

❷ 3ばん目に せの たかい 花は、どれですか。 (10てん) こたえ

❸ せが おなじ たかさの 花は、どれですか。 (10てん) こたえ　と

テスト47 ハイレベル ⑫ ながさ くらべ

じかん 15ふん　ごうかくてん 70てん　てん

1 えんぴつが、えのように おいて あります。

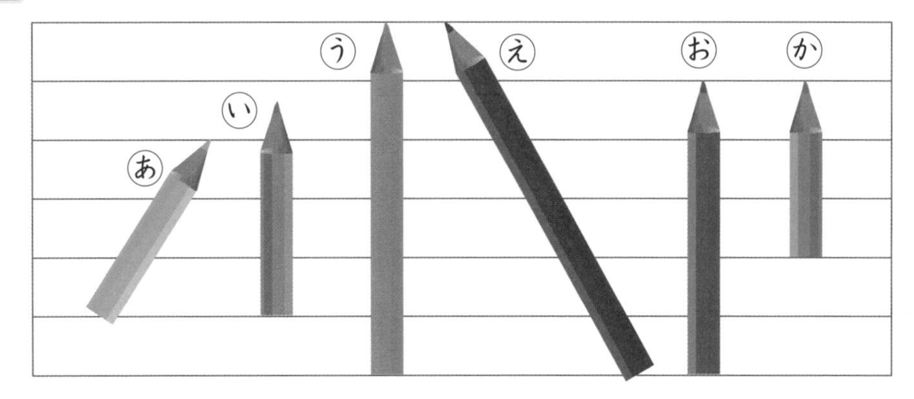

❶ いちばん ながい えんぴつは、どれですか。（10てん）　こたえ

❷ 3ばん目に ながい えんぴつは、どれですか。（10てん）　こたえ

2 ながい じゅんに はたの すう字を かきなさい。（10てん）

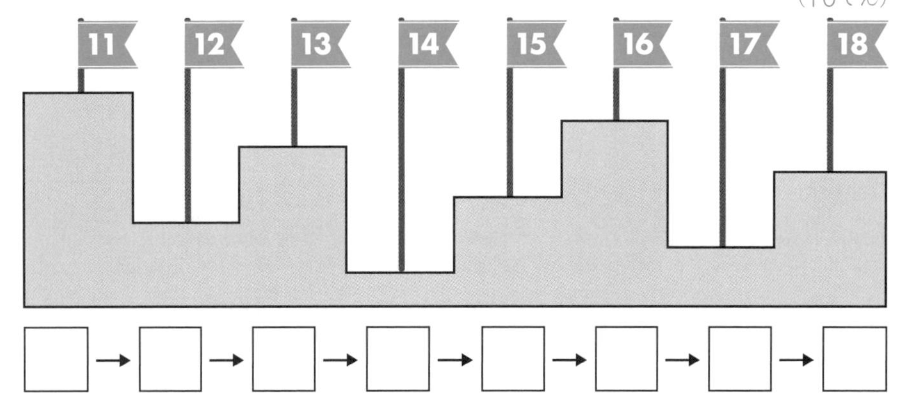

□→□→□→□→□→□→□→□

3 下の もんだいに こたえなさい。

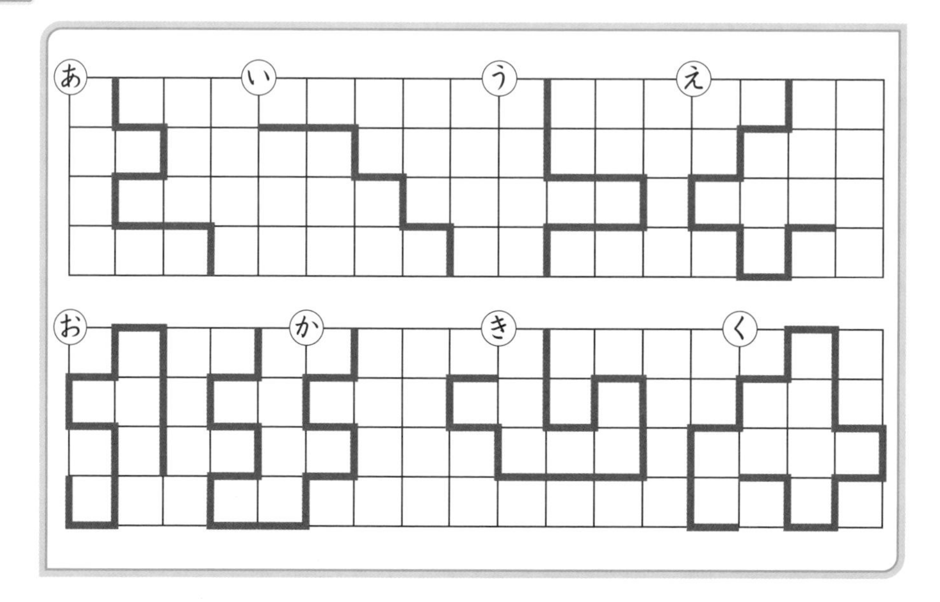

❶ あより みじかい ものは、どれですか。（10てん）　こたえ

❷ あと おなじ ながさは、どれですか。（10てん）　こたえ

❸ あの 2つぶんの ながさは、どれですか。（10てん）　こたえ

❹ いちばん ながいものは、どれですか。（10てん）　こたえ

4 2本(ほん)の ぼうを つなぎます。 (1つ5てん・15てん)

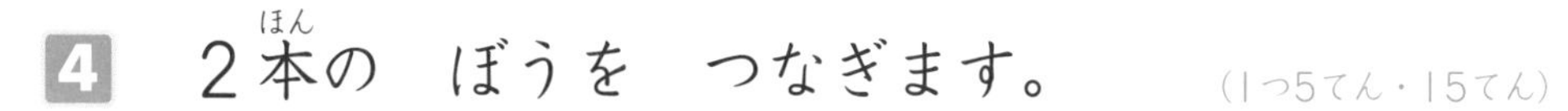

① いちばん ながい とき… こたえ [と]

② 2ばん目(め)に ながい とき… こたえ [と]

③ いちばん みじかい とき… こたえ [と]

5 ながい じゅんに かきなさい。 (1つ3てん・15てん)

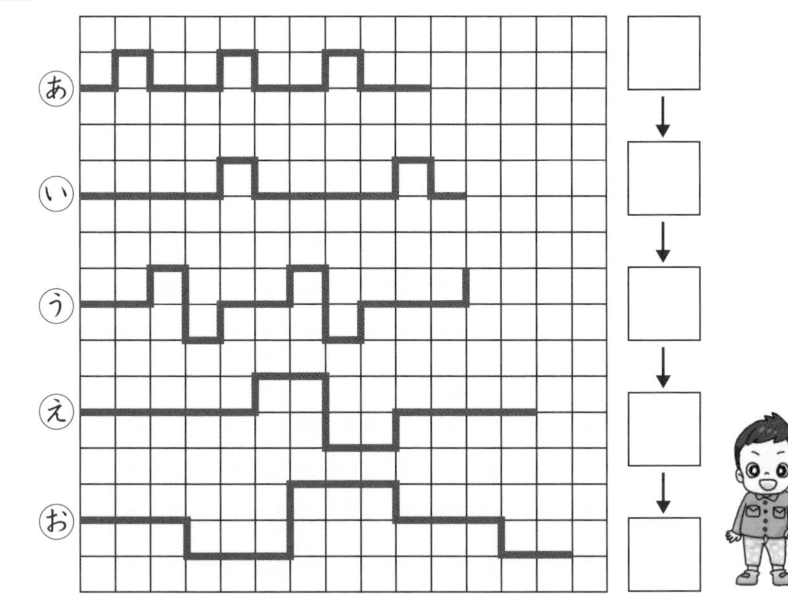

テスト 48 最レベ

最高レベルにチャレンジ!!

⑫ ながさ くらべ

1 ながい ほうに ○を かきなさい。 (1つ20てん・80てん)

① 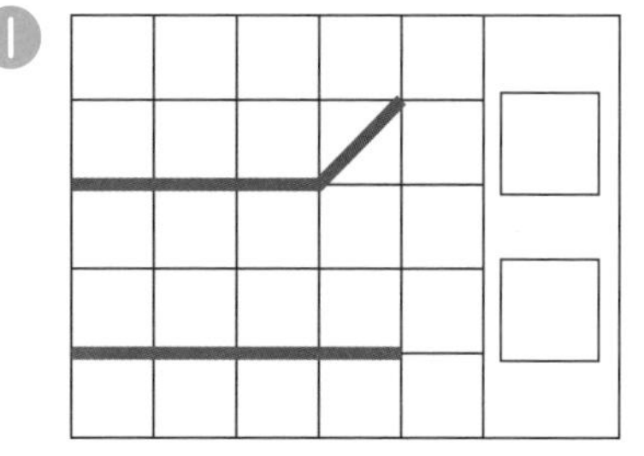

② 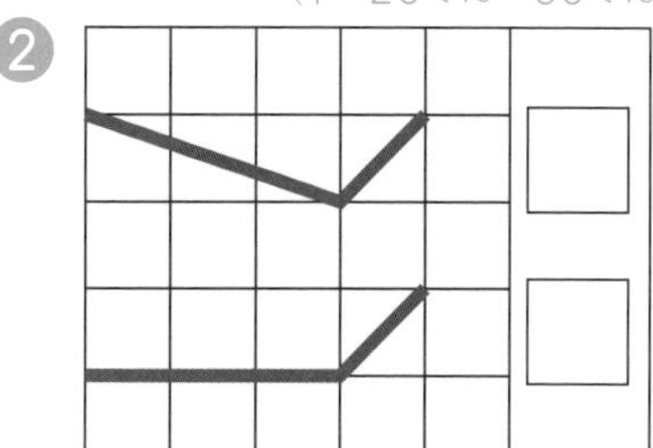

③ 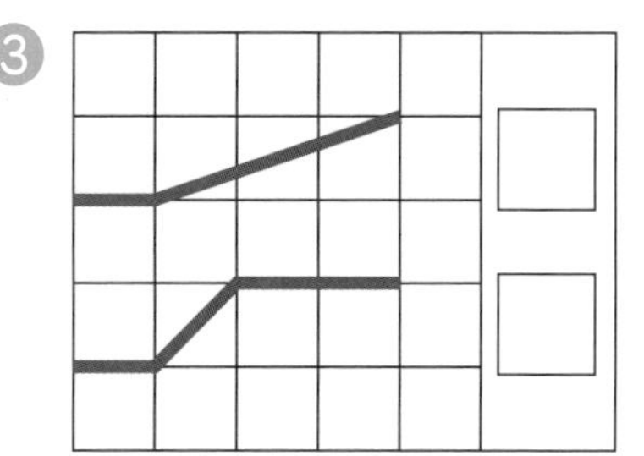

④ 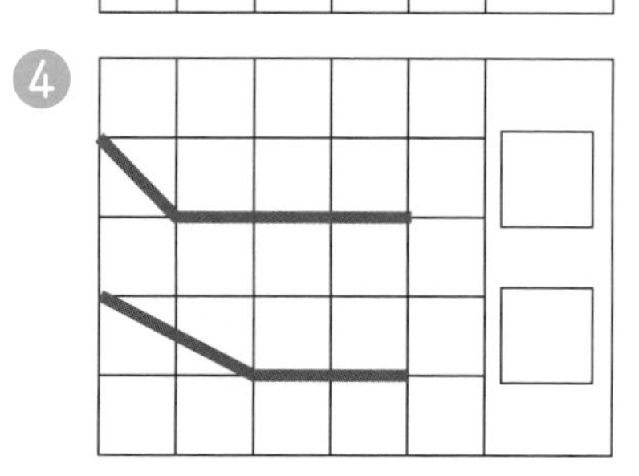

2 ながい じゅんに かきなさい。 (1つ5てん・20てん)

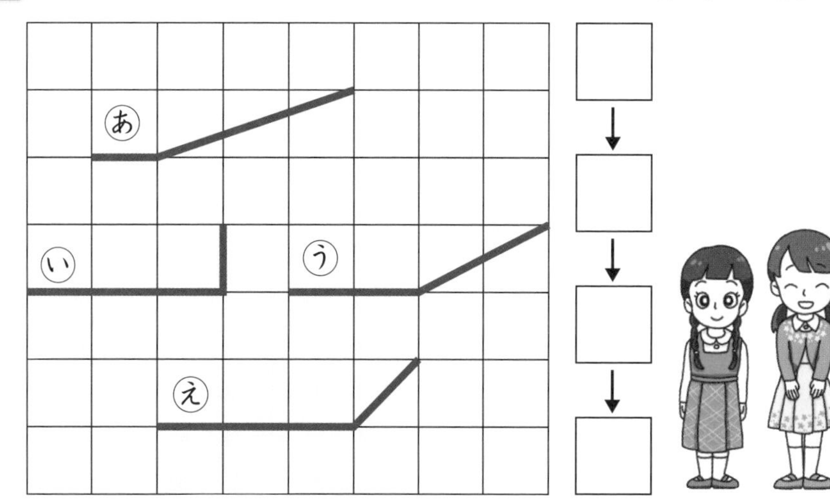

テスト49 標準 レベル1

⑬ ひろさ　くらべ

じかん 10ぷん　ごうかくてん 80てん　てん

れい

どちらが　ひろいですか。

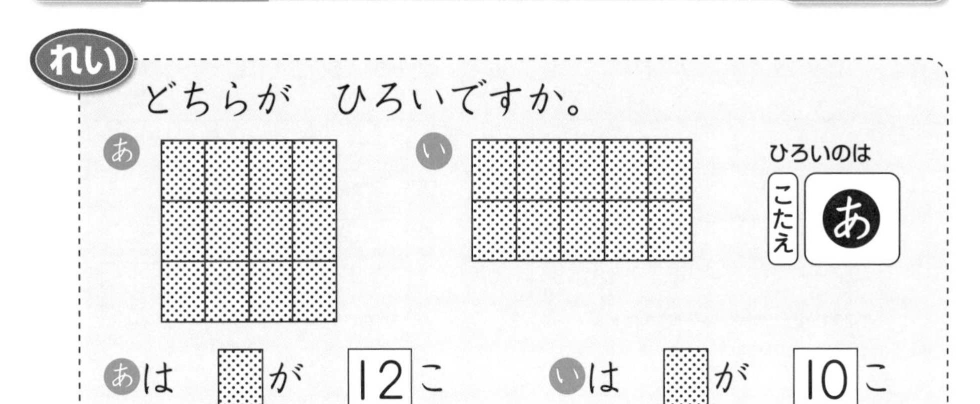

あは ▨が 12こ　　いは ▨が 10こ

ひろいのは こたえ あ

1　どちらが　ひろいですか。（20てん）

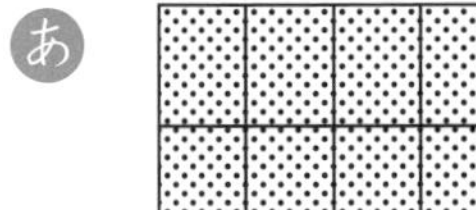
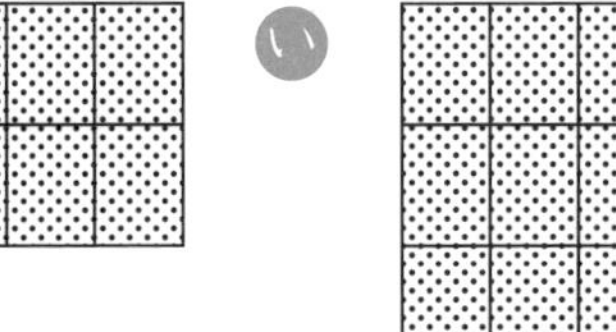

ひろいのは こたえ

あは ▨が □こ　　いは ▨が □こ

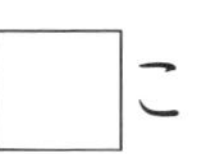

2　▨の　ところが　ひろい　ほうに　○を　かきなさい。（1つ10てん・20てん）

①
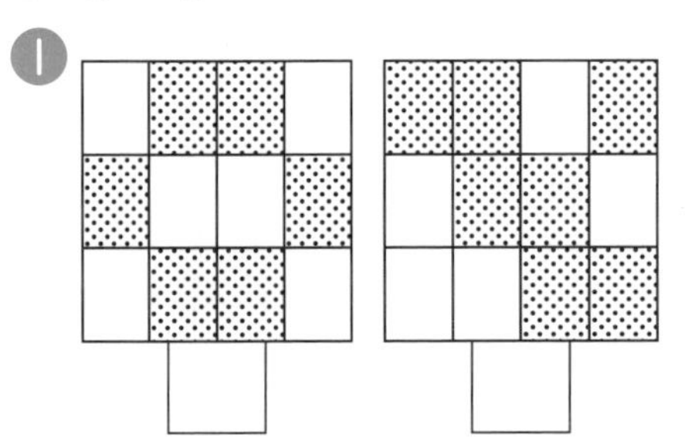

②
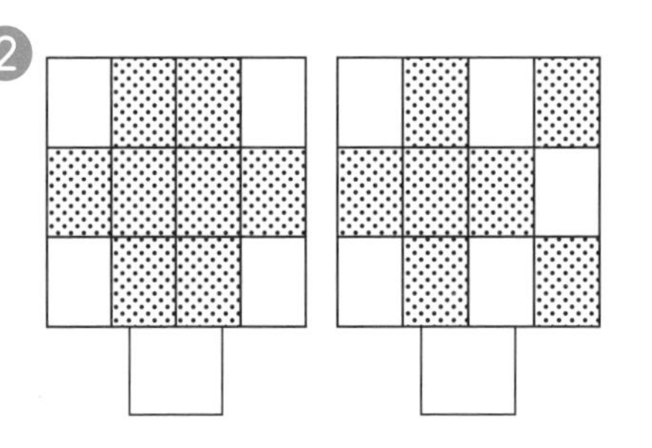

れい

あと　いでは　どちらが　ひろいですか。

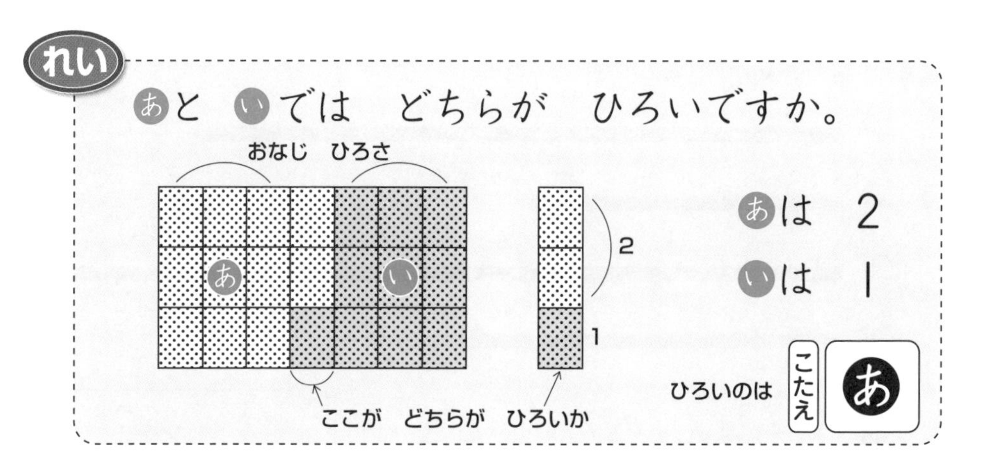

あは　2
いは　1

ひろいのは こたえ あ

3　あと　いでは　どちらが　ひろいですか。（1つ15てん・30てん）

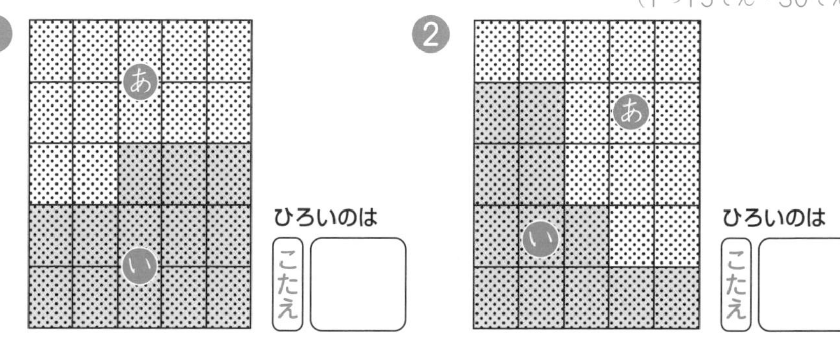

① ひろいのは こたえ
② ひろいのは こたえ

4　▨の　ところが　ひろい　ほうに　○を　かきなさい。（1つ15てん・30てん）

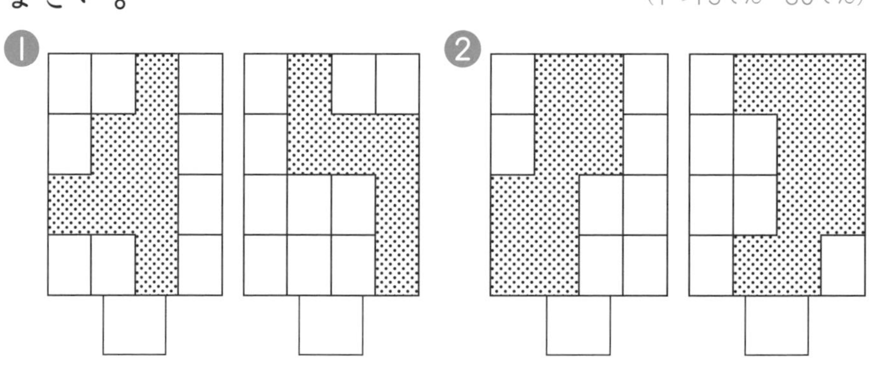

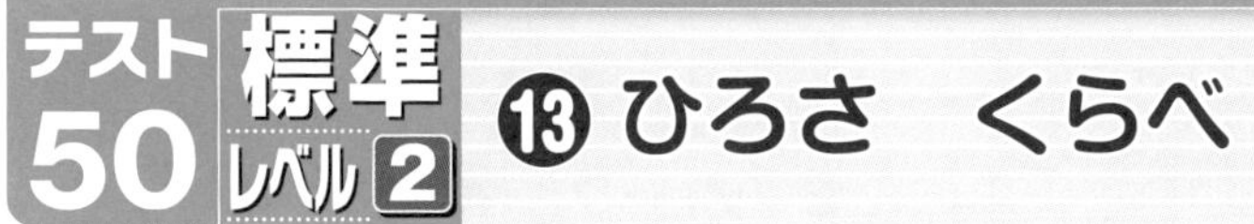

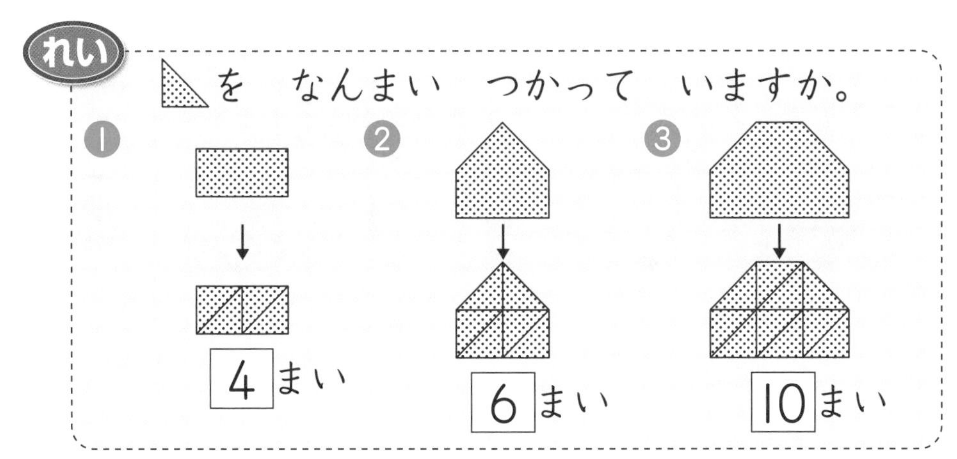

れい
を　なんまい　つかって　いますか。
①
②
③
4まい
6まい
10まい

1 ◺を　なんまい　つかって　いますか。

（1つ10てん・30てん）

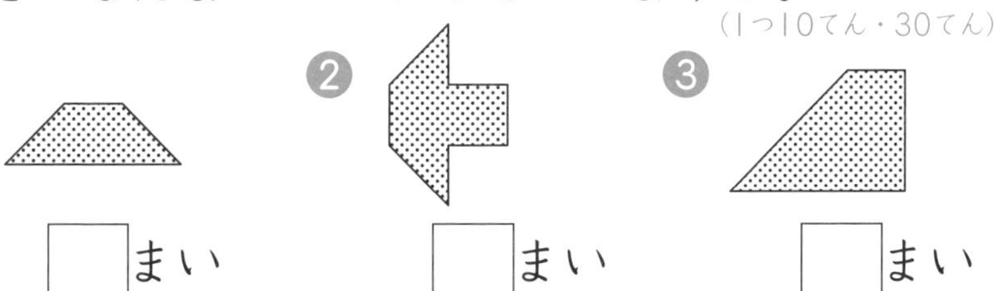

2 ▨の　ところが　ひろい　ほうに　○を　かきなさい。

（1つ10てん・20てん）

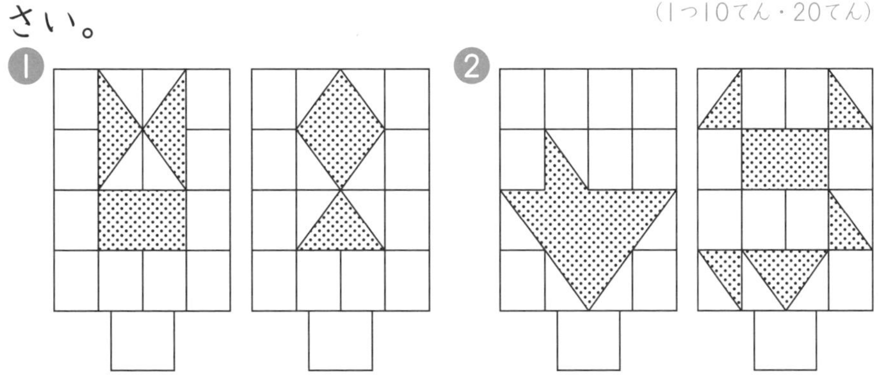

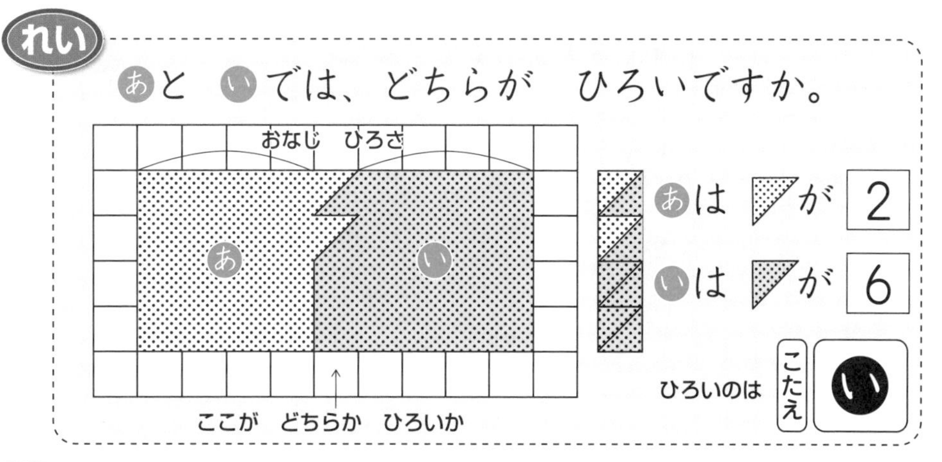

れい
あと　いでは、どちらが　ひろいですか。
おなじ　ひろさ
あ
い
ここが　どちらか　ひろいか
あは　が　2
いは　が　6
ひろいのは
こたえ
い

3 あと　いでは、どちらが　ひろいですか。

（1つ10てん・20てん）

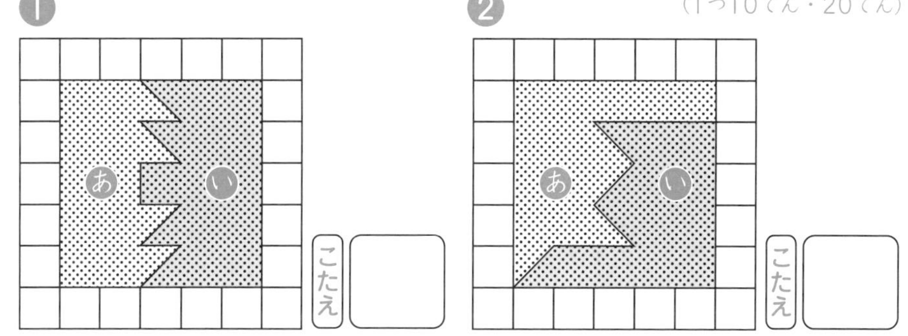

4 あ▨と　い▨では、どちらが　ひろいですか。

（1つ15てん・30てん）

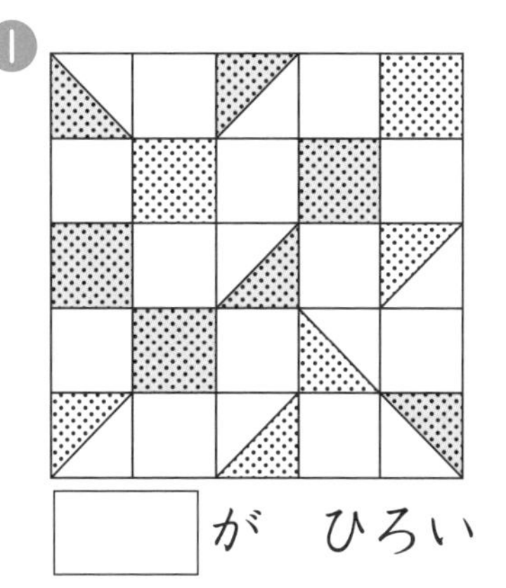

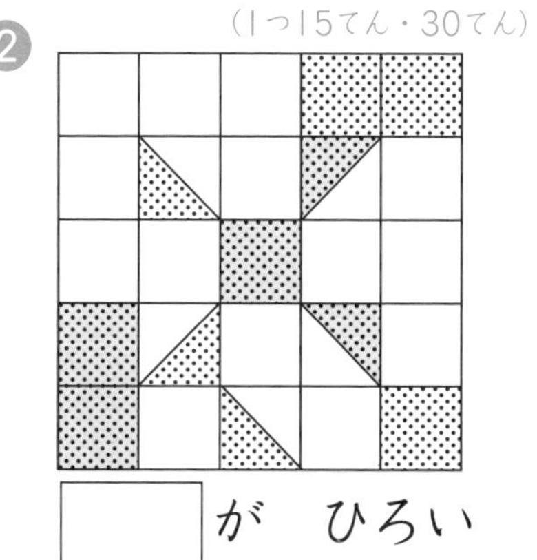

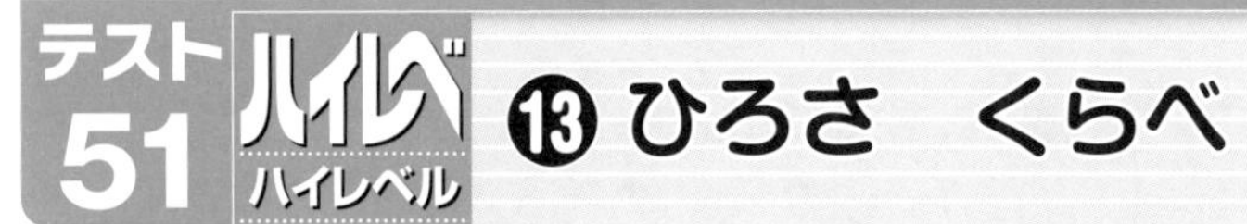

⑬ ひろさ　くらべ

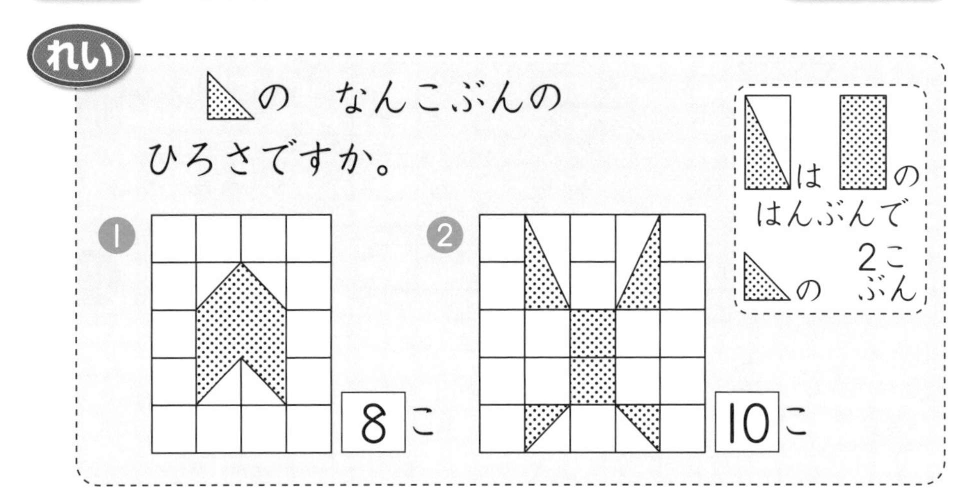

1 の　なんこぶんの　ひろさですか。

(1つ10てん・40てん)

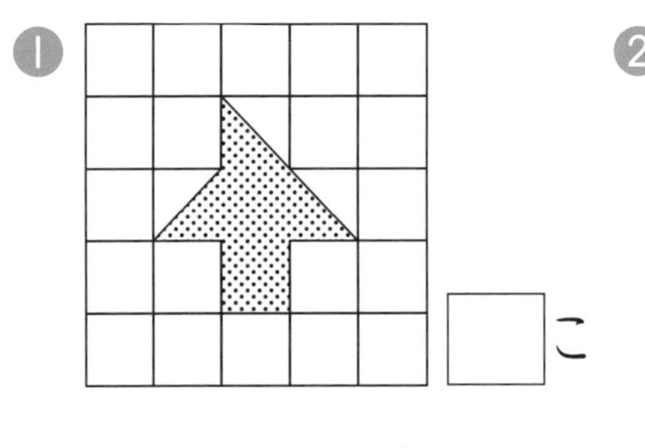

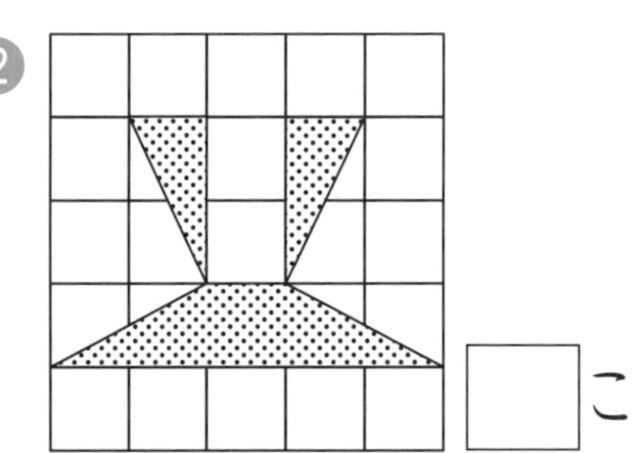

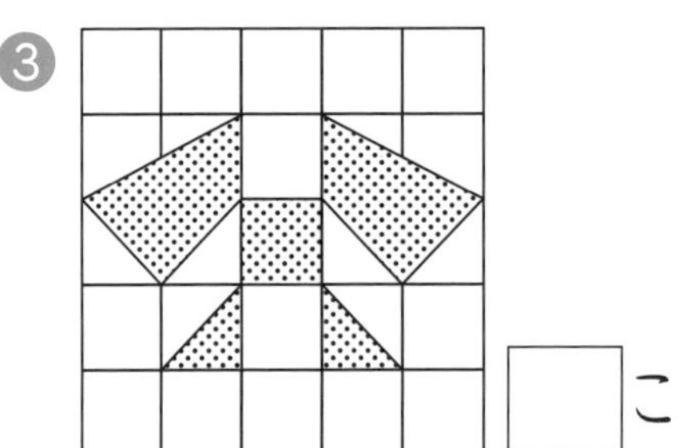

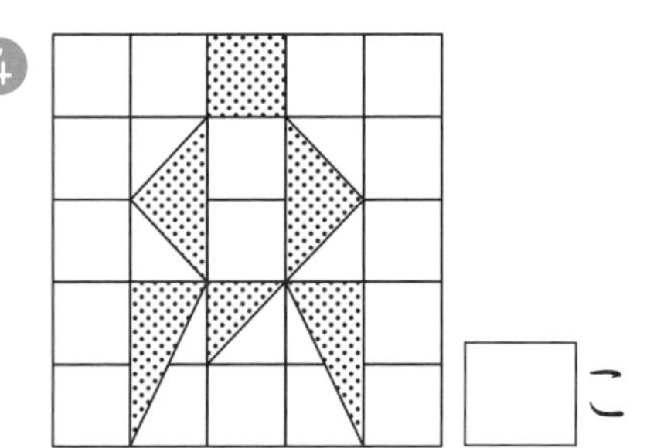

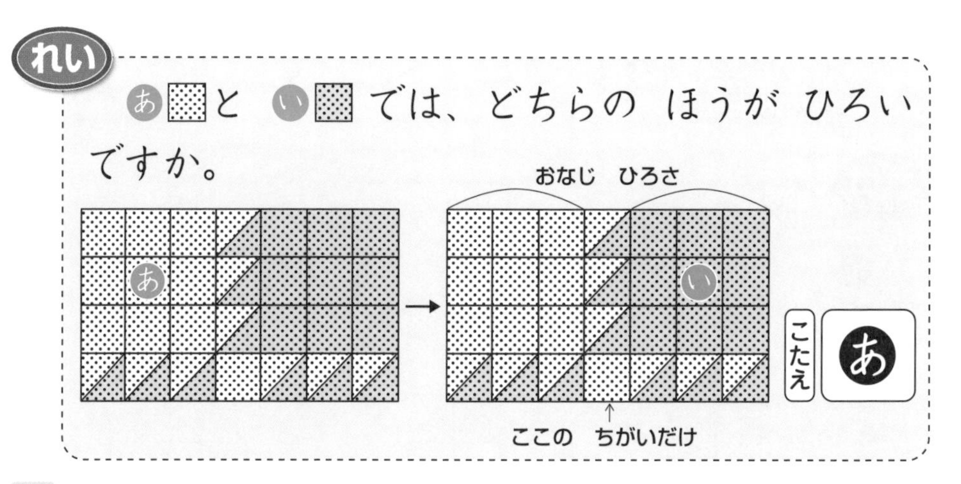

2 あと　いでは、どちらの　ほうが　ひろいですか。

(1つ10てん・40てん)

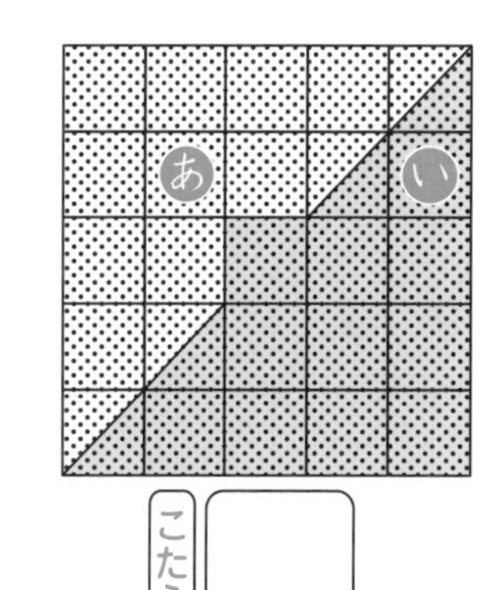

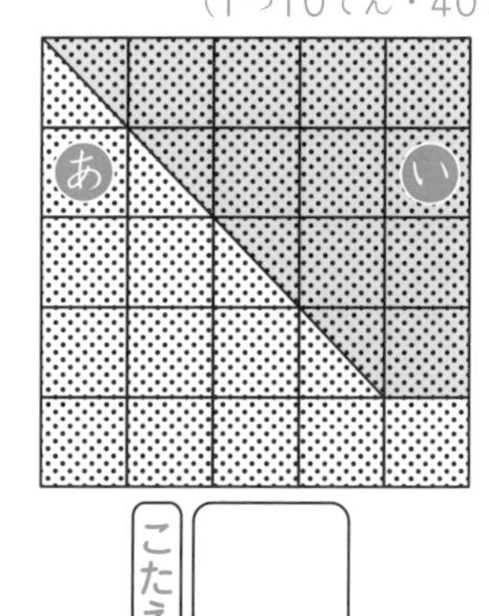

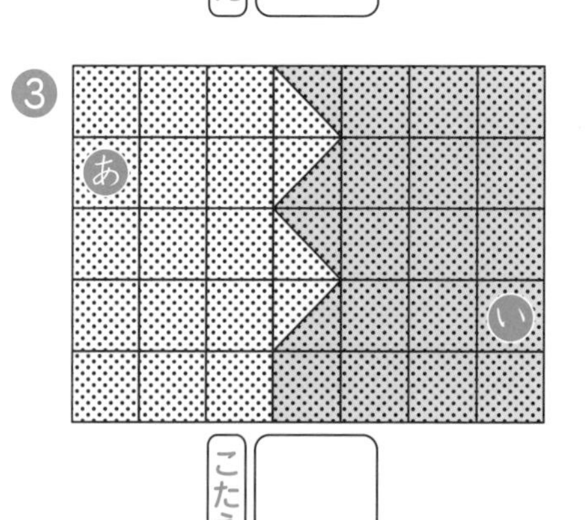

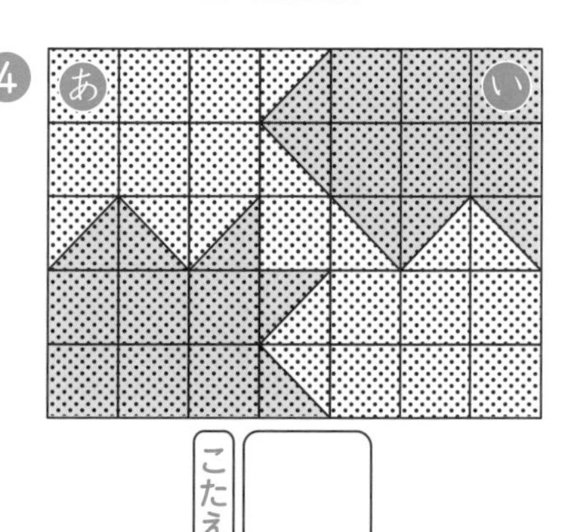

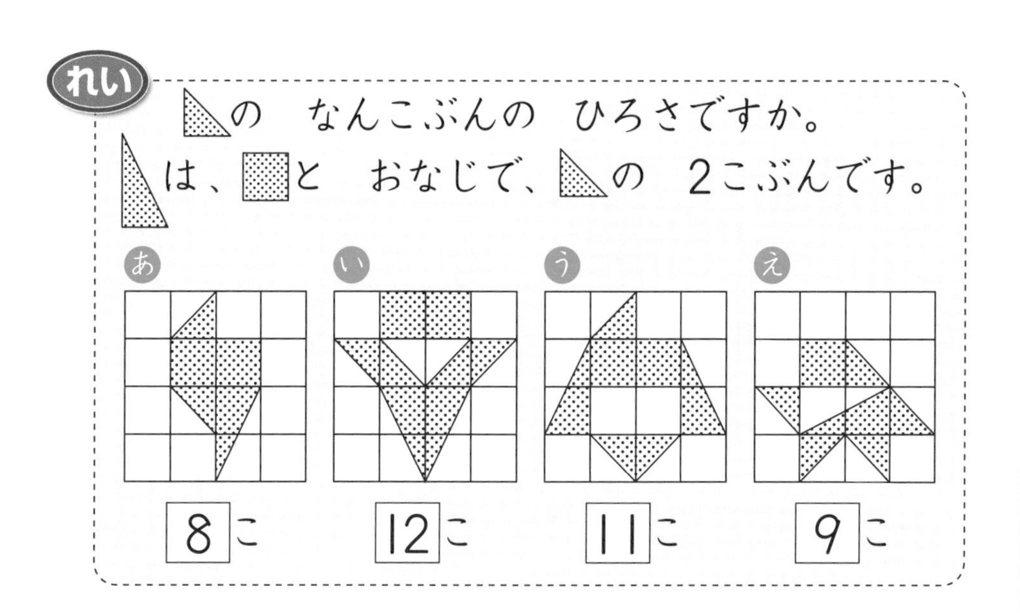

れい

（三角形）の　なんこぶんの　ひろさですか。

（三角形）は、（正方形）と　おなじで、（三角形）の　2こぶんです。

あ　8こ

い　12こ

う　11こ

え　9こ

3　ひろい　じゅんに　ばんごうを　かきなさい。

（1つ10てん・20てん）

1

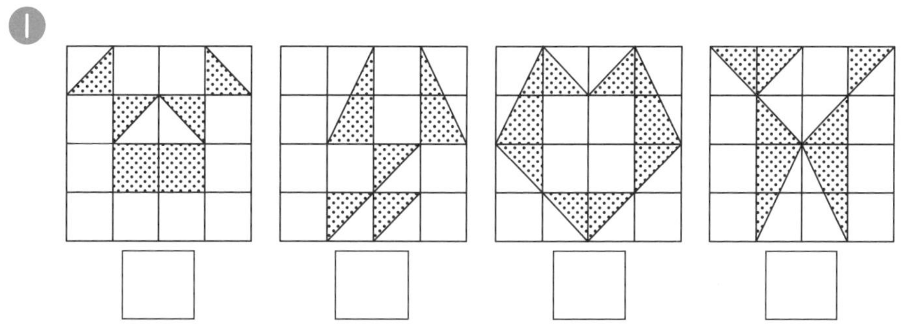

2

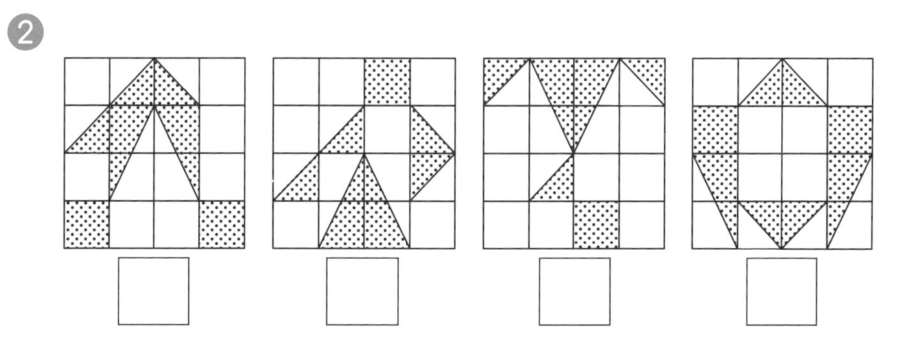

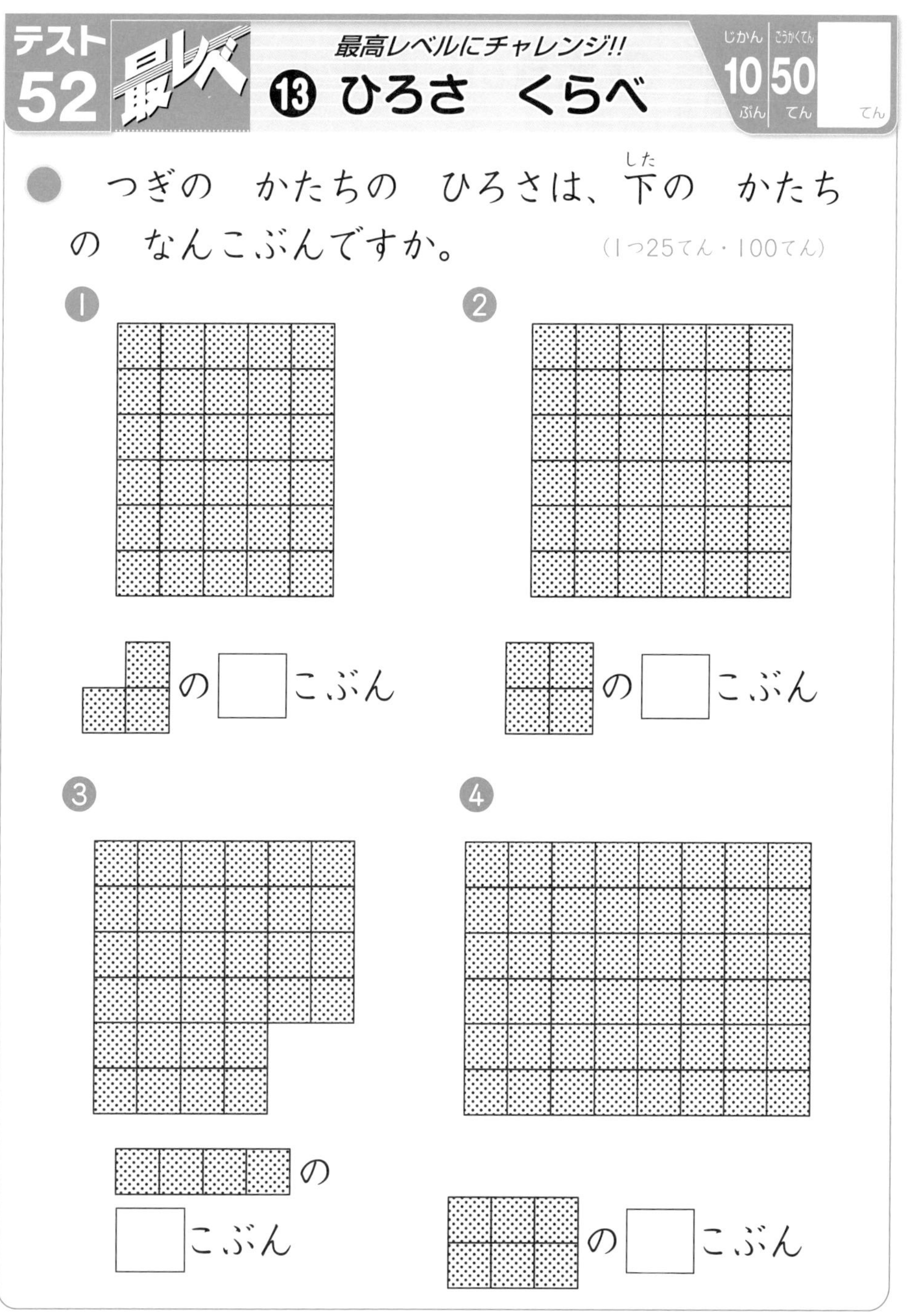

テスト 52　最レベ　最高レベルにチャレンジ!!

⑬ ひろさ　くらべ

じかん 10 ぷん　ごうかくてん 50 てん　　てん

● つぎの　かたちの　ひろさは、下（した）の　かたちの　なんこぶんですか。

（1つ25てん・100てん）

1　（図）の　□　こぶん

2　（図）の　□　こぶん

3　（図）の　□　こぶん

4　（図）の　□　こぶん

⑭ 大(おお)きい　かず

じかん 10ぷん　ごうかくてん 80てん　　てん

1 1から　50までの　カードを　ならべました。もんだいに　こたえなさい。

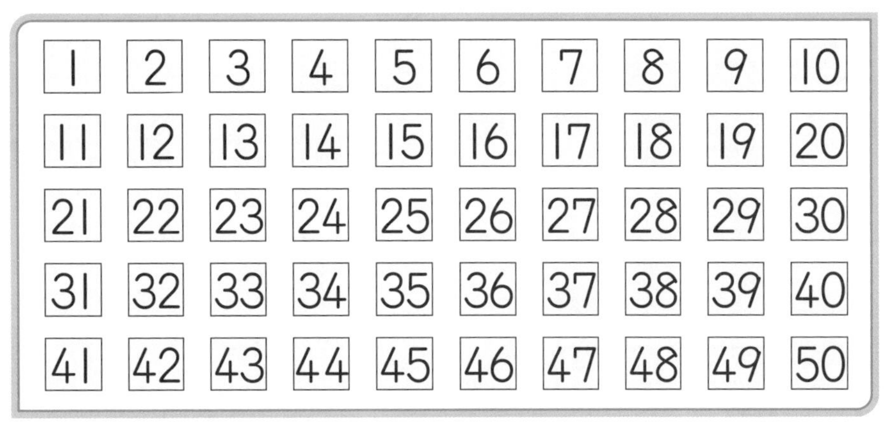

1	2	3	4	5	6	7	8	9	10
11	12	13	14	15	16	17	18	19	20
21	22	23	24	25	26	27	28	29	30
31	32	33	34	35	36	37	38	39	40
41	42	43	44	45	46	47	48	49	50

十(じゅう)の　くらい　28　一(いち)の　くらい

❶ 十(じゅう)の　くらいが　2の　カードは、なんまい　ありますか。　こたえ［　　］（15てん）

❷ 一(いち)の　くらいが　0の　カードは、なんまい　ありますか。　こたえ［　　］（15てん）

❸ 一(いち)の　くらいと　十(じゅう)の　くらいを　たすと　10に　なる　カードを　ぜんぶ　かきなさい。（20てん）

こたえ［　　］

2 かずの　せんを　見(み)て、こたえなさい。（1つ5てん・20てん）

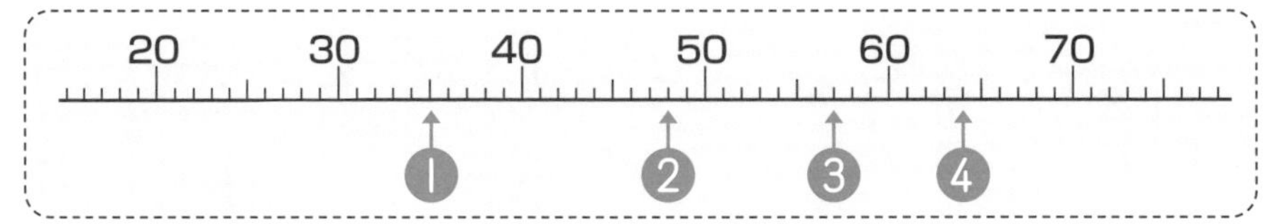

❶ 30より　5　大(おお)きい　かず…□

❷ 40より　8　大(おお)きい　かず…□

❸ 60より　3　小(ちい)さい　かず…□

❹ 70より　6　小(ちい)さい　かず…□

3 □に　あてはまる　かずを　かきなさい。（1つ5てん・15てん）

❶ 10が　2こと　1が　4こで　□

❷ 10が　8こと　1が　5こで　□

❸ 76は　10が　□こと　1が　□こ

4 □に　ちょうど　よい　かずを　かきなさい。（1つ5てん・15てん）

❶ 20 ― 30 ― □ ― 50 ― □ ― 70 ― □

❷ 43 ― □ ― 45 ― 46 ― □ ― □ ― 49

❸ 50 ― □ ― 48 ― □ ― 46 ― □ ― 44

テスト54 標準 レベル2

⑭ 大きい　かず

じかん 10ぷん　ごうかくてん 80てん　てん

1 51から　100までの　カードを　ならべました。もんだいに　こたえなさい。

51	52	53	54	55	56	57	58	59	60
61	62	63	64	65	66	67	68	69	70
71	72	73	74	75	76	77	78	79	80
81	82	83	84	85	86	87	88	89	90
91	92	93	94	95	96	97	98	99	100

❶ 十の　くらいが　7の　カードは、なんまい　ありますか。(20てん)

こたえ

❷ 一の　くらいが　0の　カードは、なんまい　ありますか。(20てん)

こたえ

❸ 一の　くらいと　十の　くらいを　たすと　10に　なる　カードを　ぜんぶ　かきなさい。(20てん)

こたえ

2 かずの　せんを　見て、こたえなさい。(1つ5てん・20てん)

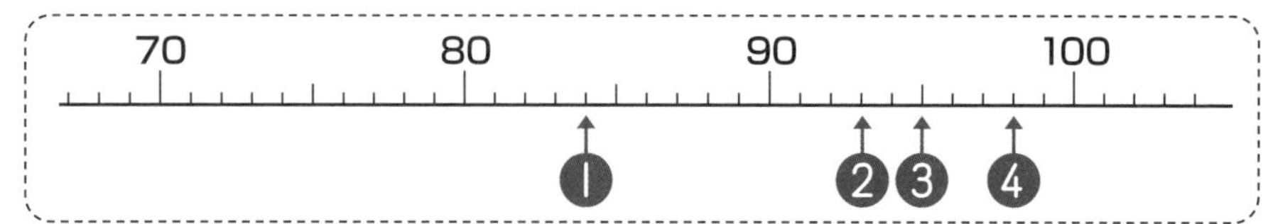

❶ 80より　4　大きい　かず…

❷ 90より　3　大きい　かず…

❸ 100より　5　小さい　かず…

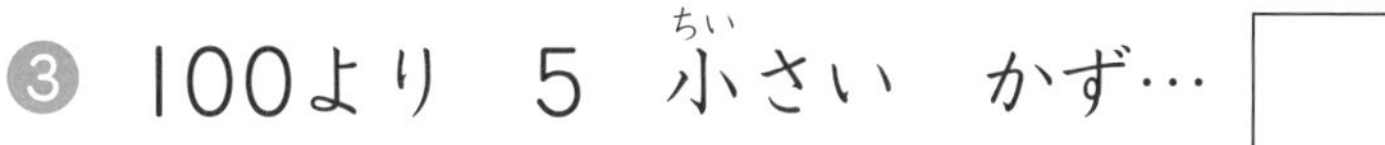

❹ 90より　8　大きい　かず……

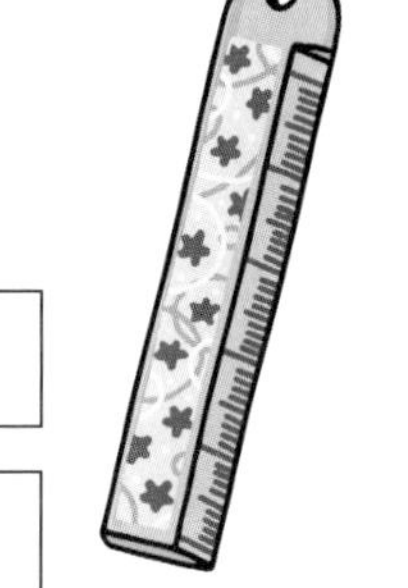

3 ある　きまりで、10から　100までの　かずを　かいた　カードが　あります。■の　かずを　かきなさい。(1つ10てん・20てん)

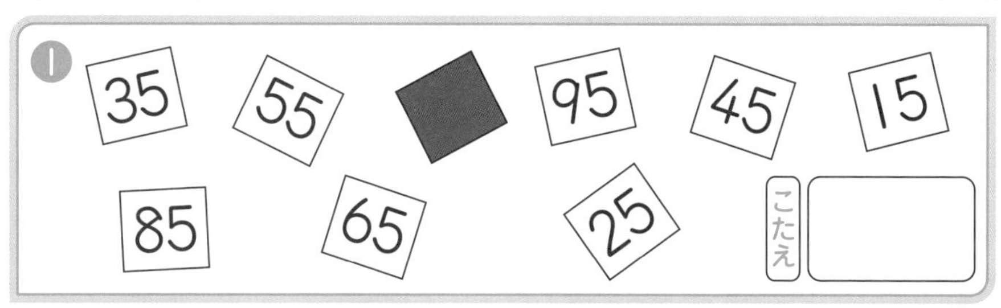

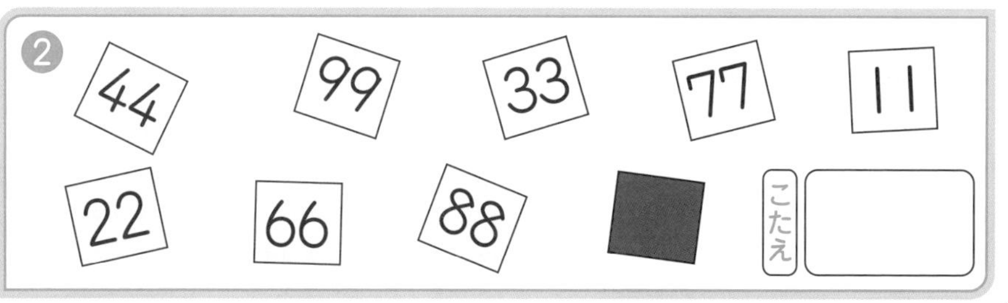

テスト55 ハイレベ ハイレベル ⓮ 大きい かず

じかん 15ふん ごうかくてん 70てん　　　てん

1 下の カードを 2まい つかって、10より 大きい かずを つくります。（1つ5てん・20てん）

5　6　0　4　8

❶ いちばん 大きい かずを かきなさい。

❷ いちばん 小さい かずを かきなさい。

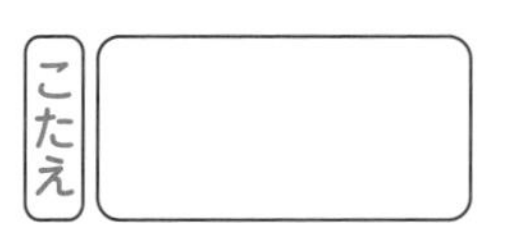

❸ 十の くらいが 6の かずは、ぜんぶで なんこ できますか。

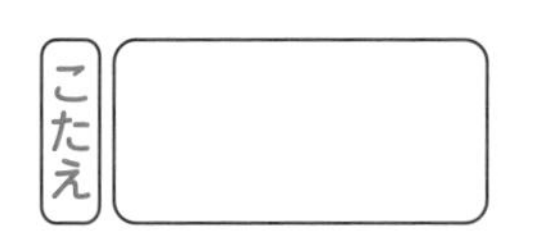

❹ 一の くらいが 8の かずを ぜんぶ かきなさい。

こたえ

2 □に かずを かきなさい。（1つ5てん・15てん）

❶ 10の かたまりが 5こと 7で…□

❷ 20の かたまりが 3こと 4で…□

❸ 30の かたまりが 3こと 9で…□

3 かずの せんを 見て、こたえなさい。（1つ5てん・20てん）

50　60　70　80　90

❶ 60より 13 大きい かずを かきなさい。　こたえ

❷ 90より 12 小さい かずを かきなさい。　こたえ

❸ 52と 62の ちょうど まん中の かずを かきなさい。　こたえ

❹ 76と 90の ちょうど まん中の かずを かきなさい。　こたえ

4 20より 大きく 50より 小さい かずの 中から こたえなさい。（1つ5てん・15てん）

❶ 一の くらいが 9の かずを ぜんぶ かきなさい。　こたえ

❷ 十の くらいが 4の かずは、ぜんぶで なんこ ありますか。　こたえ

❸ 一の くらいが 0の かずは、ぜんぶで なんこ ありますか。　こたえ

5 おもての　かずと　うらの　かずを　あわせると　7に　なる　カードが　あります。この　カードを　2まい　つかって、10より　大きい　かずを　つくります。

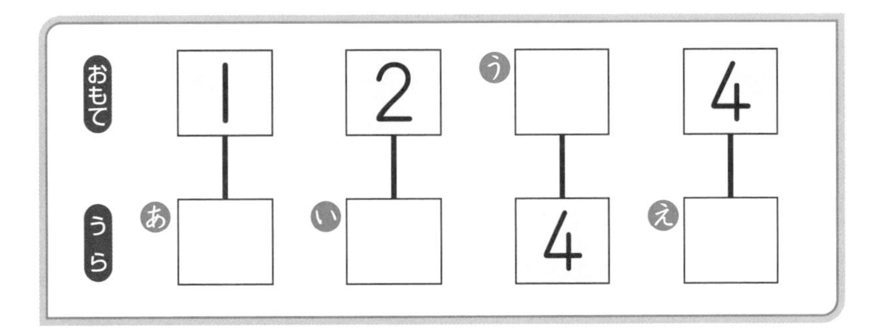

❶ あ□～え□に　かずを　かきなさい。

（1つ2てん・8てん）

❷ カードを　2まい　つかって　できる　かずの　中で、いちばん　大きい　かずを　かきなさい。（6てん）

こたえ

❸ 十の　くらいの　かずが　3の　かずを　ぜんぶ　かきなさい。（8てん）

こたえ

❹ やすこさんは　26を　つくりました。のこりの　カードで　いちばん　大きい　かずを　かきなさい。（8てん）

こたえ

テスト 56　最レべ　最高レベルにチャレンジ!!

⑭ 大きい　かず

じかん 10ぷん　ごうかくてん 50てん　　てん

1 □の　かずに　ついて　こたえなさい。

12・91・32・29・92・87

❶ いちばん　大きい　かずは、いくつですか。（25てん）

こたえ

❷ 一の　くらいの　かずと　十の　くらいの　かずを　入れかえて　できた　かずの　中で、2ばん目に　小さい　かずは、いくつですか。（25てん）

こたえ

❸ 十の　くらいの　かずが　一の　くらいの　かずより　大きい　かずを　すべて　かきなさい。（25てん）

こたえ

2 十の　くらいの　かずが　4で、一の　くらいの　かずが　十の　くらいの　かずより　大きく、一の　くらいの　かずと　十の　くらいの　かずを　たすと、10より　大きく　なる　かずを　すべて　かきなさい。

（25てん）

こたえ

テスト 57 標準レベル 1

⑮ とけい

じかん 10ぷん　ごうかくてん 80てん　　てん

1 なんじですか。

（1つ5てん・25てん）

れい

こたえ　8じ

①

こたえ

②

こたえ

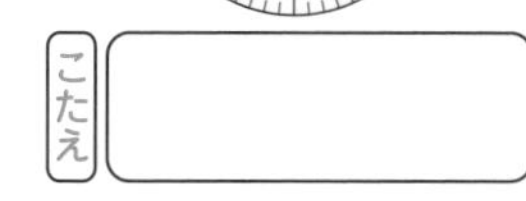

③

こたえ

④

こたえ

⑤

こたえ

2 なんじですか。

（1つ5てん・25てん）

れい

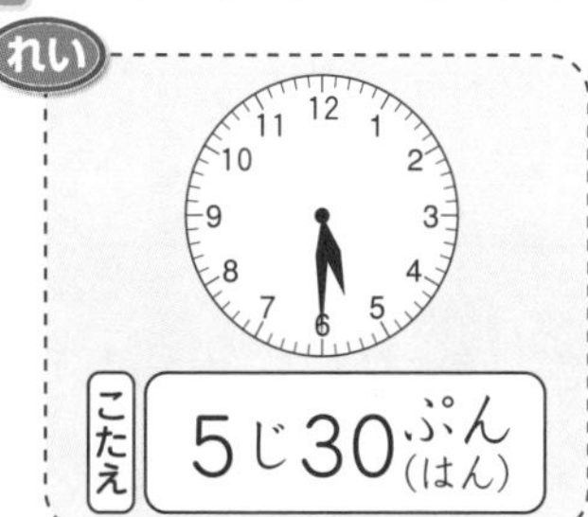

こたえ　5じ30ぷん（はん）

①

こたえ

②

こたえ

③

こたえ

④

こたえ

⑤

こたえ

3 なんじですか。えを　見（み）て、こたえなさい。

（1つ5てん・20てん）

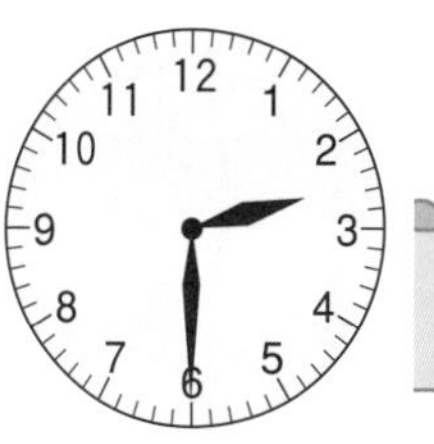

① きゅうしょくを　たべる。…　こたえ

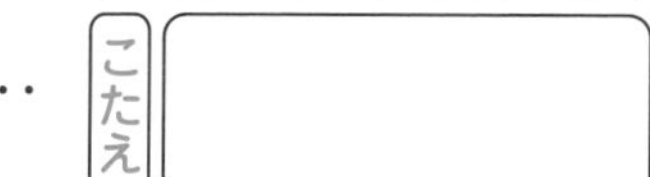

② はみがきを　する。…………　こたえ

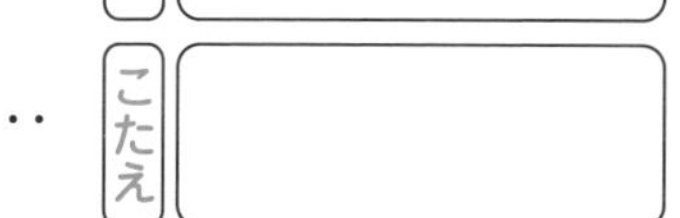

③ 学校（がっこう）を　でる。………………　こたえ

④ あさ　おきる。………………　こたえ

4 ながい　はりを　かきましょう。

（1つ10てん・30てん）

① 9じ　② 1じ　③ 4じはん

テスト 58 標準 レベル2 ⑮ とけい

じかん 10ぷん　ごうかくてん 80てん　　てん

1 なんじ　なんぷん　ですか。（1つ5てん・30てん）

❶

こたえ

❷

こたえ

❸

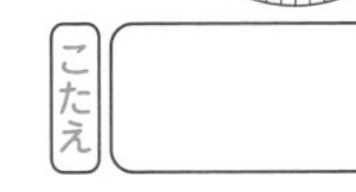
こたえ

❹

こたえ

❺

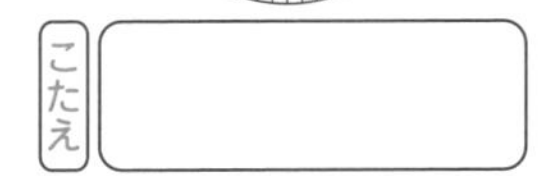
こたえ

❻

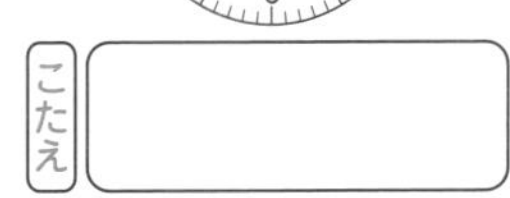

こたえ

2 なんじ　なんぷん　ですか。（1つ5てん・30てん）

❶

こたえ

❷

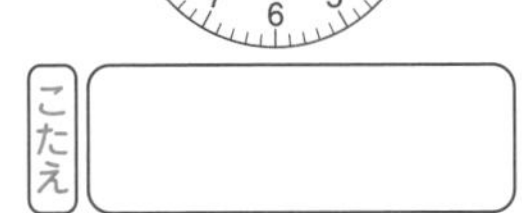
こたえ

❸

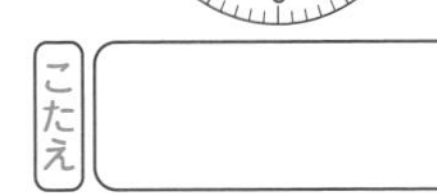
こたえ

❹

こたえ

❺

こたえ

❻

こたえ

3 とけいの　ながい　はりを　かきなさい。（1つ5てん・10てん）

❶ 2じ50ぷん　❷ 5じ15ふん

4 おなじ　じこくを　——で　つなぎなさい。（1つ5てん・30てん）

❶
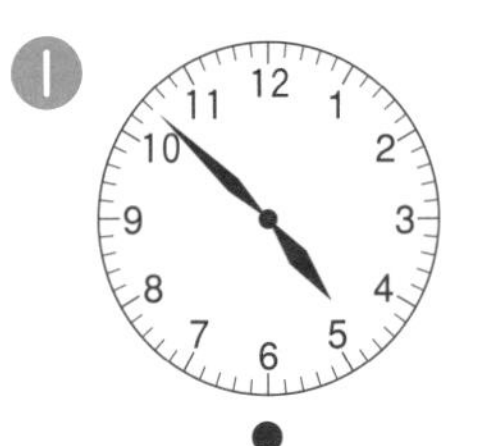

❷

❸

❹
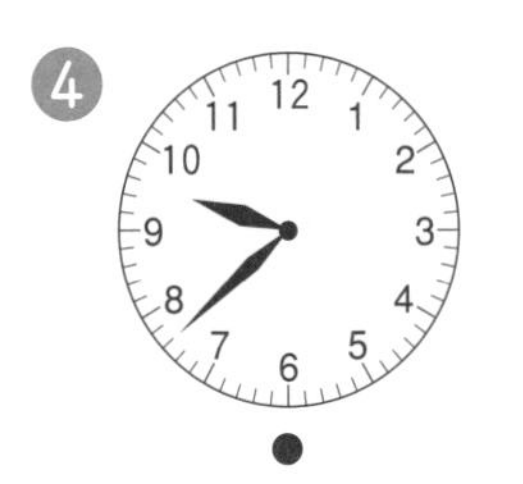

❺

❻

10:50　09:38　02:14

テスト 59 ハイレベル ⑮ とけい

じかん 15ふん ごうかくてん 70てん てん

1 なんじ なんぷんに なりますか。（1つ5てん・40てん）

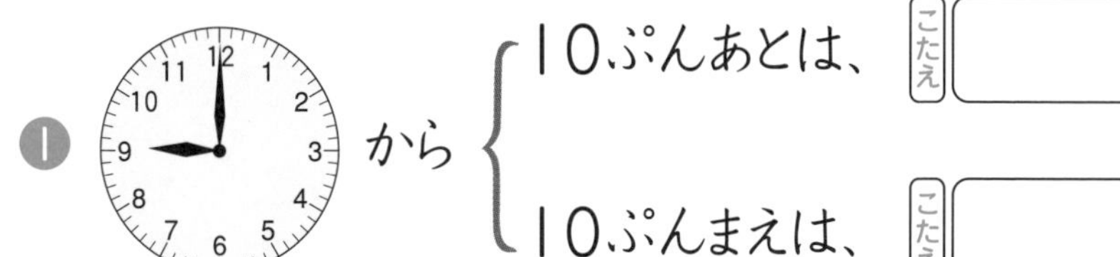

❶ から 10ぷんあとは、 こたえ

10ぷんまえは、 こたえ

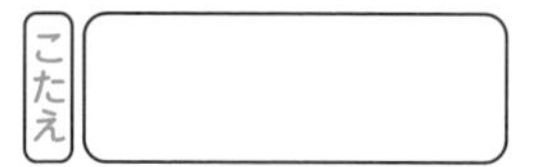

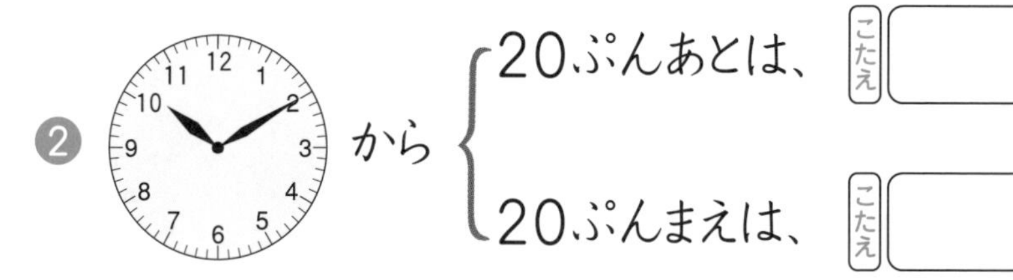

❷ から 20ぷんあとは、 こたえ

20ぷんまえは、 こたえ

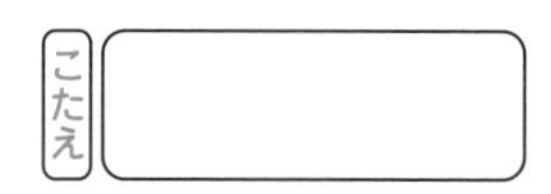

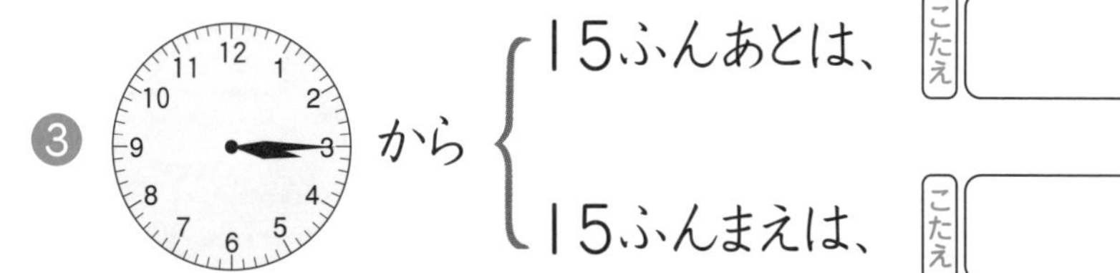

❸ から 15ふんあとは、 こたえ

15ふんまえは、 こたえ

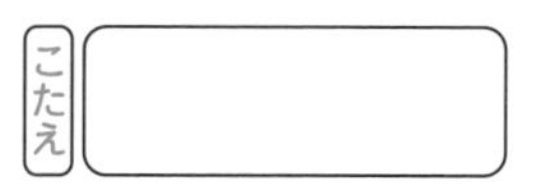

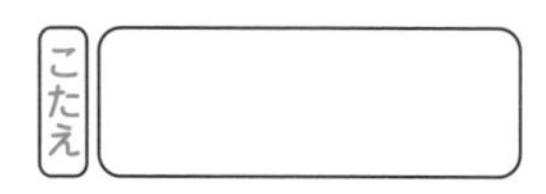

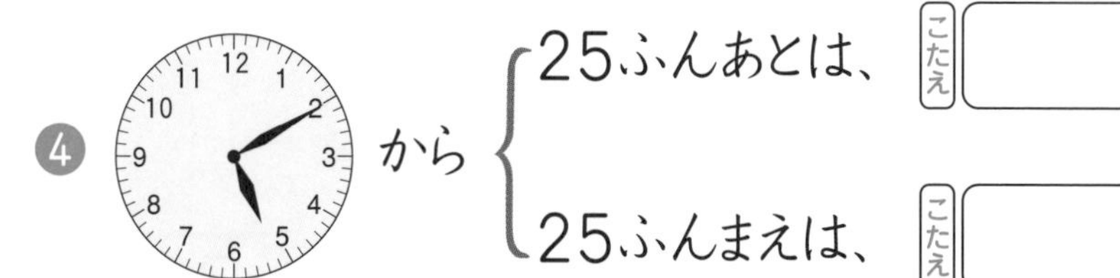

❹ から 25ふんあとは、 こたえ

25ふんまえは、 こたえ

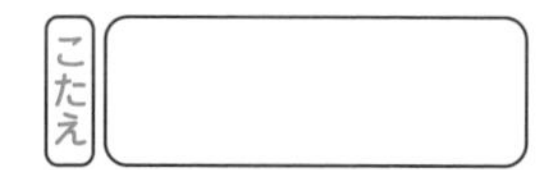

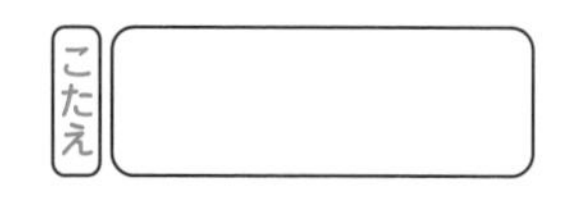

2 とけいの ながい はりを かきなさい。（1つ5てん・10てん）

れい 11じ3ぷん

❶ 4じ59ふん ❷ 12じ32ふん

3 下の ときは、なんじに なりますか。（1つ5てん・15てん）

❶ から ながい はりが 2かい まわると、 こたえ

❷ から ながい はりが 1かいはん まわると、 こたえ

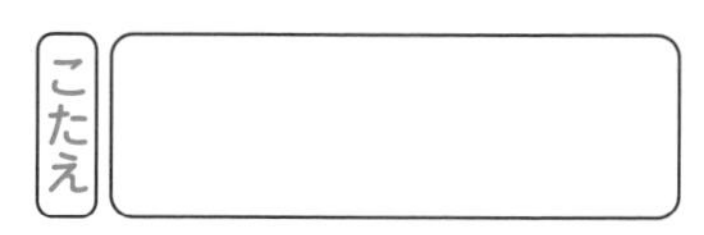

❸ から ながい はりが 2かいはん まわると、 こたえ

4 ながい　はりが　とれて　しまいました。みじかい　はりだけを　見(み)て、なんじごろか　こたえなさい。（1つ5てん・15てん）

❶ 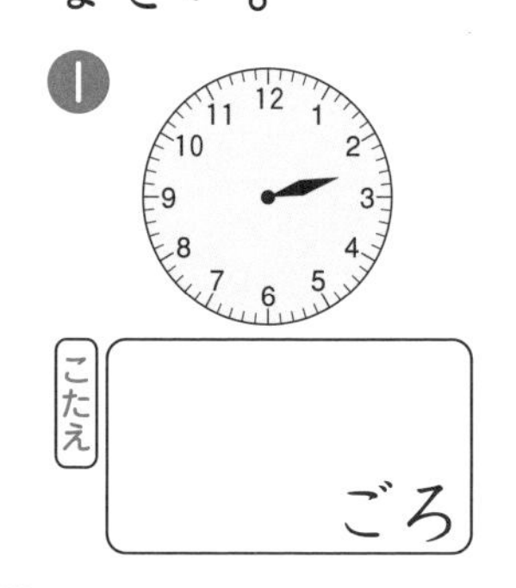
こたえ　　ごろ

❷ 
こたえ　　ごろ

❸ 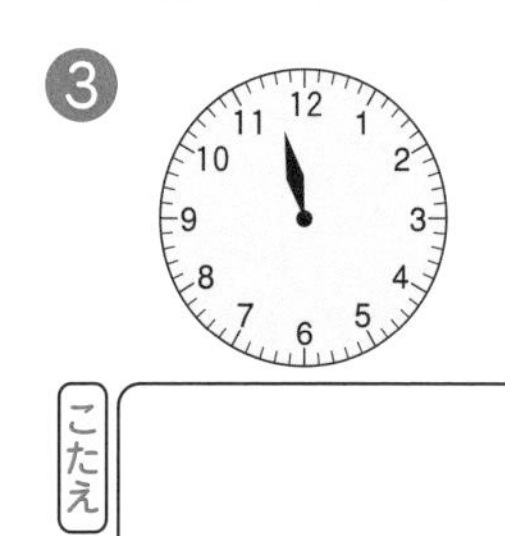
こたえ　　ごろ

5 ❶ くみさんは、あさ　7じはんに　学校(がっこう)へ　いきます。おとうとは、そのあと　とけいの　ながい　はりが　1かいはん　まわってから　ようちえんへ　いきます。おとうとが、ようちえんに　いくのは、なんじですか。右(みぎ)の　とけいに　はりを　かきなさい。（10てん）

❷ とおるさんは、3じに　学校(がっこう)から　かえって　きました。おとうさんは、そのあと　とけいの　ながい　はりが　3かいはん　まわってから　かいしゃから　かえって　きました。おとうさんが、かえって　きたのは、なんじですか。とけいに　はりを　かきなさい。（10てん）

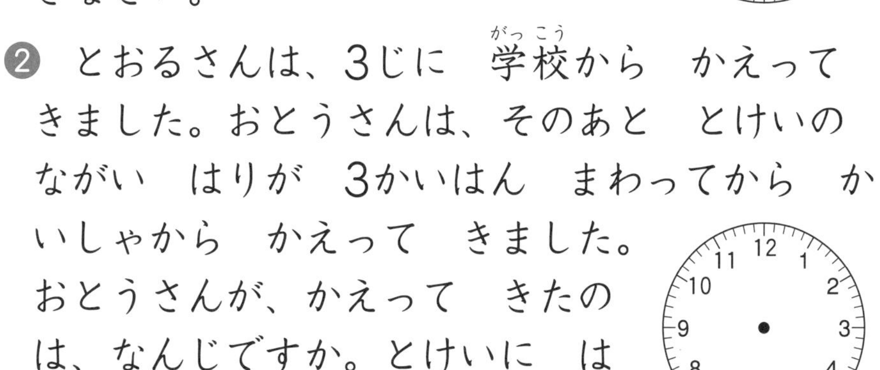

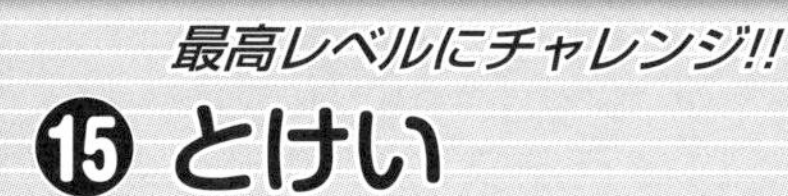

テスト60 最レベ ⑮ とけい

じかん 10ぷん　ごうかくてん 50てん　　てん

1 3つの　とけいを　見(み)て、こたえなさい。

上(うえ)の　3つの　とけいは、正(ただ)しい　じこくから　8ふん・7ふん・2ふん　おくれたり　すすんだり　して　います。どの　とけいが、なんぷん　おくれたり　すすんだり　しているかを　うまく　あてはめて、正(ただ)しい　じこくを　もとめなさい。（50てん）

こたえ

2 下(した)の　3つの　とけいは、正(ただ)しい　じこくから　2ふん・13ぷん・16ぷん　おくれたり　すすんだり　して　います。上(うえ)の　もんだいと　おなじように　して、正(ただ)しい　じこくを　もとめなさい。（50てん）

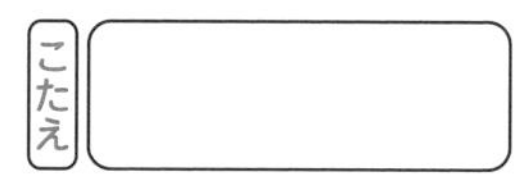
こたえ

リビューテスト 3-①（ふくしゅうテスト）

じかん 10ぷん　ごうかくてん 70てん　てん

1 ながい じゅんに □の 中に あ～えを かきなさい。 (1つ5てん・20てん)

あ　い　う　え

□→□→□→□

2 ▩の ところが ひろい ほうに ○を かきなさい。 (1つ10てん・20てん)

① □ □　② □ □

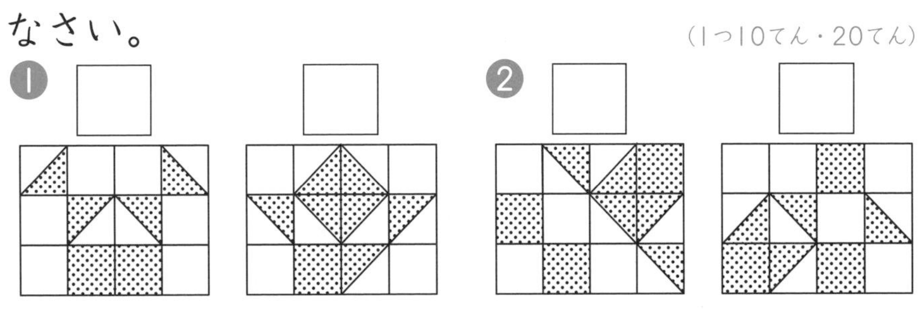

3 くりを 15こ もって います。おとうとに 7こ、いもうとに 5こ あげました。くりは、なんこに なりましたか。 (10てん)

しき

こたえ

4 おはじきを 16こ もって います。ともだちに 8こ あげた あとに、おかあさんから 3こ もらいました。おはじきは、なんこに なりましたか。

しき (10てん)

こたえ

5 子どもが バスていに ならんで います。たろうさんは、まえから 7ばん目に います。たろうさんの うしろには 5人 います。子どもは、みんなで なん人 いますか。 (10てん)

しき

こたえ

6 13人で かけっこを しました。みかさんは、まえから 11ばん目 でしたが、6人を ぬきました。いま、みかさんの うしろに なん人 いますか。(15てん)

しき

こたえ

7 14人で かけっこを しました。まもるさんは、まえから 5ばん目 でしたが、4人に ぬかれました。いま、まもるさんの うしろに なん人 いますか。 (15てん)

しき

こたえ

リビューテスト 3-②
（ふくしゅうテスト）

じかん 10ぷん　ごうかくてん 70てん　てん

1 □に　あてはまる　かずを　かきなさい。（1つ5てん・20てん）

❶ 10が　6こと、1が　7こで、□

❷ 10が　3こと、1が　9こで、□

❸ 84は、10が □こと　1が □こ

❹ 59は、10が □こと　1が □こ

2 なんじ　なんぷん　ですか。（1つ5てん・30てん）

❶

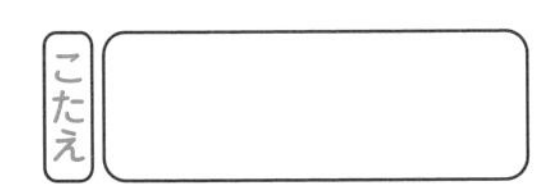

❷

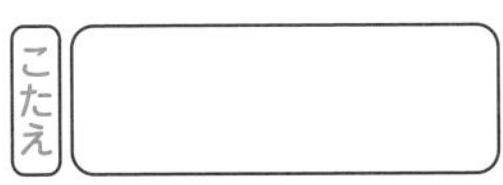

❸

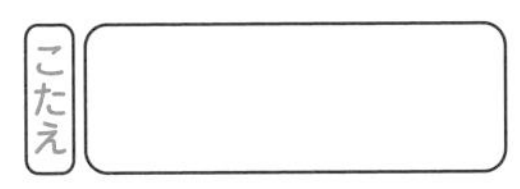

❹

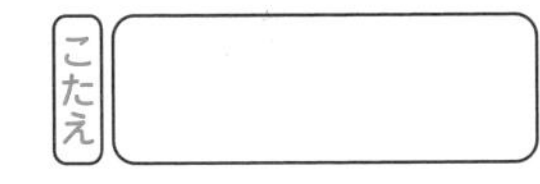

❺

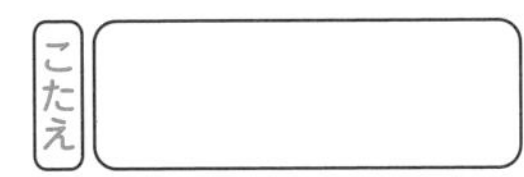

❻

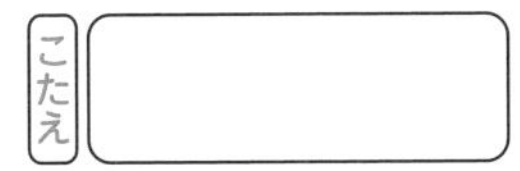

3 ながい　はりを　かきなさい。（1つ5てん・30てん）

❶ 2じ30ぷん　❷ 8じ15ふん　❸ 6じ50ぷん

❹ 12じ43ぷん　❺ 9じ17ふん　❻ 4じ59ふん

4 いろがみを　12まい　もって　いました。あさ　4まい　つかった　あとに、おかあさんから　赤(あか)と　青(あお)の　いろがみを　3まいずつ　もらいました。いろがみは、なんまいに　なりましたか。（20てん）

しき

こたえ

1 ふくろの　中の　かずを　大きい　じゅんに　ならべなさい。　(1つ10てん・20てん)

❶
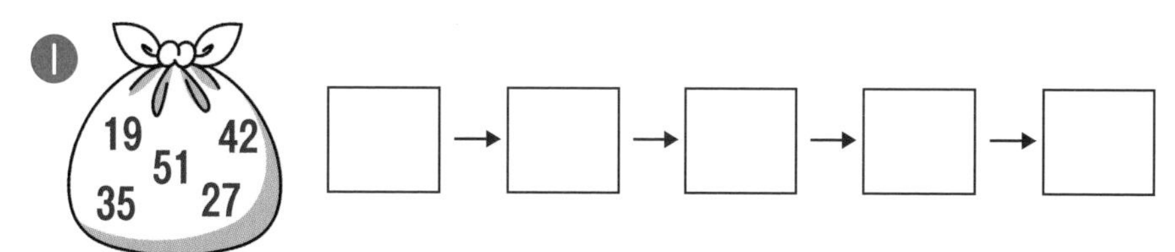

❷
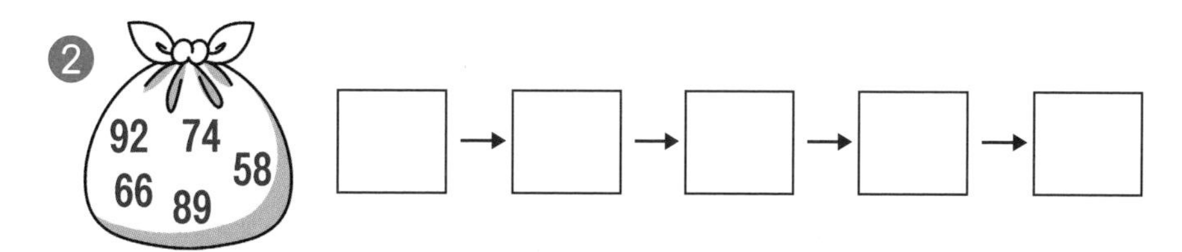

2 ずを　見て、□に　かずを　かきなさい。

20　30　40　50　60

(1つ10てん・30てん)

❶ 1ずつ　ふえる。

18—19—□—□—□—23

❷ 2ずつ　ふえる。

36—38—□—□—□—46

❸ 5ずつ　ふえる。

35—40—□—□—□—60

3 30から　50までの　かずの　中で、つぎの　かずを　(　　)に　かきなさい。　(1つ10てん・30てん)

れい
42から　2ずつ　大きい　かず
42－(　44, 46, 48, 50　)

❶ 38から　2ずつ　小さい　かず
38－(　　　　　　)

❷ 30から　5ずつ　大きい　かず
30－(　　　　　　)

❸ 50から　5ずつ　小さい　かず
50－(　　　　　　)

4 □に　あてはまる　かずを　かきなさい。　(1つ5てん・20てん)

❶ 24－26－□－□－32－□

❷ 38－□－42－□－46－□

❸ 50－48－□－44－□－□

❹ 45－□－41－39－□－□

テスト62 標準レベル2 ⑯ かずの ならびかた

じかん 10ぷん　ごうかくてん 80てん　　てん

1 ふくろの 中の かずを 小さい じゅんに ならべなさい。（1つ10てん・20てん）

❶ 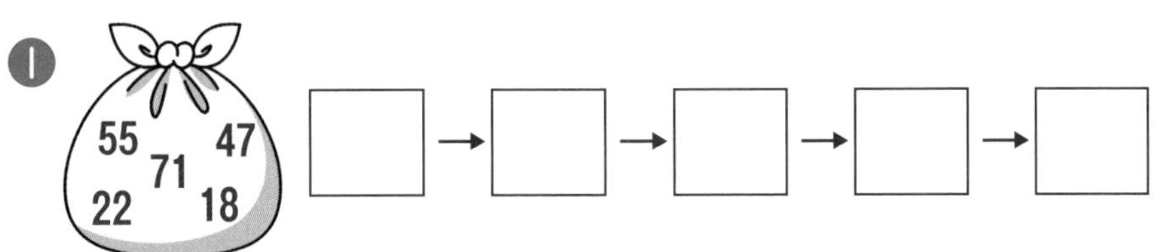

□→□→□→□→□

❷ 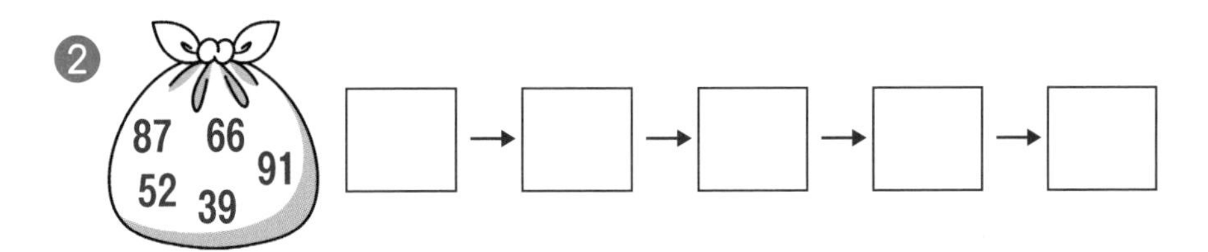

□→□→□→□→□

2 □に あてはまる かずを かきなさい。

60　70　80　90　100

（1つ10てん・30てん）

❶ 1ずつ へる。

91―90―□―□―□―86

❷ 2ずつ へる。

84―82―□―□―□―74

❸ 5ずつ へる。

95―90―□―□―□―70

3 80から 100までの かずの 中で、つぎの かずを （　　）に かきなさい。（1つ10てん・30てん）

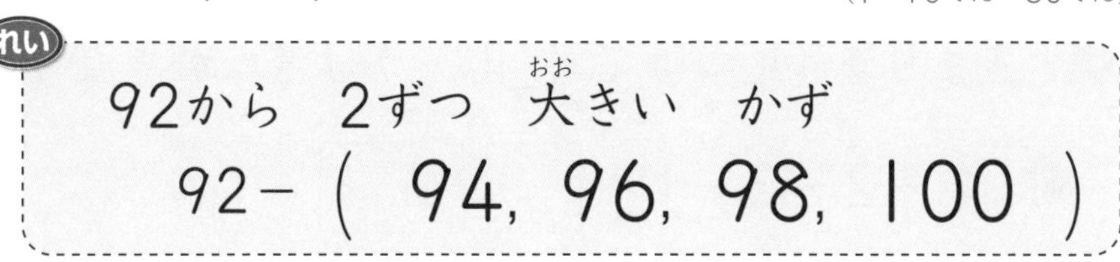

❶ 88から 2ずつ 小さい かず

88−(　　　　　　　　)

❷ 80から 5ずつ 大きい かず

80−(　　　　　　　　)

❸ 100から 5ずつ 小さい かず

100−(　　　　　　　　)

4 □に かずを かきなさい。（1つ5てん・20てん）

❶ 80−82−□−□−88−□

❷ 76−□−80−□−84−□

❸ 100−98−□−□−92−□

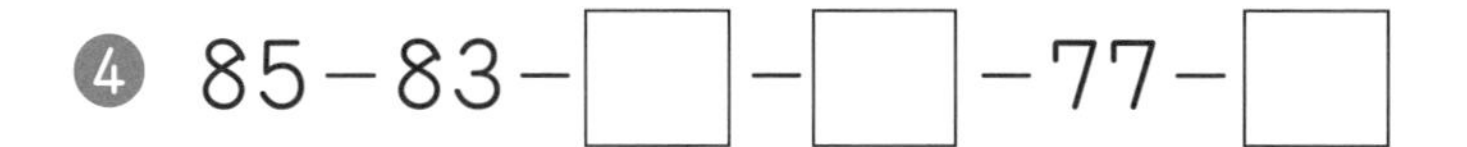

❹ 85−83−□−□−77−□

テスト63 ハイレベ ハイレベル ⑯ かずの　ならびかた　じかん 15ふん　ごうかくてん 70てん　てん

1 きまりを　見つけて、□に　かずを　かきなさい。（1つ5てん・20てん）

❶ 1－2－3－1－□－□－1

❷ 20－20－30－□－40－□－50

❸ 7－3－1－□－□－1－7

❹ 30－□－50－30－20－□－30

2 きまりを　見つけて、□に　かずを　かきなさい。（1つ5てん・20てん）

❶ 1－2－4－□－11－16－□

❷ 5－8－6－□－7－□－□

❸ 3－5－4－6－□－□－□

❹ 11－16－□－17－□－18－□

3 カードが、10まい　ならんで　います。

ひだり　3　5　6　7　3　5　あ　7　3　い　みぎ

❶ あの　カードの　かずを　かきなさい。（10てん）

こたえ □

❷ いの　カードの　かずを　かきなさい。（10てん）

こたえ □

❸ 左はしから　かぞえて　2ばん目の　3の　カードは、右から　かぞえて　なんばん目　ですか。（10てん）

こたえ □

❹ 右から　かぞえて　2ばん目の　3と、3ばん目の　3の　あいだに、カードは　なんまい　ありますか。（10てん）

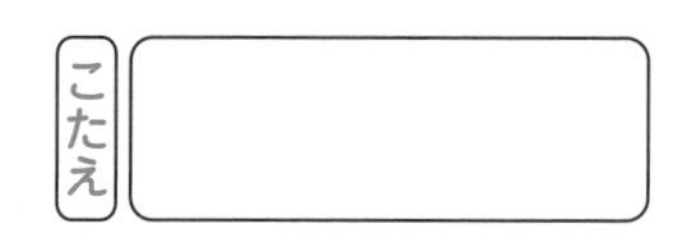

こたえ □

4 かずを　かいた　カードが、あります。

❶ 十の　くらいが　3の　カードだけを、小さい　じゅんに　左から　右へ　ならべます。まん中の　カードの　かずを　かきなさい。（10てん）

こたえ

❷ 一の　くらいの　かずが　小さい　じゅんに、左から　右へ　ならべます。まん中の　カードの　かずを　かきなさい。（10てん）

こたえ

テスト64　最レベ　最高レベルにチャレンジ!!

⑯ かずの　ならびかた

じかん 10ぷん　ごうかくてん 50てん　　てん

● 下の　ような　7まいの　カードが　あります。この　カードを　いちばん　おおくて　3まいまで　つかって、ならべて　できた　かずが、2けたの　かずに　なるように　します。

九　十　三　四　六　二　八

たとえば 三 十 八 と　3まいの　カードを　ならべた　とき、38と　こたえます。十 を　1まい　つかうと、10と　こたえます

❶ いちばん　大きい　かずを　すう字で　かきなさい。（50てん）

こたえ

❷ 一の　くらいが　4の　かずを　小さい　じゅんに　すう字で　かきなさい。（50てん）

こたえ

テスト65 標準レベル1 ⑰ たしざん（3）

1 こうえんに　男の子が　20人、女の子が　30人　います。みんなで　なん人　いますか。（10てん）

しき

こたえ

2 赤い　いろがみが　40まい、白い　いろがみが　10まい　あります。いろがみは、ぜんぶで　なんまい　ありますか。（10てん）

しき

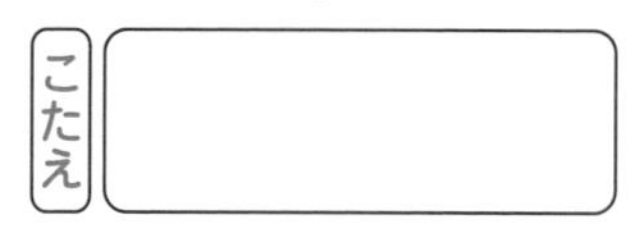

こたえ

3 60円の　のりと　30円の　けしごむを　1こずつ　かいました。あわせて　なん円に　なりますか。（10てん）

しき

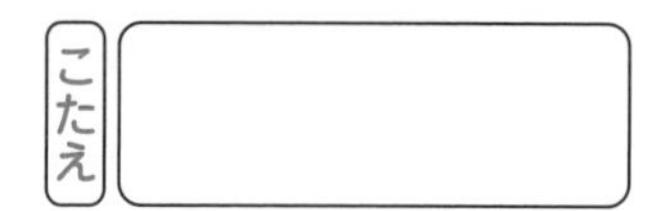

こたえ

4 あゆみさんは　おりがみを　32まい　もって　います。おかあさんから　5まい　もらいました。おりがみは、なんまいに　なりましたか。（15てん）

しき

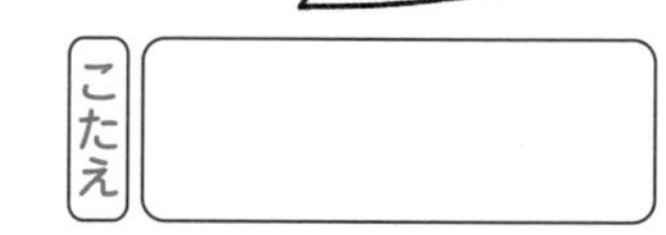

こたえ

5 こどもの　かさが　62本、おとなの　かさが　3本　あります。かさは、あわせて　なん本　ありますか。（15てん）

しき

こたえ

6 赤い　おはじきが　40こ、青い　おはじきが　30こ、白い　おはじきが　20こ　あります。

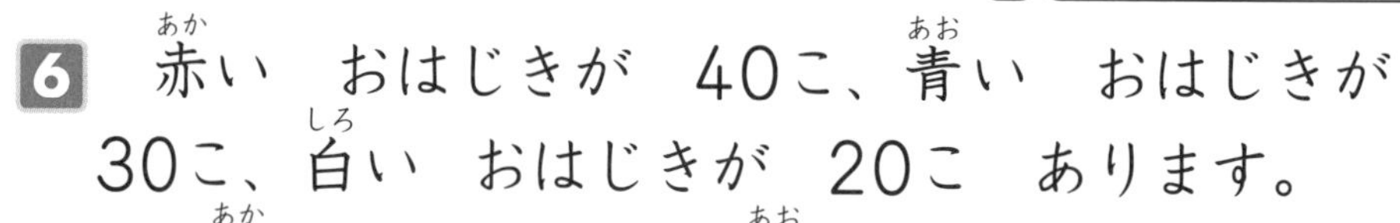

❶ 赤い　おはじきと　青い　おはじきを　あわせると、なんこに　なりますか。（20てん）

しき

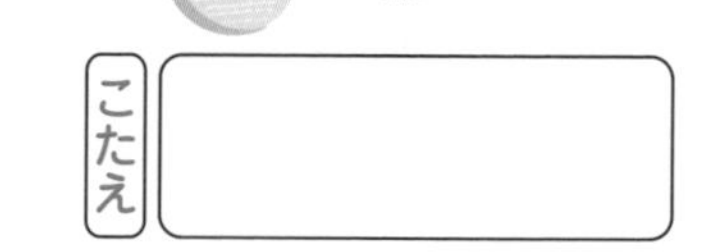

こたえ

❷ おはじきは、ぜんぶで　なんこ　ありますか。（20てん）

しき

こたえ

テスト 66　標準 レベル 2

⑰ たしざん (3)

じかん 10ぷん　ごうかくてん 80てん　　てん

1 50円の　みかんを　1こ　かうと、40円　のこりました。はじめに　お金を　いくら　もって　いましたか。(10てん)

しき

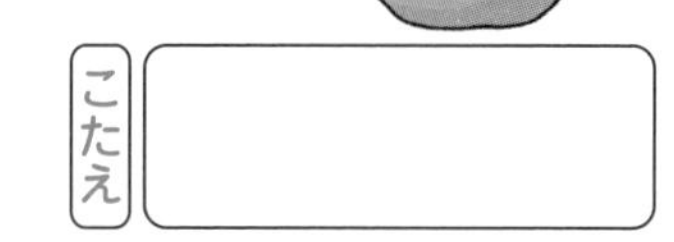

こたえ

2 ももかさんは　本を　はじめから　73ページまで　よみました。あと　4ページ　のこって　います。この　本は、ぜんぶで　なんページ　ありますか。(10てん)

しき

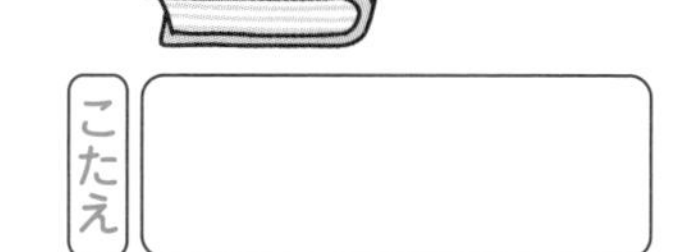

こたえ

3 わたしは　どんぐりを　30こ　ひろいました。いもうとは　20こ、おとうとは　10こ　ひろいました。3人で　どんぐりを　なんこ　ひろいましたか。(15てん)

しき

こたえ

4 わたしの　おかあさんは　33さいで、おとうさんより　4さい　年下です。わたしの　おとうさんは、なんさい　ですか。(15てん)

しき

こたえ

5 1くみには、本が　30さつ　あります。2くみの本は、1くみより　10さつ　おおいです。

❶ 2くみの　本は、なんさつ　ですか。(15てん)

しき

こたえ

❷ 1くみと　2くみの　本を　あわせると、なんさつ　ありますか。(15てん)

しき

こたえ

6 子どもが、こうえんで　50人　あそんで　います。あとから　男の子が　10人と　女の子が　20人　きました。みんなで　なん人に　なりましたか。(20てん)

しき

こたえ

テスト67 ハイレベル ⑰ たしざん (3)

1 おとうとと　いもうとに　おはじきを　10こずつ　あげると、40こ　のこりました。おはじきは、はじめに　なんこ　ありましたか。(10てん)

しき

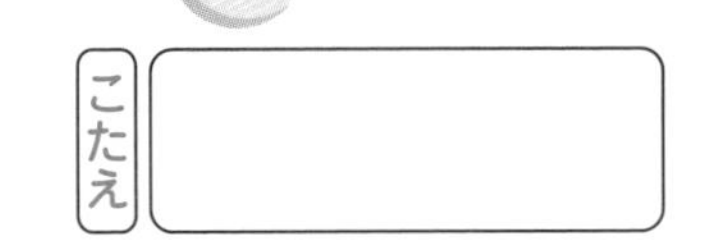

2 つばささんは、がようしを　30まい　もって　います。きょう、おとうさんと　おかあさんから　20まいずつ　もらいました。つばささんの　がようしは、なんまいに　なりましたか。(10てん)

しき

3 みどりさんの　おかあさんは　30さいで、おばあさんより　30さい　年下(としした)です。おかあさんと　おばあさんの　年(とし)を　あわせると、なんさいに　なりますか。(10てん)

しき

4 ゆりさんは、りんごと　みかんを　1こずつ　かいました。みかんは　30円(えん)でしたが、りんごは　みかんより　20円(えん)　たかい　そうです。ゆりさんは、ぜんぶで　なん円(えん)　はらいましたか。(10てん)

しき

5 ゆうじさんは、30円(えん)の　おかしを　2こ　かったので、のこりの　お金(かね)は　6円(えん)に　なりました。ゆうじさんは、はじめに　いくら　もって　いましたか。(10てん)

しき

6 赤(あか)と　白(しろ)と　青(あお)の　はたが　あります。赤(あか)い　はたは、20本(ぽん)　あります。白(しろ)い　はたは　赤(あか)い　はたより　30本(ぽん)　おおく、青(あお)い　はたは　白(しろ)い　はたより　8本(ほん)　おおいです。では、青(あお)い　はたは、なん本(ぼん)　ありますか。(10てん)

しき

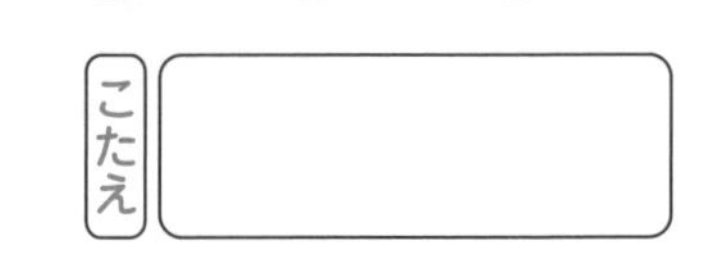

7 かずおさんの　くみで　かけっこを　して　います。かずおさんの　まえに　10人、うしろに　20人　はしって　います。かけっこは、みんなで　なん人で　して　いますか。（10てん）

しき

こたえ

8 さくらさんは、きのう　本を　はじめから　81ページまで　よみおわりました。きょう、6ページよむと、あしたは　なんページ目から　よみはじめますか。（15てん）

しき

こたえ

9 おとうとと　いもうとは　あめを　10こずつ、おにいさんと　おねえさんは　あめを　20こずつもって　います。あめを　ぜんぶで　なんこ　もって　いますか。（15てん）

しき

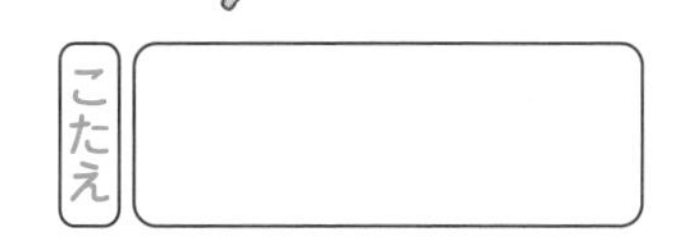

こたえ

テスト68 最レベ 最高レベルにチャレンジ!! ⑰ たしざん（3）

じかん 10ぷん　ごうかくてん 50てん　　てん

● はやとさんは、クラス　20人の　けいさんテストの　けっかを　いいました。（1つ25てん・100てん）

10てん　まんてんの　人は、3人です。9てんの　人は、1人です。8てんの　人は、2人です。7てんの　人は、3人です。ぼくは、6てんでした。のこりの　人は、みんな　5てんでした。よしこさんは　9てんで、まさしさんは　7てんでした。

① よしこさんは、よい　ほうから　なんばん目ですか。

しき

こたえ

② まさしさんは、よい　ほうから　なんばん目ですか。

しき

こたえ

③ はやとさんは、よい　ほうから　なんばん目ですか。

しき

こたえ

④ 7てんより　わるい　てんすうの　人は、なん人　いますか。

しき

こたえ

テスト 69　標準 レベル 1　⑱ ひきざん (3)　じかん 10ぷん　ごうかくてん 80てん　てん

1 50円 もって いましたが、20円 つかいました。のこりは、なん円に なりましたか。（10てん）

しき

こたえ

2 赤い おりがみが 70まい、白い おりがみが 60まい あります。ちがいは、なんまい ですか。（10てん）

しき

こたえ

3 こうえんに こどもが 80人 います。そのうち 男の子は、30人 います。女の子は、なん人 いますか。（10てん）

しき

こたえ

4 犬が 30ぴき、ねこが 20ぴき います。犬は ねこより なんびき おおいですか。（10てん）

しき

こたえ

5 子どもが、バスに 28人 のって いました。そのあと 5人 おりました。いま、なん人 のって いますか。（15てん）

しき

こたえ

6 どんぐりを 37こ ひろいました。ともだちに 6こ あげました。どんぐりは、なんこ のこって いますか。（15てん）

しき

こたえ

7 みどりさんは、がようしを 48まい もって います。おとうとに 3まい、いもうとに 2まい あげました。みどりさんの がようしは、なんまい に なりましたか。（15てん）

しき

こたえ

8 子どもが、こうえんに 56人 います。男の子が 2人と、女の子が 4人 かえりました。いま、こうえんに 子どもは、なん人 いますか。（15てん）

しき

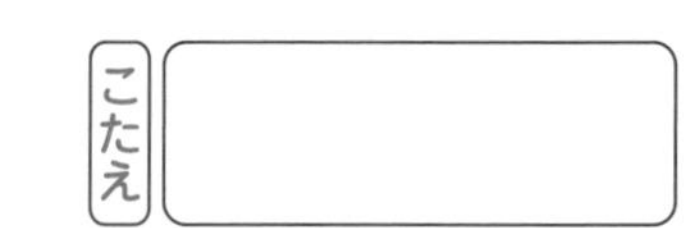

こたえ

テスト 70 標準 レベル 2

⑱ ひきざん (3)

じかん 10ぷん　ごうかくてん 80てん　てん

1 すずめが、やねに　60わ　とまって　います。40わが、とんで　いきました。いま、やねに　すずめは、なんわ　いますか。（10てん）

しき

こたえ

2 わたしは、きっ手(て)を　29まい　もって　います。いもうとは、7まい　もって　います。わたしは、いもうとより　なんまい　おおく　もって　いますか。（10てん）

しき

こたえ

3 わたしは、えんぴつを　37本(ほん)　もって　います。おとうとに　4本(ほん)　あげると、のこりは　なん本(ぼん)に　なりますか。（10てん）

しき

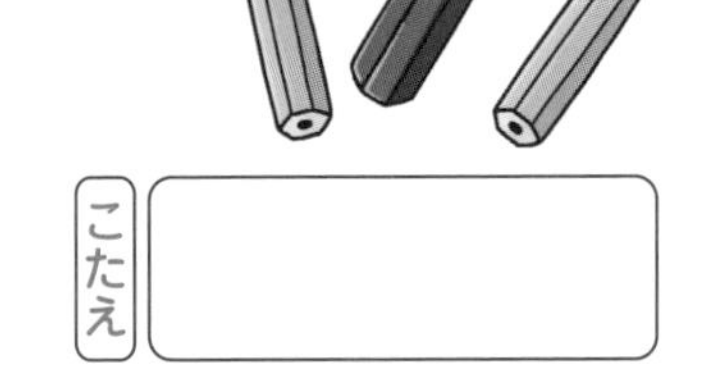

こたえ

4 はるかさんは、おはじきを　59こ　もって　います。いもうとに　4こ、おとうとに　2こ　あげました。はるかさんの　おはじきは、なんこに　なりましたか。（15てん）

しき

こたえ

5 おねえさんは、あめを　48こ　もって　います。あさに　3こ、ひるに　4こ　たべました。あめは、なんこに　なりましたか。（15てん）

しき

こたえ

6 まさしさんの　くみの　子(こ)どもたちは、28人(にん)　います。きょう、男(おとこ)の子(こ)が　2人(ふたり)と　女(おんな)の子(こ)が　1人(ひとり)　休(やす)んで　います。きょう、学校(がっこう)に　きたのは　なん人(にん)　ですか。（20てん）

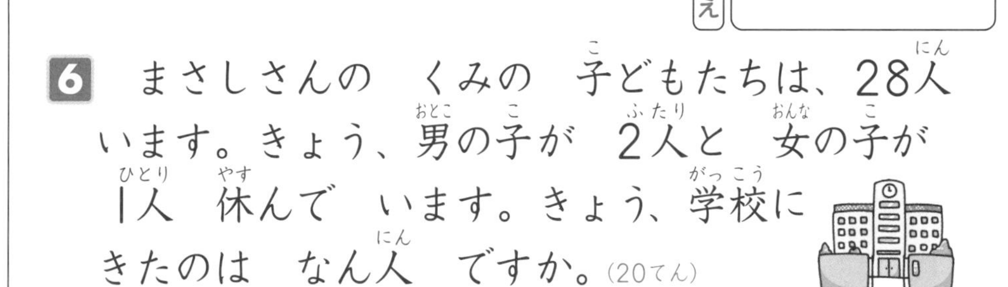

しき

こたえ

7 きょう、かずこさんは　貝(かい)がらを　おとうさんから　20こ、おかあさんから　10こ　もらったので、60こに　なりました。きのうまでに　かずこさんは、なんこ　貝(かい)がらを　もって　いましたか。（20てん）

しき

こたえ

テスト 71 ハイレベ ハイレベル

⑱ ひきざん（3）

じかん 15ふん　ごうかくてん 70てん　てん

1　まゆみさんは、どんぐりを　59こ　もって　います。2人の　ともだちに　3こずつ　あげました。まゆみさんの　どんぐりは、なんこに　なりましたか。（10てん）

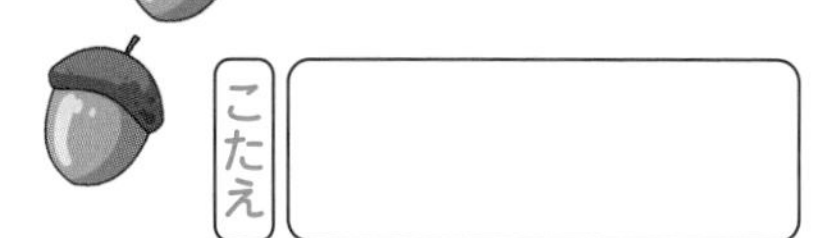

しき

こたえ

2　たろうさんは、95円　もって　います。おとうとと　いもうとに　40円の　けしゴムを　1こずつ　かいました。のこりは、なん円に　なりますか。（10てん）

しき

こたえ

3　おはじきが、60こ　あります。そのうち　ぼくが　20こ　もらい、おねえさんが　ぼくより　10こ　おおく　もらいます。そして、のこりを　ぜんぶ　おにいさんが　もらいます。おにいさんは、おはじきを　なんこ　もらいますか。（10てん）

しき

こたえ

4　子どもが、50人　よこに　1れつに　ならんで　います。のぞみさんの　左に　19人　います。のぞみさんの　右に　なん人　いますか。（10てん）

しき

こたえ

5　子どもが、バスていに　29人　ならんで　います。たけしさんの　まえには　6人　います。たけしさんの　うしろには　なん人　いますか。（10てん）

しき

こたえ

6　本が、30さつ　よこに　ならんで　います。さちこさんの　すきな　花の　本は、左から　10ばん目です。右から　かぞえると　なんばん目ですか。（10てん）

しき

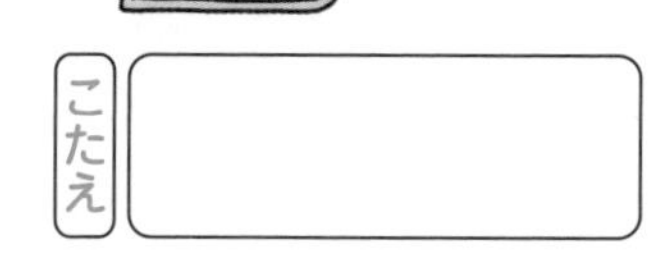

こたえ

7 60まいの　がようしを、30人の　男の子に　|まいずつ　くばりました。そのあと　40人の　女の子に　|まいずつ　くばります。がようしは、なんまい　たりないですか。

(10てん)

しき

こたえ

8 犬と　ねこと　ねずみが、あわせて　60ぴき　います。そのうち　犬は　30ぴきで、ねこは　犬より　10ぴき　すくないです。ねずみは、なんびき　いますか。

(15てん)

しき

こたえ

9 りんごが　2こと、みかんが　|こで　80円です。りんごが　|こと　みかんが　|こで、50円です。みかん　|こは、なん円ですか。

(15てん)

しき

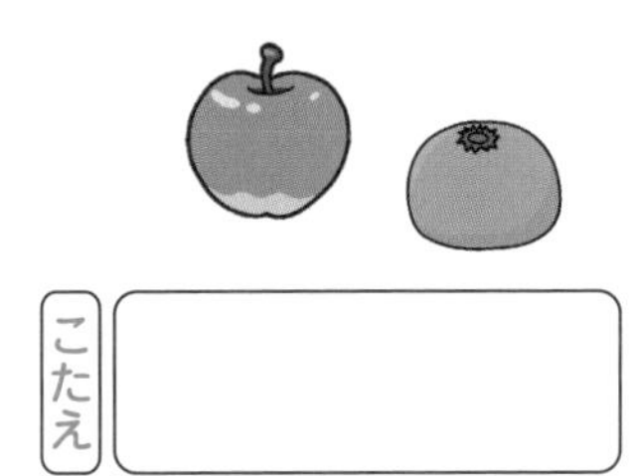

こたえ

テスト 72　最レベ　最高レベルにチャレンジ!!

⑱ ひきざん (3)

1 まりこさんは、おはじきを　20こ　もって　います。ゆみこさんに　8こ　わたすと、まりこさんと　ゆみこさんの　おはじきの　かずが　おなじに　なりました。ゆみこさんは、はじめに　おはじきを　なんこ　もって　いましたか。

(50てん)

しき

こたえ

2 えりこさんは、あめを　30こ　もって　います。ももかさんに　7こ　わたすと、ももかさんの　もって　いる　あめの　かずは、えりこさんの　もって　いる　あめの　かずより　5こ　おおく　なりました。ももかさんは、はじめに　あめを　なんこ　もって　いましたか。

(50てん)

しき

こたえ

テスト73 標準レベル1 ⑲ たしざんと　ひきざん(3)　じかん10ぷん　ごうかくてん80てん　てん

れい

こどもが、こうえんに　38人　いました。そのうち　6人　かえりましたが、また　5人　きました。こどもは、なん人に　なりましたか。

はじめの　かず…38人　へった　かず…6人　ふえた　かず…5人

しき　6人　かえった。…38−6＝32

また　5人　きた。…32＋5＝37

1つの　しきで…38−6＋5＝37

こたえ　37人

1 くりが、26こ　あります。4こ　たべました。そのあと　7こ　もらいました。くりは、なんこに　なりましたか。(25てん)

はじめの　かず…□こ　へった　かず…□こ　ふえた　かず…□こ

しき　4こ　たべた。…□　7こ　もらった。…□

1つの　しきで…□　こたえ□

2 いろがみが、84まい　あります。5まい　もらったあと　6まい　つかいました。いろがみは、なんまいに　なりましたか。(25てん)

しき

5まい　もらった。…□　6まい　つかった。…□

1つの　しきで、□　こたえ□

れい

1こ　20円の　あめを　2こ　かって　100円　はらいました。おつりは、いくらですか。

はらった　お金…100円　つかった　お金…20円と20円

しき　20円の　あめを　2こかう。…20＋20＝40

100円はらう。　おつりは…100−40＝60

1つの　しきで…100−20−20＝60

こたえ　60円

3 1こ　30円の　けしゴムを　2こ　かって　100円　はらいました。おつりは、いくらですか。(25てん)

しき

30円の　けしゴムを　2こかう。□

100円はらう。おつりは、□

1つの　しきで、□　こたえ□

4 30円の　けしゴムと　40円の　けしゴムを　1こずつ　かって　100円　はらいました。おつりは、いくらですか。(25てん)

しき

かった　ものの　ねだん□

100円はらう。おつりは、□

1つの　しきで、□　こたえ□

テスト 74 標準 レベル 2

⑲ たしざんと　ひきざん (3)

じかん 10ぷん　ごうかくてん 80てん　てん

れい

きっ手が、72まい　あります。いろがみは　きっ手より　5まい　おおく、がようしは　いろがみより　3まい　すくないです。がようしは、なんまい　ありますか。

しき　いろがみの　かず…　72＋5＝77

がようしの　かず…　77－3＝74

こたえ　74まい

1　みかんと　りんごと　かきを　1こずつ　かいました。みかんは、83円です。りんごは　みかんより　5円たかく、かきは　りんごより　3円やすいです。かきは、いくらですか。　(25てん)

しき　りんごの　ねだん

かきの　ねだん

こたえ

2　ケーキと　パンと　ドーナツを　1こずつ　かいました。ケーキは　70円で、パンは　ケーキより　20円やすく、ドーナツは　パンより　10円たかいです。ドーナツは、いくらですか。　(25てん)

しき　パンの　ねだん

ドーナツの　ねだん

こたえ

れい

50円　もって　います。30円で　あめを　かいました。そのあと　おかあさんから　40円　もらいました。のこりの　お金は、なん円ですか。

しき　あめを　かったので…50－30＝20

おかあさんから　40円もらったので…20＋40＝60

1つの　しきで…

50－30＋40＝60

こたえ　60円

3　80円　もって　います。50円で　ガムを　かいました。そのあと　おとうさんから　60円　もらいました。のこりの　お金は、なん円ですか。　(25てん)

しき　ガムを　かったので

おとうさんから　60円　もらったので

1つの　しきで、

こたえ

4　100円　もって　います。50円で　チョコレートを、30円で　あめを　かいました。のこりの　お金は、なん円ですか。　(25てん)

しき　つかった　お金

のこり

1つの　しきで、

こたえ

⑲ たしざんと　ひきざん（3）

じかん 15ふん　ごうかくてん 70てん　　てん

れい

27人で　かけっこを　しました。ゆかりさんは　はじめ　まえから　3ばん目　でしたが、男の子　1人と　女の子　2人に　ぬかされました。いま、ゆかりさんの　うしろには　なん人　いますか。

まえ　○○（ゆかり）○○○○○○○○……○　うしろ　27人

しき

（男の子）（女の子）
1 ＋ 2 ＝3　3人に　ぬかされたから、いまは　まえから、3＋3＝6ばん目

ゆかりさんの　うしろには、 27－6＝21

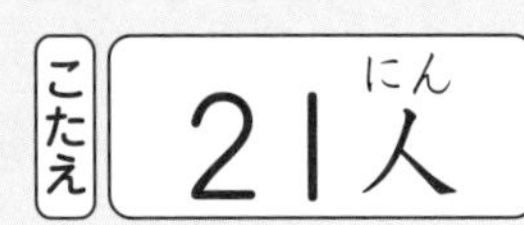

こたえ　21人

1 39人で　かけっこを　しました。だいすけさんは　はじめ　まえから　5ばん目でしたが、男の子と　女の子の　2人ずつに　ぬかされました。いま、だいすけさんの　うしろには　なん人　いますか。

（20てん）

しき

いまは　まえから

うしろには、

こたえ

れい

みかんと　かきと　りんごの　じゅんに　1この　ねだんが　10円ずつ　たかい　そうです。かきは、20円です。1にずつ　ぜんぶ　かうと　いくらですか。

しき　みかん　1この　ねだんは、20－10＝10円
　　　りんご　1この　ねだんは、20＋10＝30円

ぜんぶ　かうと、

10＋20＋30＝60

こたえ　60円

2 さくらさんは　6さいで、おねえさんと　おとうとは　としが　3さいずつ　ちがいます。3人の　としを　あわせると　なんさいですか。

（20てん）

しき

おねえさんの　とし　　さい

おとうとの　とし　　さい

3人の　としを　あわせると、

こたえ

3 パンと　ドーナツと　ケーキの　じゅんに　1この　ねだんが　10円ずつ　たかい　そうです。ケーキは　40円です。パンと　ドーナツと　ケーキを　1こずつ　かうと　いくらですか。

（20てん）

しき

ドーナツ　　円　パン　　円

ぜんぶ　かうと、

こたえ

れい

子どもが、1れつに　ならんで　います。つよしさんの　まえに　20人　います。つよしさんの　うしろに　30人　います。みんなで　なん人　ならんで　いますか。

まえ　○○○……○　つよし　○○○……○　うしろ
20人　30人

しき

つよしさん
20+1+30=51　こたえ　51人

べつの　とき方

つよしさんは　まえから
20+1=21
21+30=51　こたえ　51人

4　子どもが、こうえんで　1れつに　ならんで　います。すみれさんの　まえに　25人　います。すみれさんの　うしろに　3人　います。みんなで　なん人　ならんで　いますか。

(20てん)

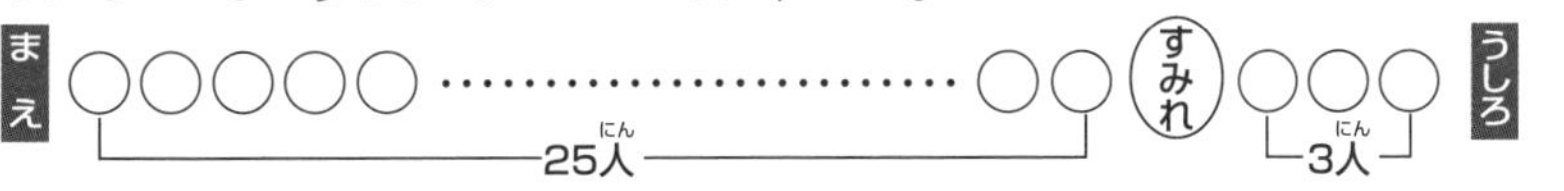

しき　　　　べつの　とき方

こたえ　　　　こたえ

5　子どもが、バスていで　1れつに　ならんで　います。たかしさんの　まえに　男の子と　女の子が　10人ずつ　ならんで　います。たかしさんの　うしろに　5人　います。みんなで　なん人　ならんで　いますか。

(20てん)

しき　　　　べつの　とき方

こたえ　　　　こたえ

テスト 76　最レベ　最高レベルにチャレンジ!!

⑲ たしざんと　ひきざん (3)（ふくしゅう）

じかん 10ぷん　ごうかくてん 60てん　　てん

● 15人まで　のれる　バスが　あります。

❶ しゅっぱつ　するとき　なん人かが　のって　いましたが、まだ　8人　のれます。いま、バスに　のって　いる　人は、なん人　ですか。

(30てん)

しき

こたえ

❷ 1つ目の　バスていでは、おりた　人より　のって　きた　人の　ほうが、4人　おおかったそうです。この　バスに　のって　いる　人は、なん人に　なりましたか。

(30てん)

しき

こたえ

❸ 2つ目の　バスていでは、13人が　まって　いましたが、そのうち　4人が　のれませんでした。2つ目の　バスていで　バスを　おりた　人は、なん人ですか。

(40てん)

しき

こたえ

テスト 77 標準 レベル 1

⑳ たしざんと　ひきざん (4)（2年生への　じゅんび）

じかん 10ぷん　ごうかくてん 80てん　てん

れい

赤い　いろがみが　32まい、青い　いろがみが　46まい　あります。いろがみは、あわせて　なんまい　ありますか。

しき　32 + 46 = 78

こたえ　78まい

1　うんどうじょうに　男の子が　56人、女の子が　23人　います。うんどうじょうに　みんなで　なん人　いますか。（20てん）

しき

こたえ

2　小学校で　花を　うえました。1くみは　22本　うえました。2くみは　31本、3くみは　15本　うえました。あわせて　花を　なん本　うえましたか。（20てん）

しき

こたえ

れい

きっ手が、76まい　あります。そのうち　44まい　つかいました。きっ手は、なんまいに　なりましたか。

しき　76 − 44 = 32

こたえ　32まい

3　こうえんに　子どもが　89人　います。そのうち　男の子は、42人　います。女の子は、なん人　いますか。（20てん）

しき

こたえ

4　犬が　39ひき　います。ねこは、犬より　17ひき　すくないです。ねこは、なんびき　いますか。（20てん）

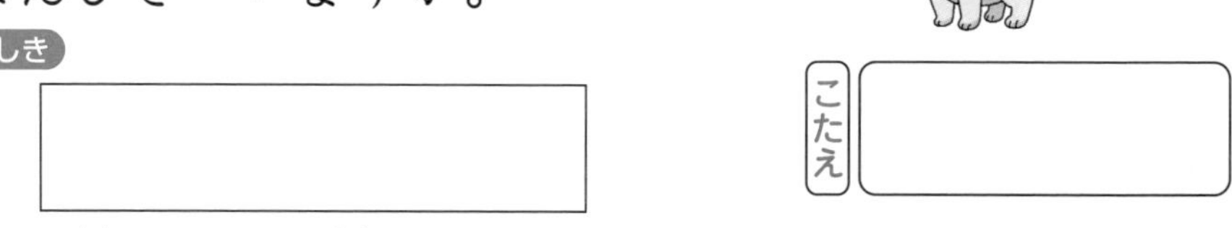

しき

こたえ

5　お金を　67円　もって　いましたが、13円の　けしゴムと　42円の　じしゃくを　1こずつ　かいました。お金は、あと　いくら　のこって　いますか。（20てん）

しき

こたえ

テスト 78 標準 レベル 2

⑳ たしざんと　ひきざん (4)
(2年生への　じゅんび)

じかん 10ぷん　ごうかくてん 80てん　　てん

れい

はるこさんは　7さいです。おかあさんは　はるこさんより　31さい　年上(としうえ)で、おばあさんは　おかあさんより　30さい　年上(としうえ)です。おばあさんは、なんさいですか。

しき
おかあさんの　とし　7+31=38
おばあさんの　とし　38+30=68

こたえ　68さい

1　まさるさんは　6さいです。おとうさんは　まさるさんより　31さい　年上(としうえ)で、おじいさんは　おとうさんより　32さい　年上(としうえ)です。おじいさんは、なんさいですか。（25てん）

しき

こたえ

2　赤(あか)い　かみが　23まい　あります。白(しろ)い　かみは、赤(あか)い　かみより　12まい　おおく、青(あお)い　かみは、白(しろ)い　かみより　44まい　おおいです。青(あお)い　かみは、なんまい　ありますか。（25てん）

しき

こたえ

れい

くりを　67こ　もって　います。おとうとと　いもうとに　12こずつ　あげました。くりは、なんこに　なりましたか。

しき
くりを　あげた　かず……12+12=24
のこりの　かず……67−24=43
1つの　しきで　67−12−12=43

こたえ　43こ

3　まめが　56こ　あります。赤(あか)い　とりと　青(あお)い　とりに　11こずつ　あげると、のこりの　まめは、なんこに　なりますか。（25てん）

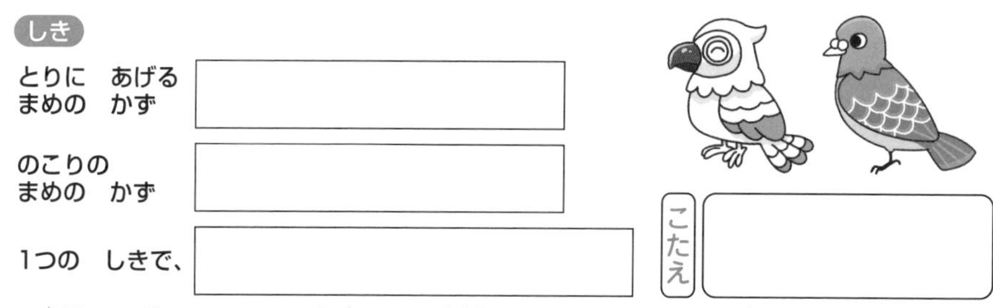

しき
とりに　あげる　まめの　かず
のこりの　まめの　かず
1つの　しきで、
こたえ

4　男(おとこ)の子(こ)が　21人(にん)と　女(おんな)の子(こ)が　32人(にん)　います。男(おとこ)の子(こ)が、15人(にん)　きました。子(こ)どもは、みんなで　なん人(にん)に　なりましたか。（25てん）

しき
はじめに　いた　子(こ)どもの　かず
子(こ)どもは　ぜんぶで
1つの　しきで

こたえ

テスト 79 ハイレベ ハイレベル

⑳ たしざんと　ひきざん(4)
(2年生への　じゅんび)

じかん 15ふん　ごうかくてん 70てん　　てん

れい

50円玉が　1こと　10円玉が　3こと　5円玉が　1こと　1円玉が　なんこか　あって、あわせて　87円　あります。1円玉は、なんこ　ありますか。

50円玉　1こ…50円　　10円玉　3こ…30円

5円玉　1こ……5円　　50＋30＋5＝85

しき　1円玉は　87－85＝2　　こたえ　2こ

1　50円玉が　1こと　10円玉が　2こと　5円玉が　4こと　1円玉が　なんこか　あって、あわせて　94円　あります。1円玉は、なんこ　ありますか。（20てん）

50円玉　1こ…□円　　10円玉　2こ…□円

5円玉　4こ……□円　　□＋□＋□＝□円

しき　1円玉は、□－□＝□　　こたえ　□

2　50円玉が　1こと　5円玉が　3こと　1円玉が　4こと　10円玉が　なんこか　あって、あわせて　89円　あります。10円玉は、なんこ　ありますか。（20てん）

しき　□＋□＋□＝□円

10円玉は、□□□＝□　　こたえ　□

れい

りんごと　みかんと　かきが　あわせて　67こ　あります。みかんと　かきを　あわせると　55こで、みかんは　りんごより　11こ　おおいです。かきは、なんこ　ありますか。

しき

りんごは、67－55＝12　　みかんは、12＋11＝23

かきは、55－23＝32　　こたえ　32こ

3　赤い　玉と　白い　玉と　青い　玉が　あわせて　47こ　あります。赤い　玉と　青い　玉を　あわせると　25こで、赤い　玉は　白い　玉より　10こ　すくないです。青い　玉は、なんこ　ありますか。（20てん）

しき

白い玉は、□　　赤い玉は、□

青い玉は、□　　こたえ　□

4　子どもが、1くみと　2くみと　3くみで　あわせて　99人　います。1くみと　3くみを　あわせると　67人で、1くみの　子どもは　2くみより　3人　おおいです。3くみの　子どもは、なん人ですか。（20てん）

しき

2くみの かず　□　　1くみの かず　□

3くみの かず　□　　こたえ　□

れい

おにいさんは、もって　いる　くりの　はんぶんを　おねえさんに　あげました。おねえさんは　もらった　くりの　はんぶんを　おとうとに、おとうとは　もらった　くりの　はんぶんを　いもうとに　あげたので、いもうとは　くりを　5こ　もらいました。おにいさんは、はじめに　くりを　なんこ　もって　いましたか。

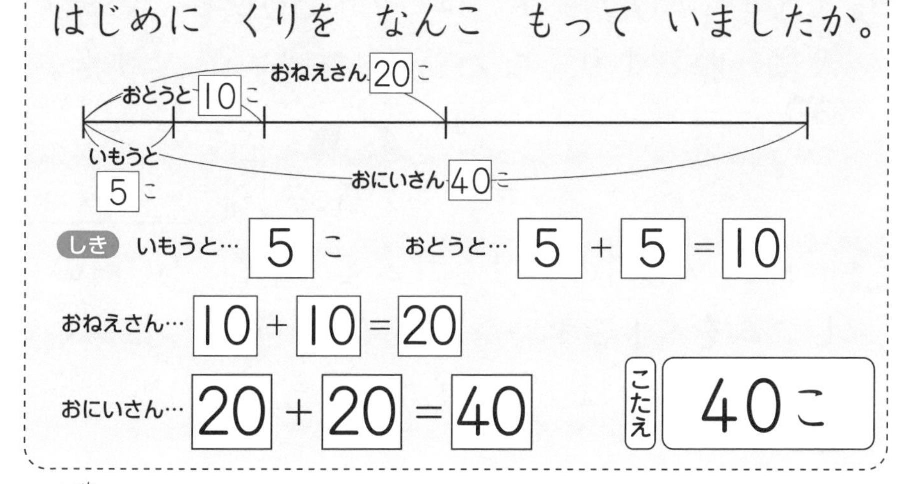

しき　いもうと… 5 こ　　おとうと… 5 ＋ 5 ＝ 10

おねえさん… 10 ＋ 10 ＝ 20

おにいさん… 20 ＋ 20 ＝ 40

こたえ　40こ

5　犬（いぬ）は、もって　いる　まめの　はんぶんを　ねこに　あげました。ねこは　もらった　まめの　はんぶんを　りすに　あげて、りすは　もらった　まめの　はんぶんを　かめに　あげたので、かめは　11こ　もらいました。犬（いぬ）は、はじめに　まめを　なんこ　もって　いましたか。　（20てん）

しき

こたえ

テスト **80** 

最高レベルにチャレンジ!!

⑳ たしざんと　ひきざん (4)
(2年生への　じゅんび)

じかん 10ぷん　ごうかくてん 50てん　　てん

● おかあさんは、いろがみを　40まい　もって　いて、その　はんぶんを　わたしが　もらいました。そのあと　わたしは、もらった　いろがみの　はんぶんを　おとうとに　あげました。そして、おとうとは、もらった　いろがみの　はんぶんを　いもうとに　あげました。

❶ おとうとの　いろがみは、いもうとの　いろがみより　なんまい　おおく　なりましたか。　（50てん）

しき

こたえ

❷ わたしと　おとうとと　いもうとの　いろがみを　ぜんぶ　あわせると、なんまいに　なりましたか。　（50てん）

しき

こたえ

リビューテスト 4-①
（ふくしゅうテスト）

じかん 10ぷん　ごうかくてん 70てん　　てん

1 □に　あてはまる　かずを　かきなさい。（1つ5てん・20てん）

❶ 28－□－□－34－36－□

❷ □－37－39－□－□－45

❸ 34－□－□－28－26－□

❹ □－47－45－□－□－39

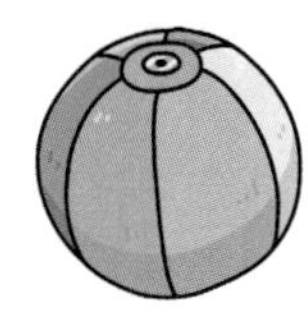

2 20から　50までの　かずの　中（なか）で、つぎの　かずを　□に　かきなさい。（1つ5てん・20てん）

❶ 41から　2つずつ　大（おお）きい　かず

41－

❷ 28から　2ずつ　小（ちい）さい　かず

28－

❸ 20から　5つずつ　大（おお）きい　かず

20－

❹ 40から　5ずつ　小（ちい）さい　かず

40－

3 わたしの　おかあさんは　32さいで、おとうさんより　3さい　年下（としした）です。わたしの　おとうさんは、なんさい　ですか。（10てん）

しき

こたえ

4 犬（いぬ）が　40ぴきと　ねこが　30ぴき　います。犬（いぬ）は、ねこより　なんびき　おおい　ですか。（10てん）

しき

こたえ

5 1こ　40円（えん）の　けしゴムと　1こ　50円（えん）の　けしゴムを　1こずつ　かって、100円（えん）　はらい　ました。おつりは、いくらですか。（20てん）

しき

こたえ

6 みかんと　かきと　りんごの　じゅんに　1この　ねだんが　10円（えん）ずつ　たかい　そうです。りんごは　いちばん　たかくて　40円（えん）です。みかんと　かきと　りんごを　1こずつ　かうと　いくらですか。（20てん）

しき

こたえ

1 □に　あてはまる　かずを　かきなさい。　（1つ5てん・20てん）

❶ 60－62－□－□－68－□

❷ □－□－75－77－□－81

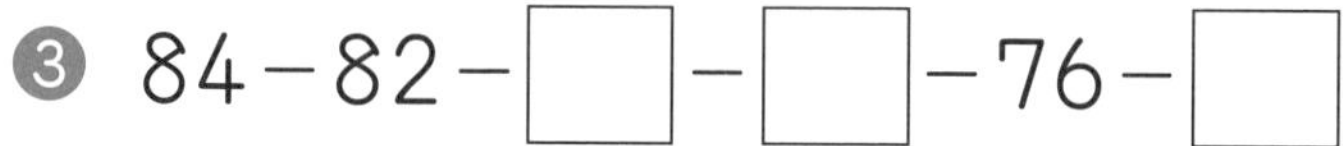

❸ 84－82－□－□－76－□

❹ □－□－95－93－□－89

2 70から　100までの　かずの　中で、つぎの　かずを　□に　かきなさい。　（1つ5てん・20てん）

❶ 87から　2つずつ　大きい　かず

87－□

❷ 82から　2ずつ　小さい　かず

82－□

❸ 70から　5つずつ　大きい　かず

70－□

❹ 90から　5ずつ　小さい　かず

90－□

3 はとが、37わ　います。すずめは、24わ　います。はとは　すずめより　なんわ　おおいですか。　（10てん）

しき

こたえ □

4 えんぴつが、82本　あります。おかあさんから　17本　もらいました。えんぴつは、ぜんぶで　なん本に　なりましたか。　（10てん）

しき

こたえ □

5 70円　もって　います。60円で　ガムを　かいました。そのあと　おかあさんから　30円　もらいました。のこりの　お金は、なん円ですか。（20てん）

しき

こたえ □

6 やすこさんは　6さいで、おにいさんと　いもうとと　年が　2さいずつ　ちがいます。3人の　年を　あわせると　なんさいですか。　（20てん）

しき

こたえ □

標準レベル1 ㉑ 三角形と 四角形の かず（もれなく かぞえる特訓）

じかん 10ぷん ごうかくてん 80てん てん

れい 下の ずの 中に、三かくけいは なんこ ありますか。

❶

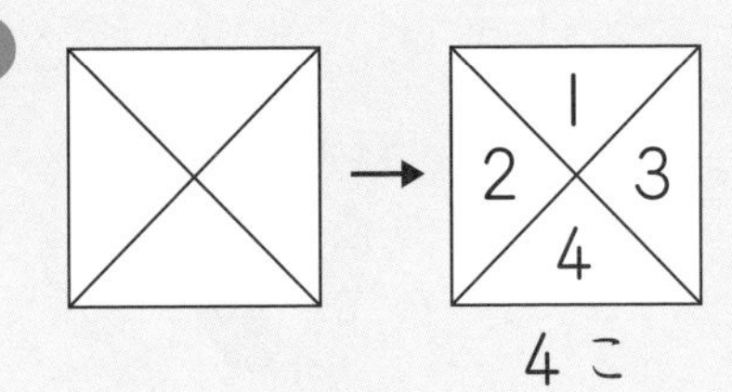

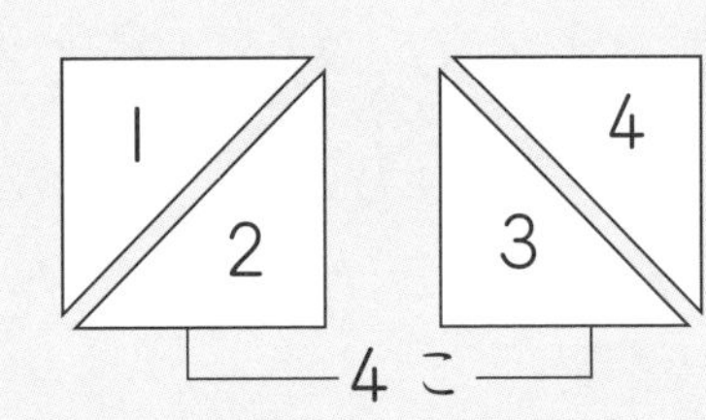

4 ＋ 4 ＝ 8　こたえ 8こ

❷

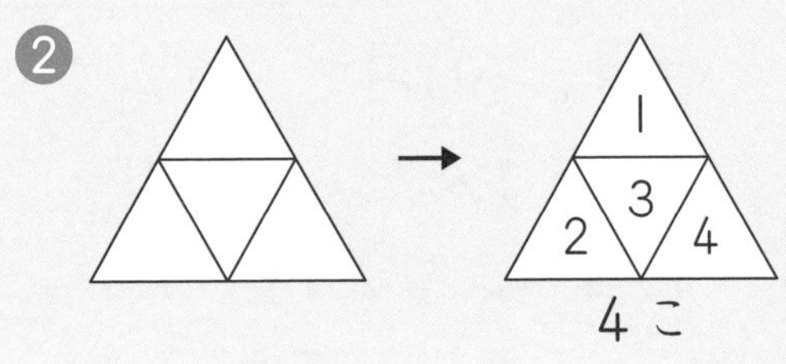

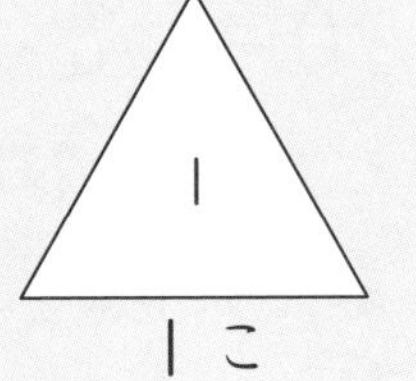

4 ＋ 1 ＝ 5　こたえ 5こ

1 下の ずの 中に、三かくけいは なんこ ありますか。（25てん）

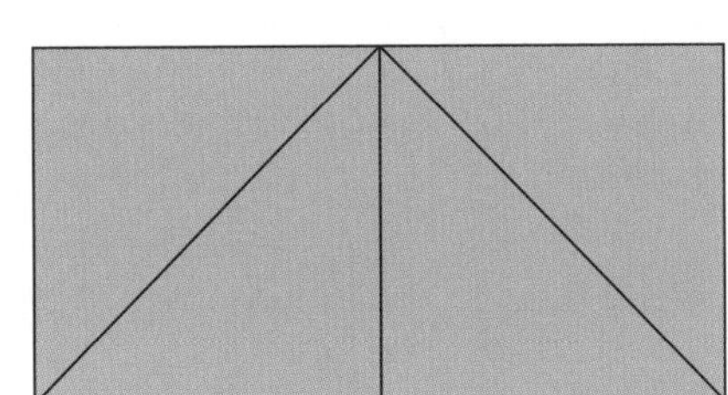

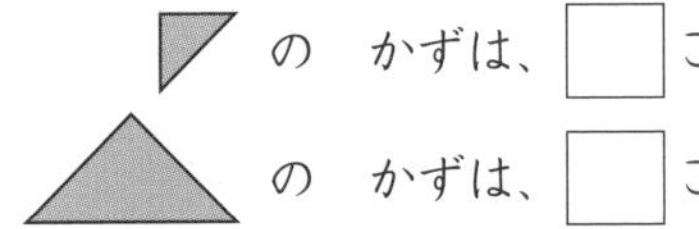

の かずは、□こ

の かずは、□こ

□ ＋ □ ＝ □

こたえ □

れい 下の ずの 中に、三かくけいは なんこ ありますか。

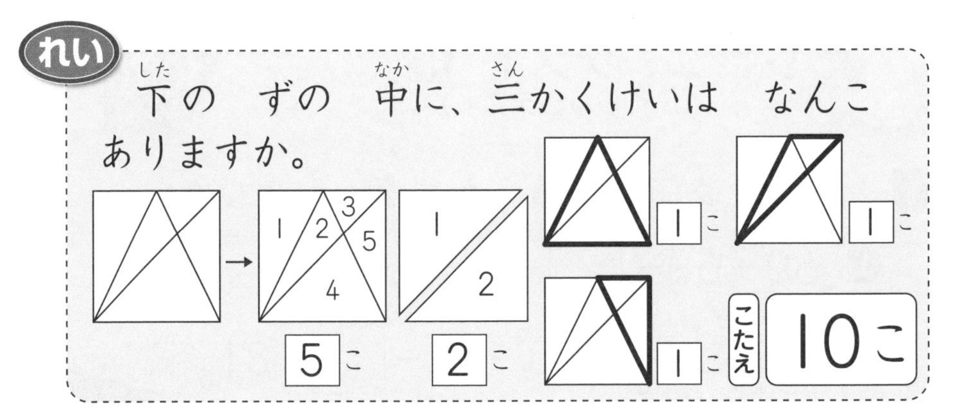

2 下の ずの 中に、三かくけいは なんこ ありますか。（1つ25てん・75てん）

❶

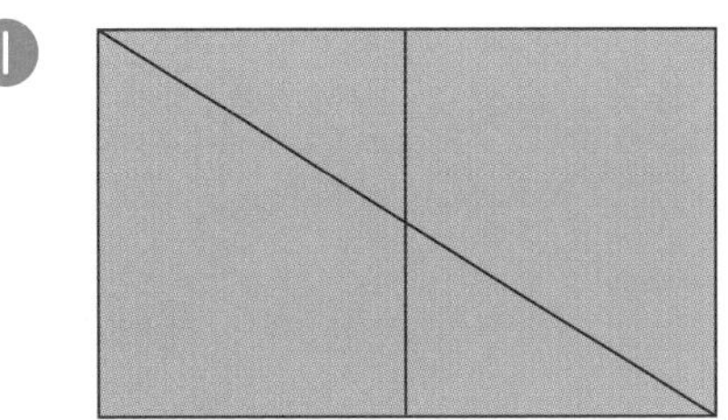

ぜんぶで □ ＋ □ ＝ □

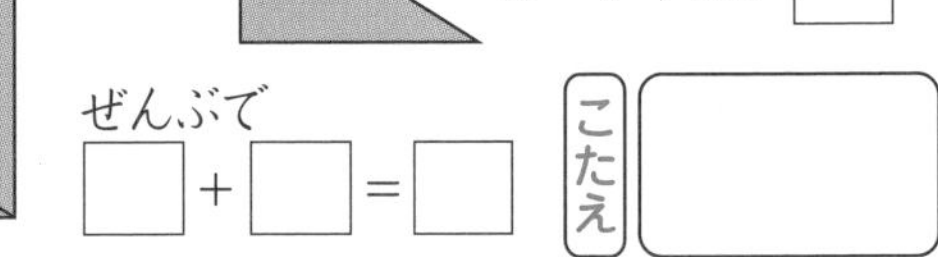

こたえ □

❷

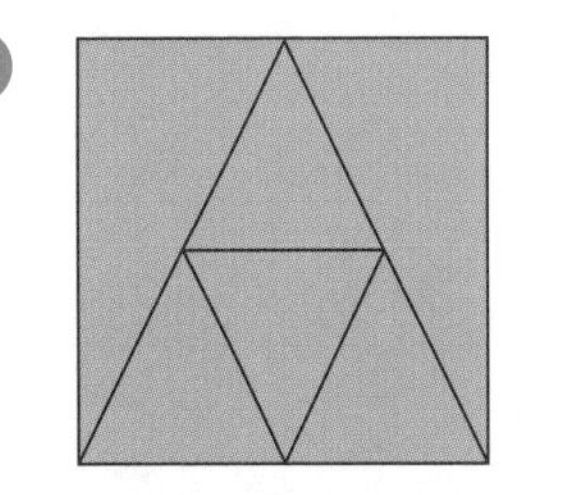

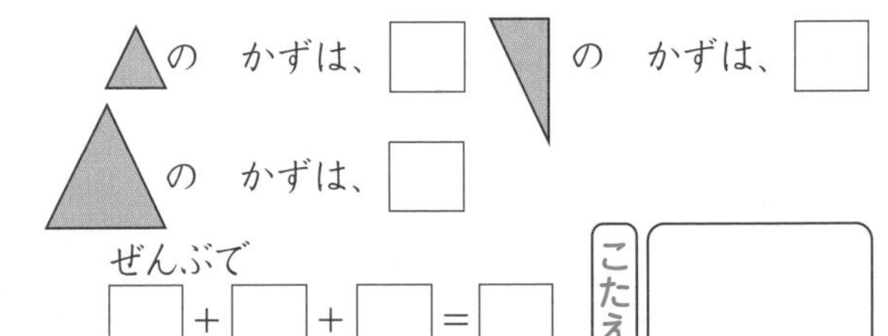

ぜんぶで □ ＋ □ ＋ □ ＝ □

こたえ □

❸

の かずは、□　の かずは、□

の かずは、□　の かずは、□

ぜんぶで □ ＋ □ ＋ □ ＋ □ ＝ □

こたえ □

テスト82 標準レベル2 ㉑ 三角形と 四角形の かず（もれなく かぞえる特訓）

じかん 10ぷん　ごうかくてん 80てん　　てん

れい 下の ずの 中に、四かくけいは なんこ ありますか。

①

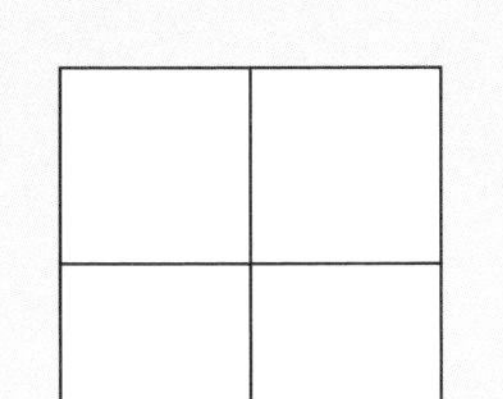

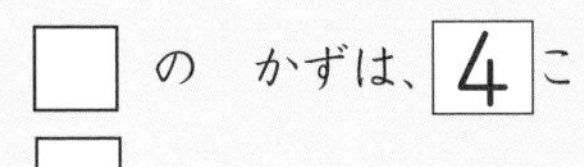 の かずは、4 こ

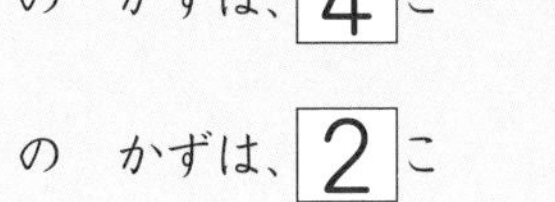 の かずは、2 こ

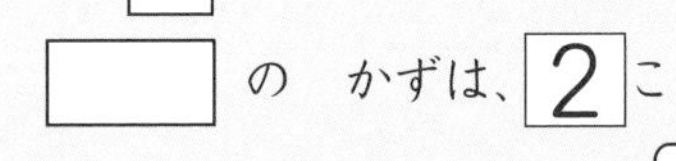 の かずは、2 こ

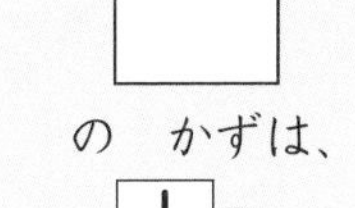 の かずは、1 こ

4 + 2 + 2 + 1 = 9　こたえ 9こ

②

の かずは、3 こ

 の かずは、1 こ

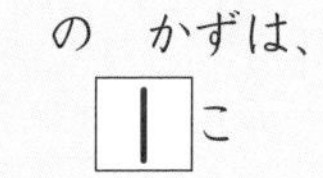 の かずは、2 こ

3 + 2 + 1 = 6　こたえ 6こ

1 下の ずの 中に、四かくけいは なんこ ありますか。（40てん）

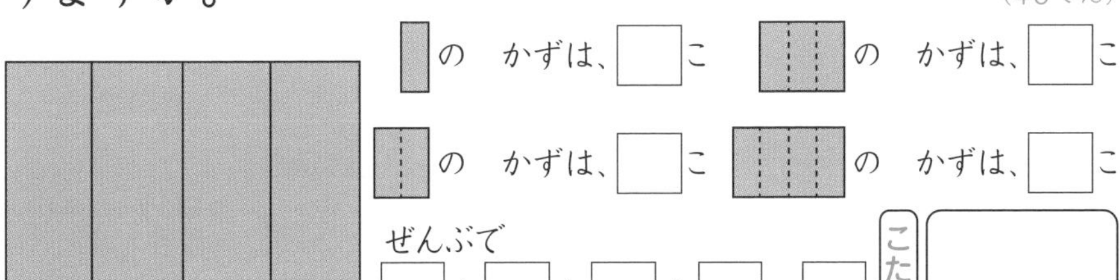

の かずは、　こ　　の かずは、　こ

の かずは、　こ　　の かずは、　こ

ぜんぶで　□ + □ + □ + □ = □　こたえ

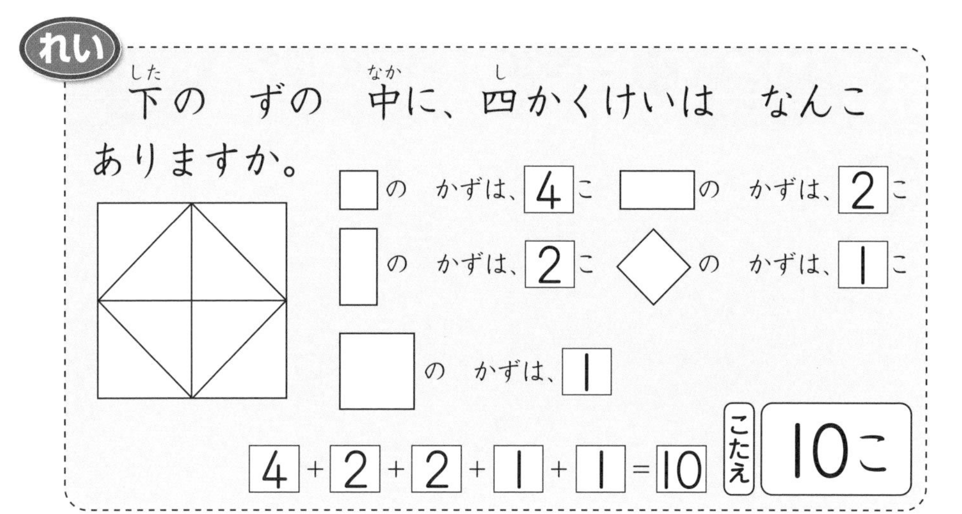

れい 下の ずの 中に、四かくけいは なんこ ありますか。

の かずは、4 こ　　の かずは、2 こ

の かずは、2 こ　　の かずは、1 こ

の かずは、1

4 + 2 + 2 + 1 + 1 = 10　こたえ 10こ

2 下の ずの 中に、四かくけいは なんこ ありますか。（1つ30てん・60てん）

①

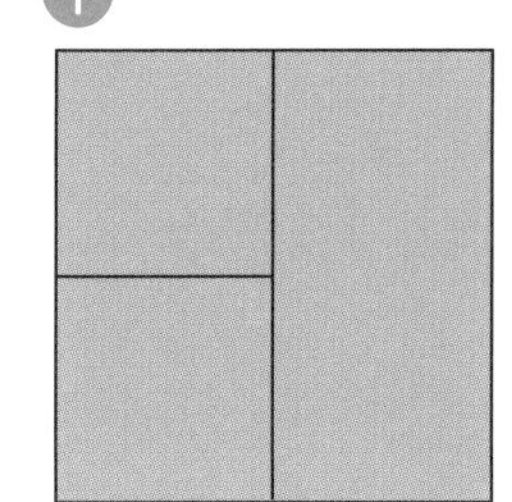

の かずは、　こ　　の かずは、　こ

の かずは、　こ

ぜんぶで　□ + □ + □ = □　こたえ

②

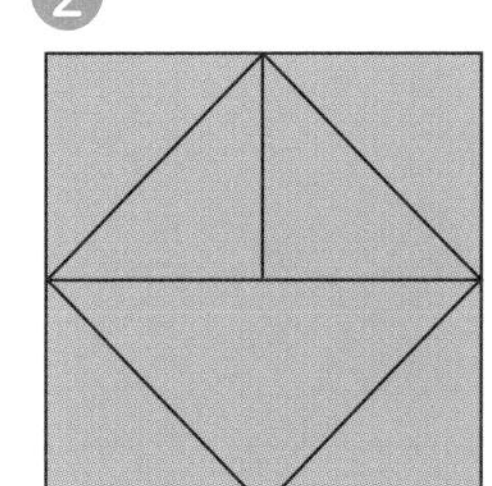

の かずは、　こ　　の かずは、　こ

の かずは、　こ　　 の かずは、　こ

ぜんぶで　□ + □ + □ + □ = □　こたえ

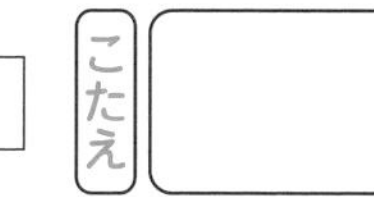

テスト
83
ハイレベ
ハイレベル
㉑ 三角形と 四角形の かず
（もれなく かぞえる特訓）
じかん 15ふん
ごうかくてん 70てん
てん

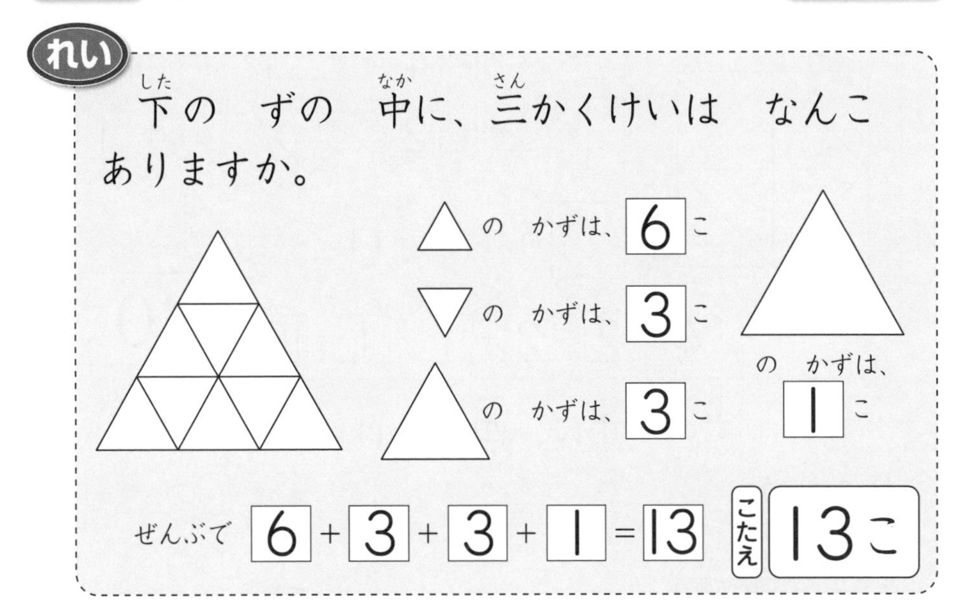

れい
下の ずの 中に、三かくけいは なんこ ありますか。
△の かずは、6こ
▽の かずは、3こ
の かずは、3こ
の かずは、1こ
ぜんぶで 6＋3＋3＋1＝13
こたえ 13こ

1

下の ずの 中に、三かくけいは なんこ ありますか。

（30てん）

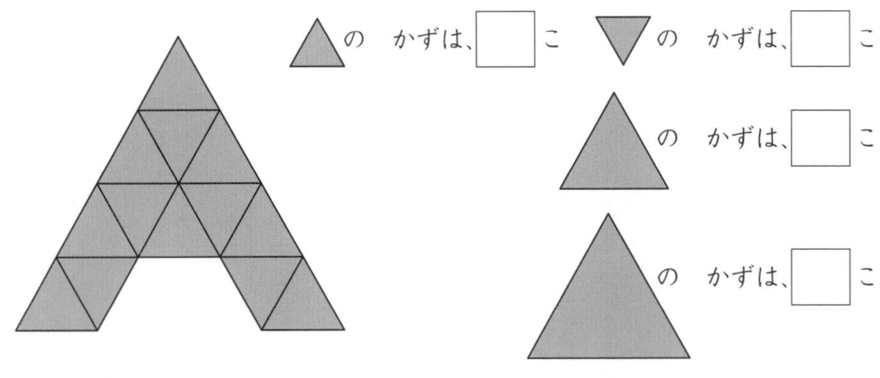

の かずは、 こ
の かずは、 こ
の かずは、 こ
の かずは、 こ

ぜんぶで

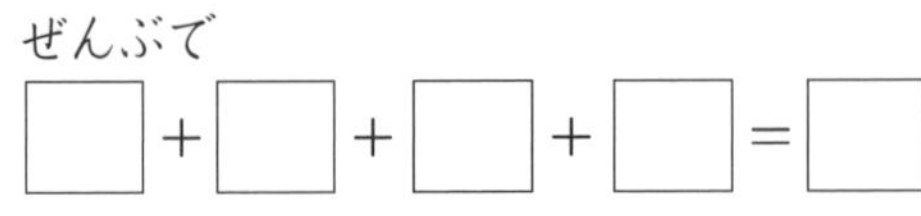

＋ ＋ ＋ ＝

こたえ

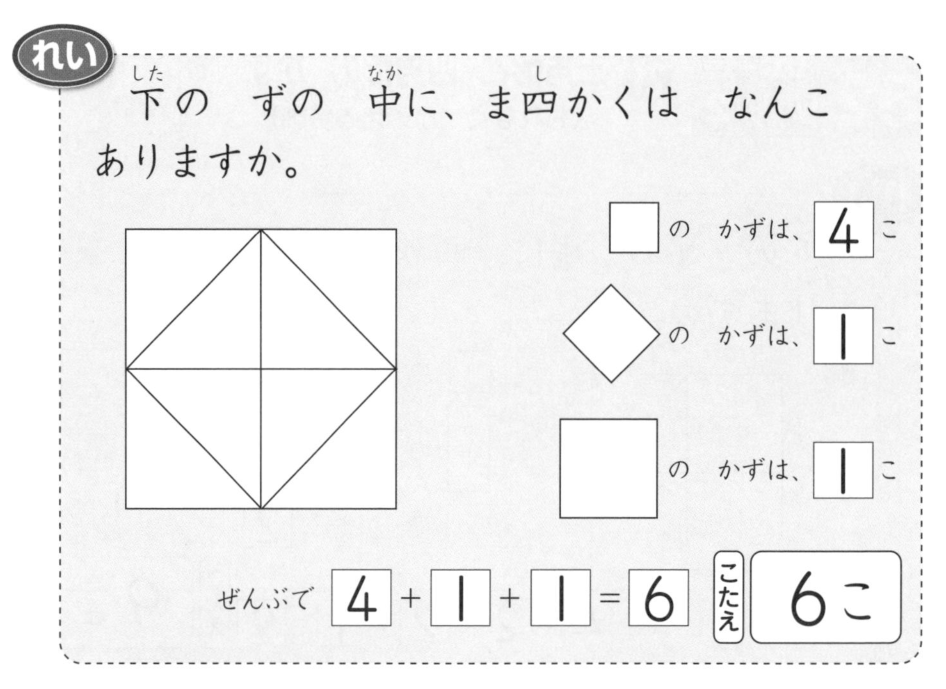

れい
下の ずの 中に、ま四かくは なんこ ありますか。
の かずは、4こ
の かずは、1こ
の かずは、1こ
ぜんぶで 4＋1＋1＝6
こたえ 6こ

2

下の ずの 中に、ま四かくは なんこ ありますか。

（30てん）

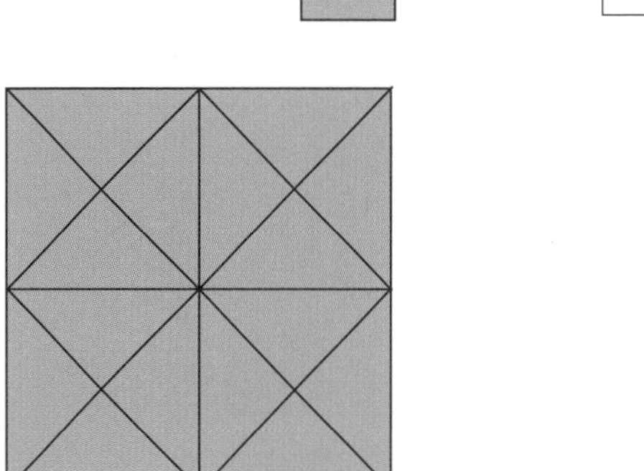

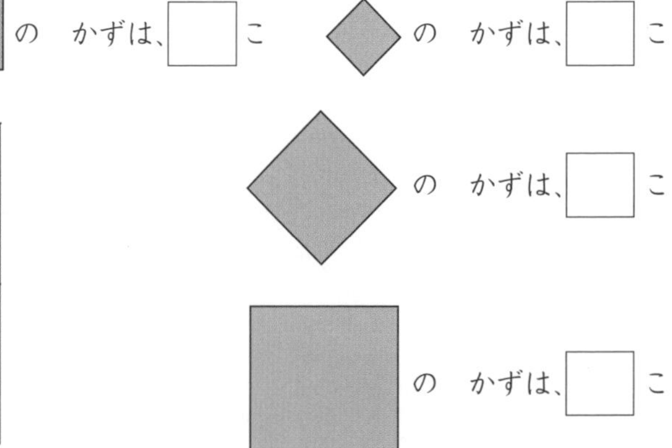

の かずは、 こ
の かずは、 こ
の かずは、 こ
の かずは、 こ

ぜんぶで

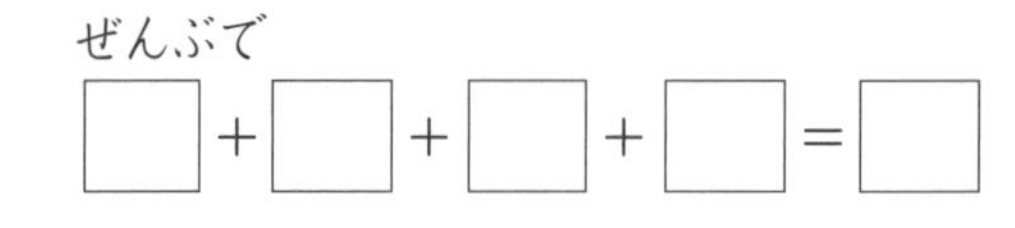

＋ ＋ ＋ ＝

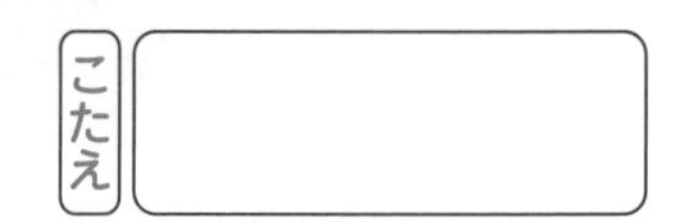

こたえ

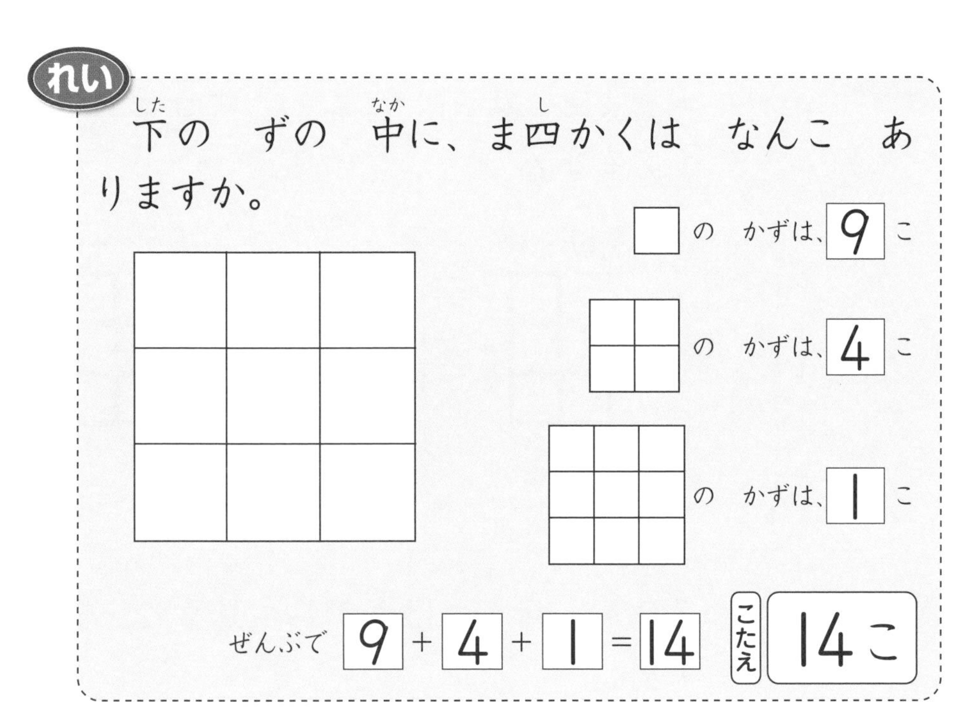

3 下の　ずの　中に、ま四かくは　なんこ　ありますか。

（40てん）

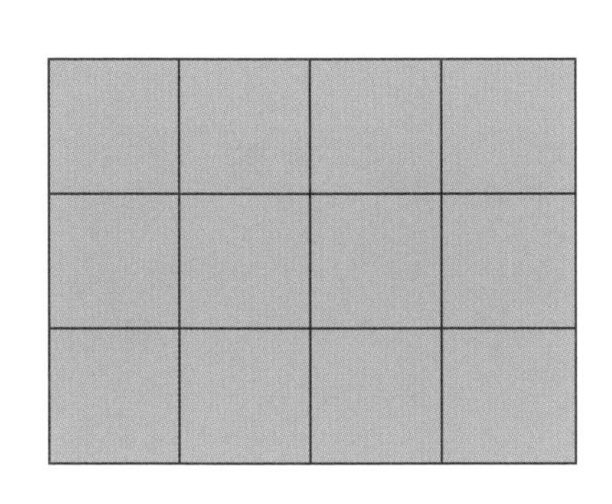

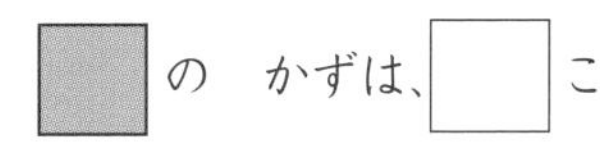

の　かずは、□こ

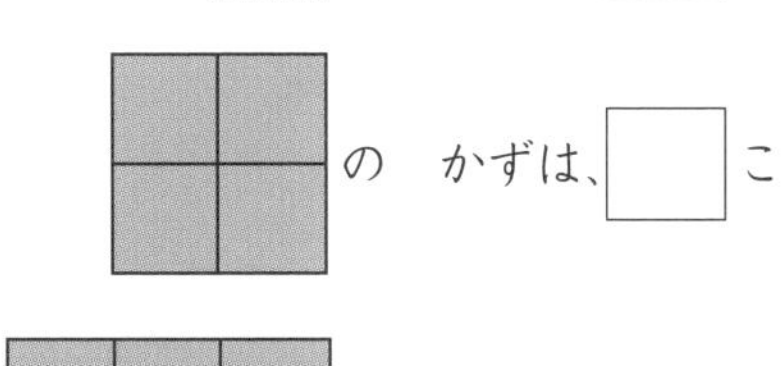

の　かずは、□こ

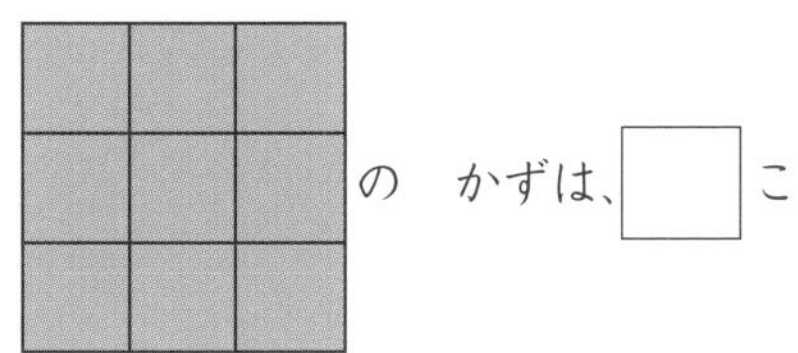

の　かずは、□こ

ぜんぶで □ + □ + □ = □

こたえ

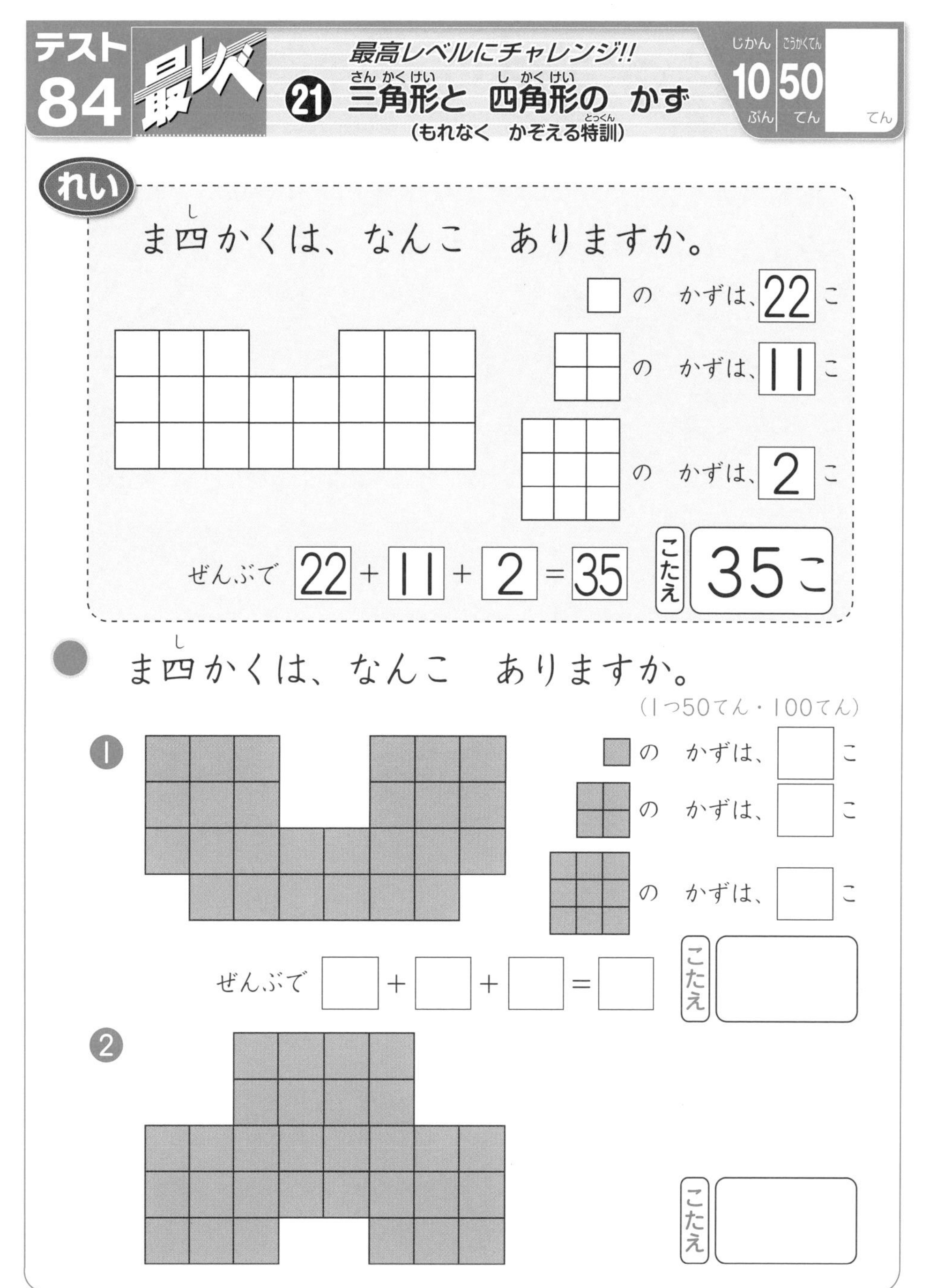

テスト 84
最レベ
最高レベルにチャレンジ!!
21 三角形と　四角形の　かず
（もれなく　かぞえる特訓）
じかん 10ぷん
ごうかくてん 50てん
てん
れい
ま四かくは、なんこ　ありますか。
の　かずは、22 こ
の　かずは、11 こ
の　かずは、2 こ
ぜんぶで 22 + 11 + 2 = 35
こたえ 35こ
ま四かくは、なんこ　ありますか。
（1つ50てん・100てん）
1
の　かずは、こ
の　かずは、こ
の　かずは、こ
ぜんぶで + + =
こたえ
2
こたえ

テスト85 標準レベル1

㉒ つみ木の　かず
（もれなく　かぞえる特訓）

じかん 10ぷん　ごうかくてん 80てん　てん

1 おなじ　大きさの　つみ木を　へやの　すみに　つみました。つみ木は、なんこ　ありますか。（1つ10てん・40てん）

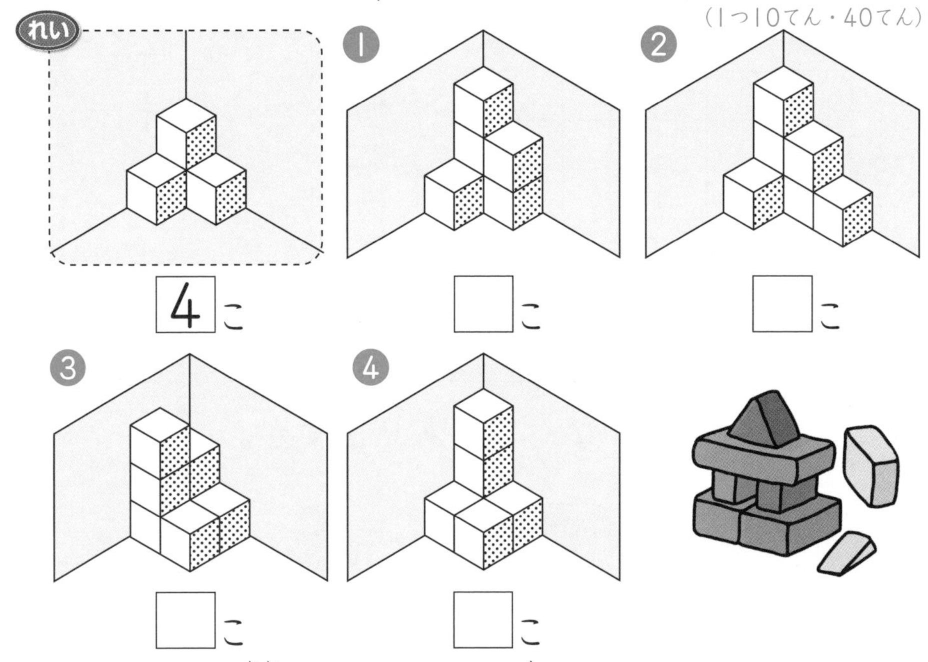

2 おなじ　大きさの　つみ木を　へやの　すみに　つみました。つみ木は、なんこ　ありますか。（1つ10てん・20てん）

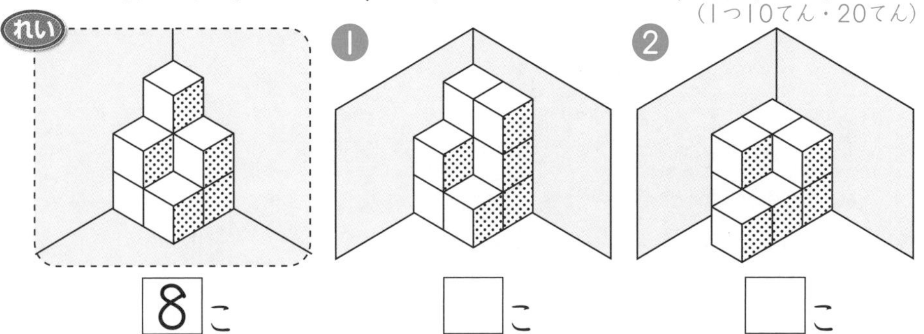

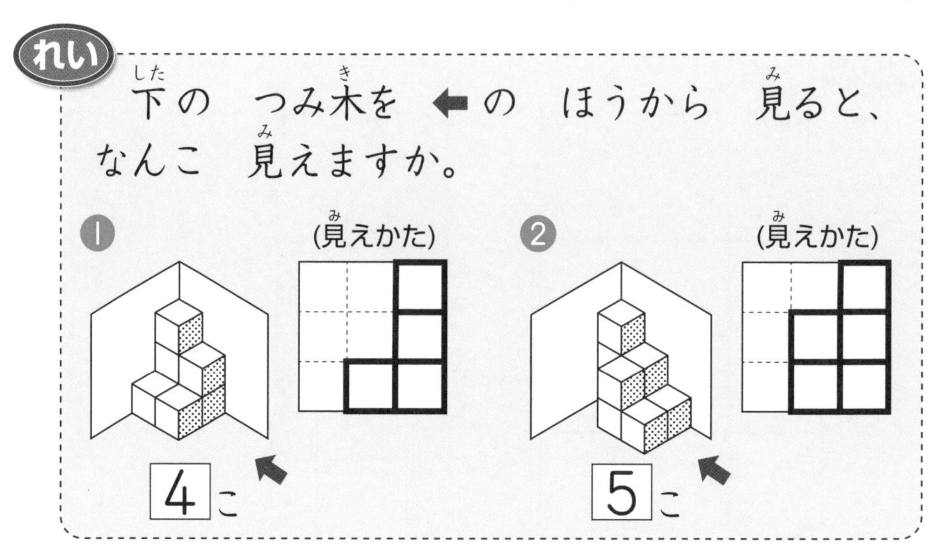

れい
下の　つみ木を　⬅の　ほうから　見ると、なんこ　見えますか。
①
（見えかた）
4 こ
②
（見えかた）
5 こ

3 下の　つみ木を　⬅の　ほうから　見ると、なんこ　見えますか。（1つ10てん・40てん）

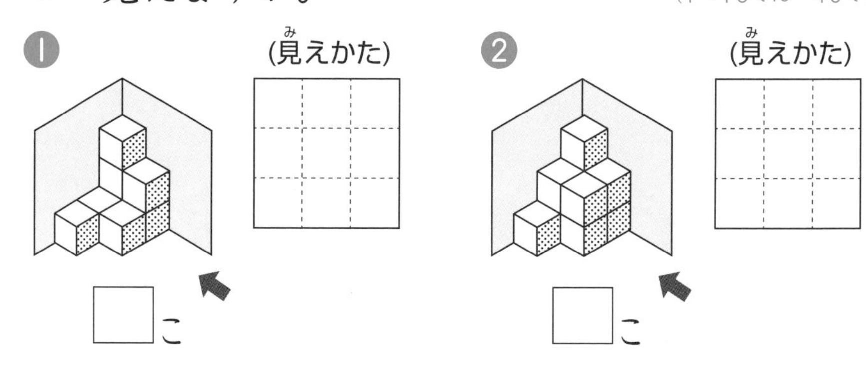

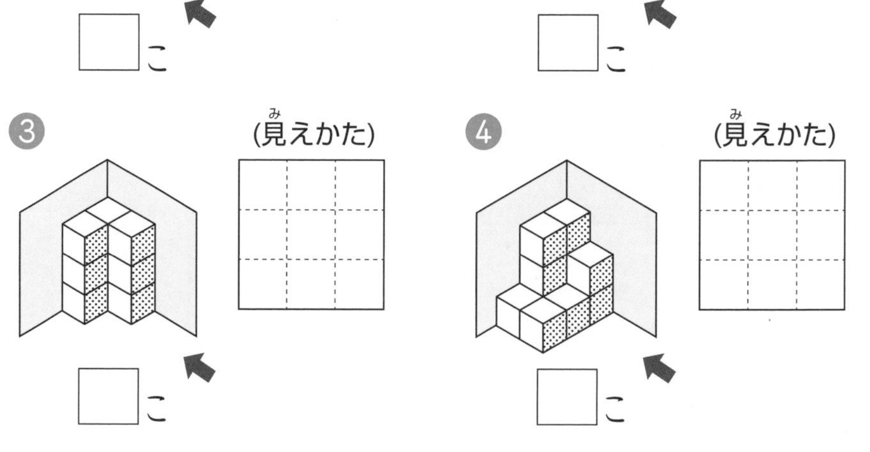

㉒ つみ木の　かず
（もれなく　かぞえる特訓）

じかん 10ぷん　ごうかくてん 80てん　　てん

1 おなじ　大きさの　つみ木を　へやの　すみに　つみました。つみ木は、なんこ　ありますか。

（1つ10てん・40てん）

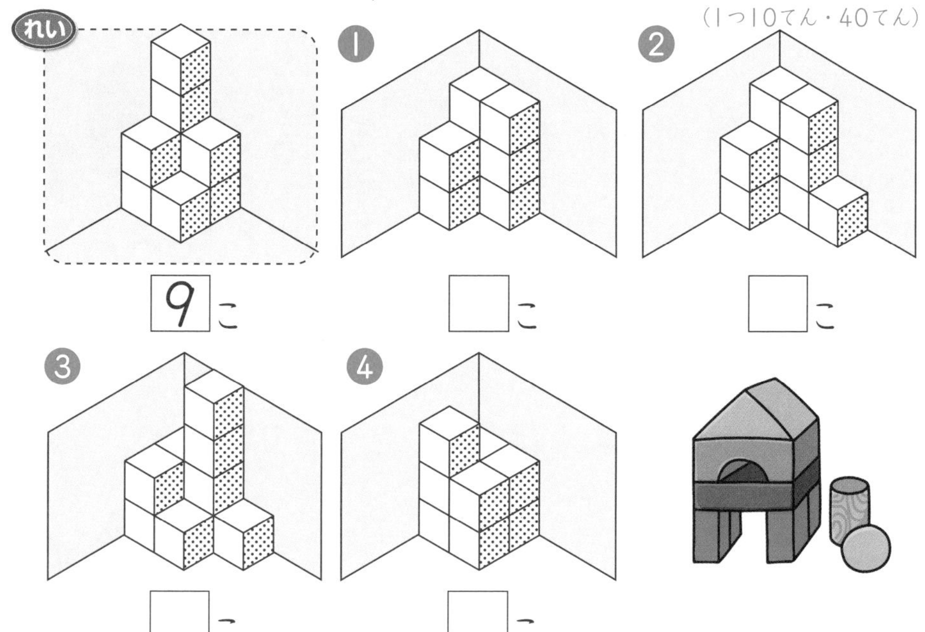

2 おなじ　大きさの　つみ木を　へやの　すみに　つみました。つみ木は、なんこ　ありますか。

（1つ10てん・20てん）

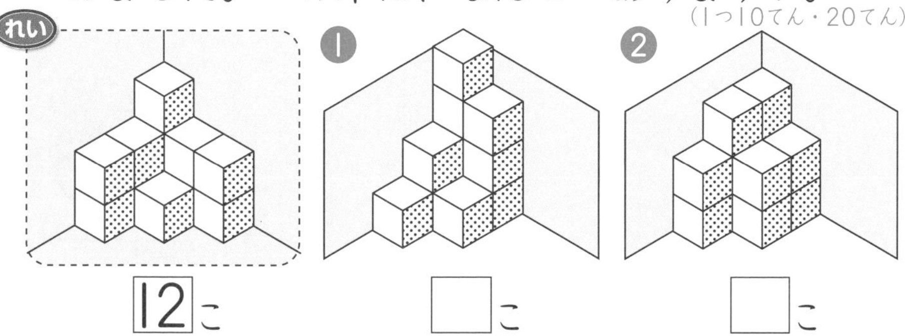

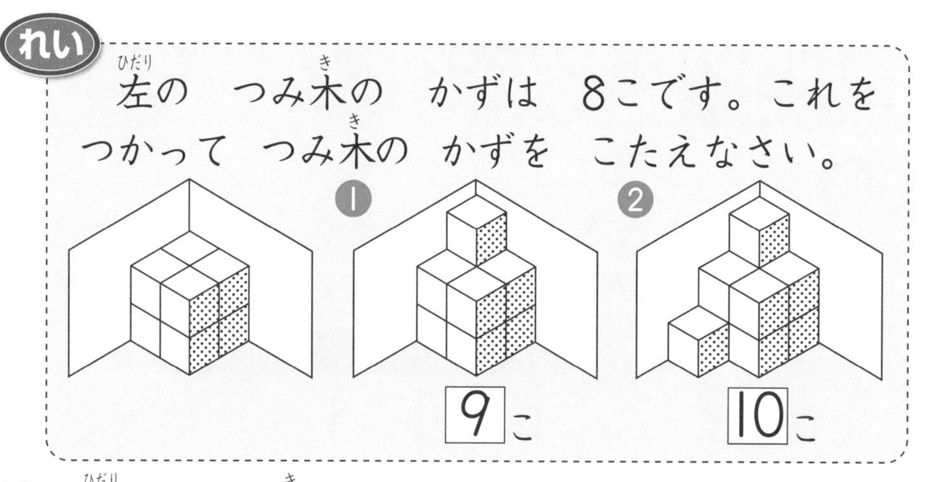

3 左の　つみ木の　かずは　8こです。これを　つかって　つみ木の　かずを　こたえなさい。

（1つ10てん・20てん）

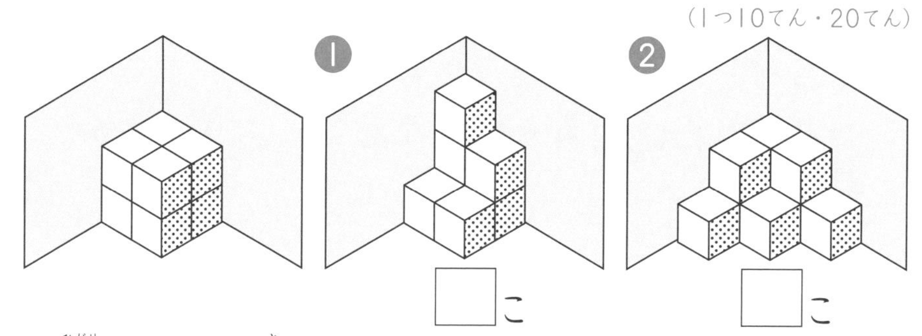

4 左の　つみ木の　かずは　12こです。これを　つかって　つみ木の　かずを　こたえなさい。

（1つ10てん・20てん）

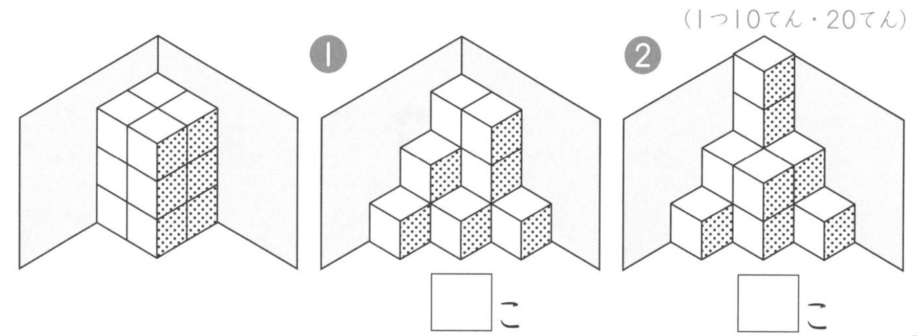

㉒ つみ木の　かず（もれなく　かぞえる特訓）

れい

おなじ　大きさの　つみ木を　へやの　すみに　つみました。つみ木は、なんこ　ありますか。

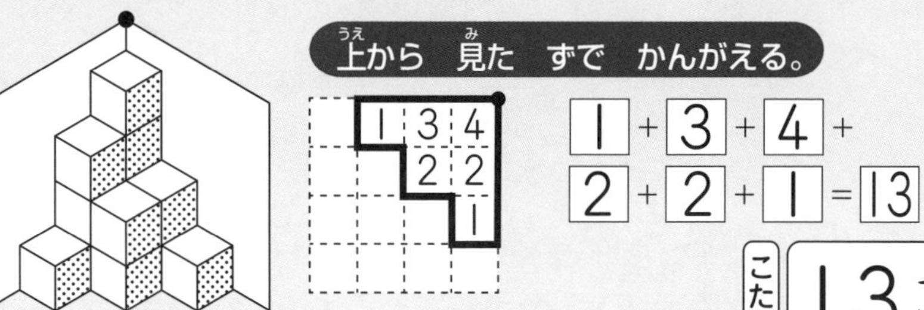

こたえ　13こ

1　おなじ　大きさの　つみ木を　へやの　すみに　つみました。つみ木は、なんこ　ありますか。

（1つ15てん・30てん）

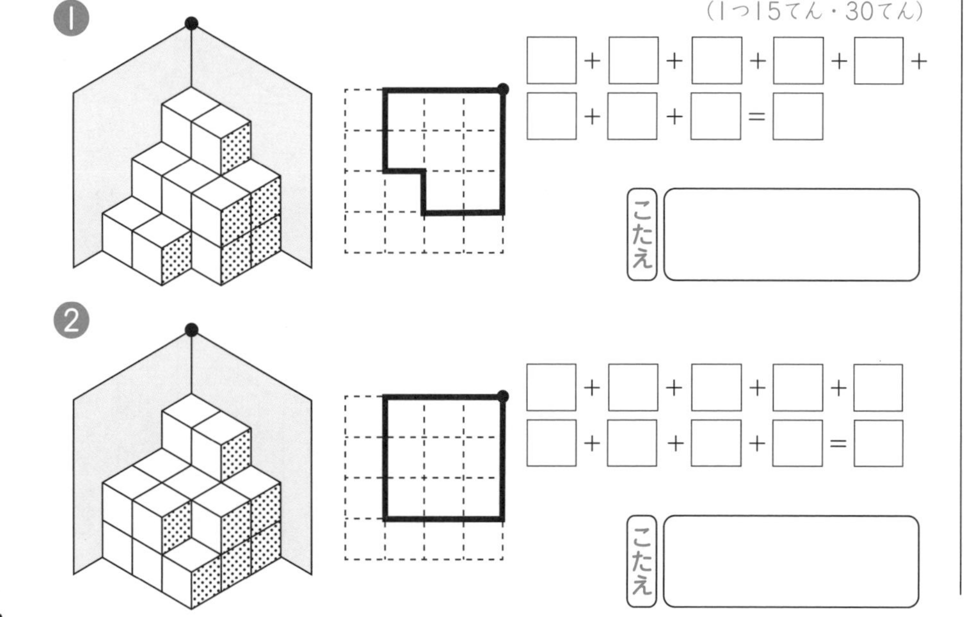

れい

おなじ　大きさの　つみ木を　へやの　すみに　つみました。つみ木は、なんこ　ありますか。

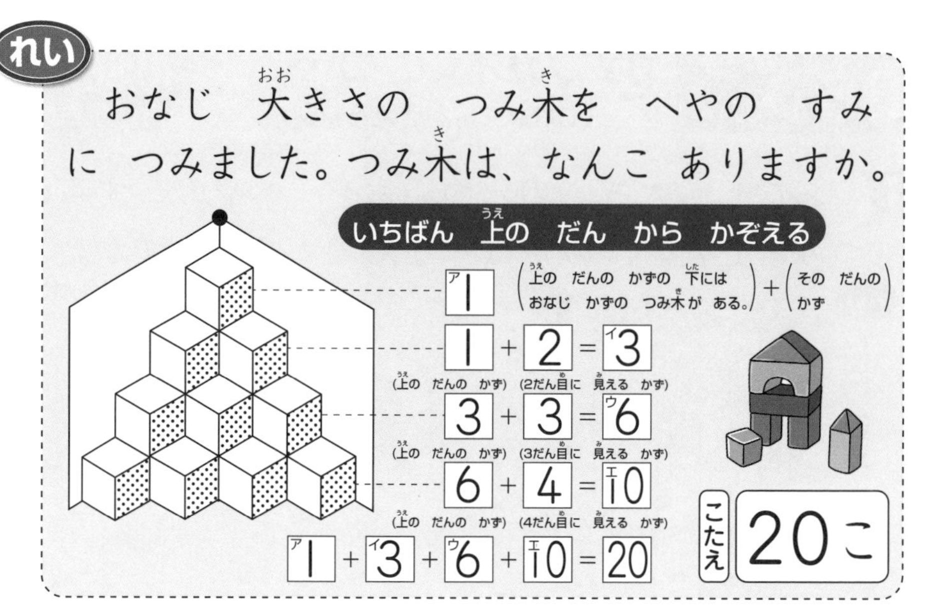

いちばん　上の　だん　から　かぞえる
ア 1（上の　だんの　かずの　下には　おなじ　かずの　つみ木が　ある。）＋（その　だんの　かず）
1＋2＝イ 3
（上の　だんの　かず）（2だん目に　見える　かず）
3＋3＝ウ 6
（上の　だんの　かず）（3だん目に　見える　かず）
6＋4＝エ 10
（上の　だんの　かず）（4だん目に　見える　かず）
ア 1＋イ 3＋ウ 6＋エ 10＝20
こたえ　20こ

2　おなじ　大きさの　つみ木を　へやの　すみに　つみました。つみ木は、なんこ　ありますか。

（1つ15てん・30てん）

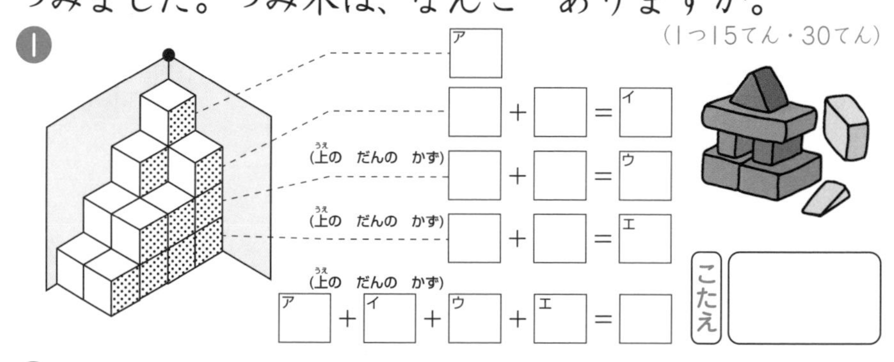

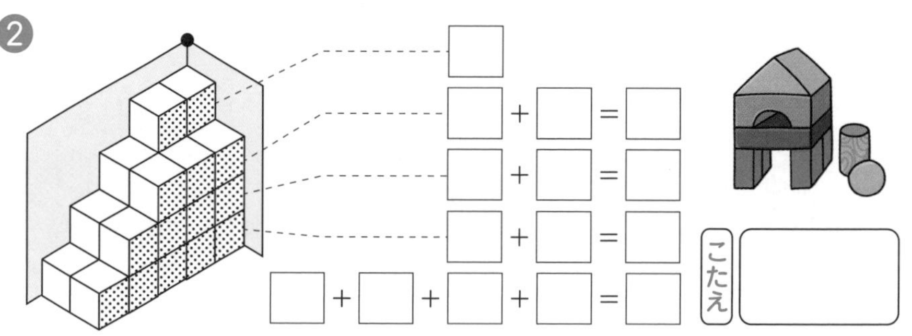

3 おなじ　大きさの　つみ木を　へやの　すみに　つみました。つみ木は、なんこ　ありますか。

（1つ20てん・40てん）

①

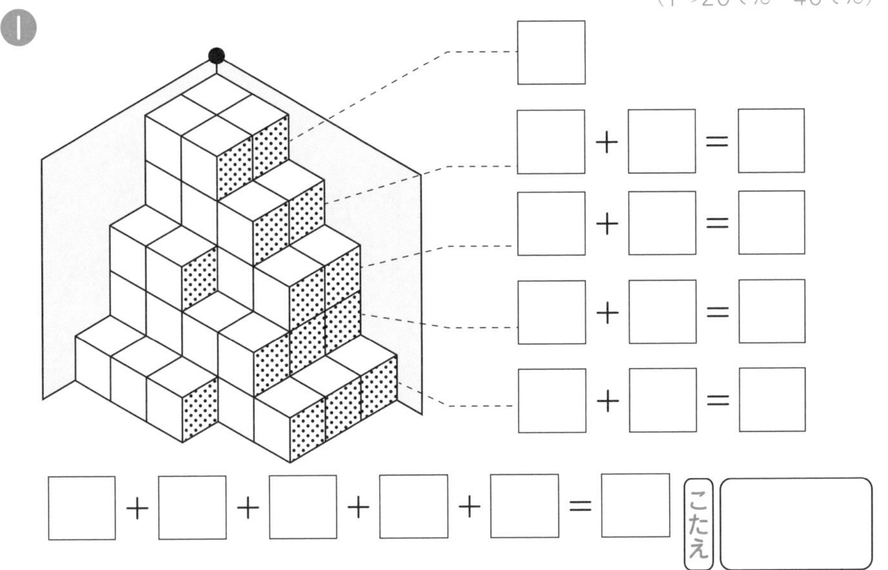

□ + □ + □ + □ + □ = □　こたえ

②

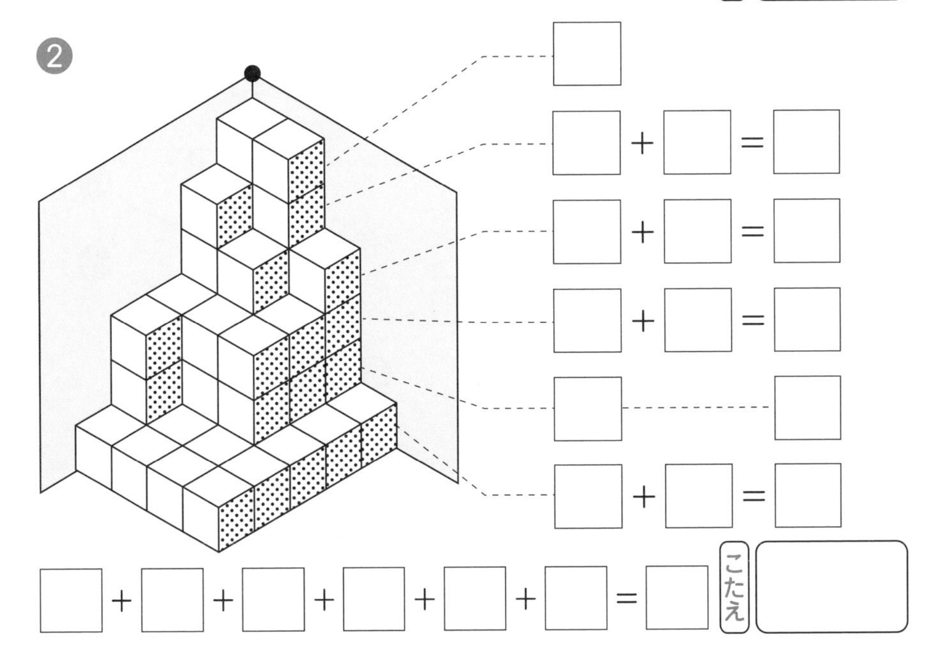

□ + □ + □ + □ + □ + □ = □　こたえ

テスト88　最レベ　最高レベルにチャレンジ!!
㉒ つみ木の　かず（もれなく　かぞえる特訓）

じかん 10ぷん　ごうかくてん 50てん　てん

● おなじ　大きさの　つみ木を　へやの　すみに　つみました。つみ木は、なんこ　ありますか。

（1つ25てん・100てん）

①

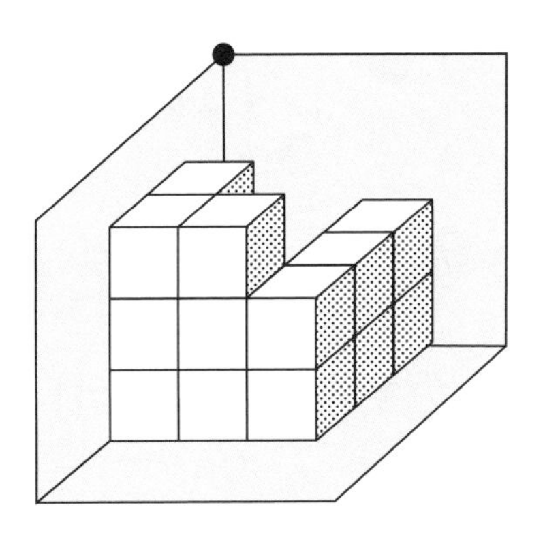

㋐つみ木が、いちばん　おおい　とき

こたえ 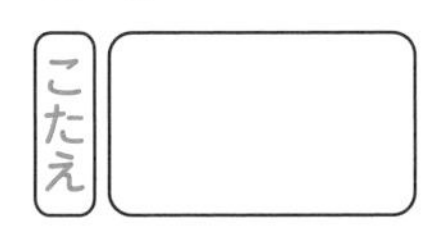

㋑つみ木が、いちばん　すくない　とき

こたえ 

②

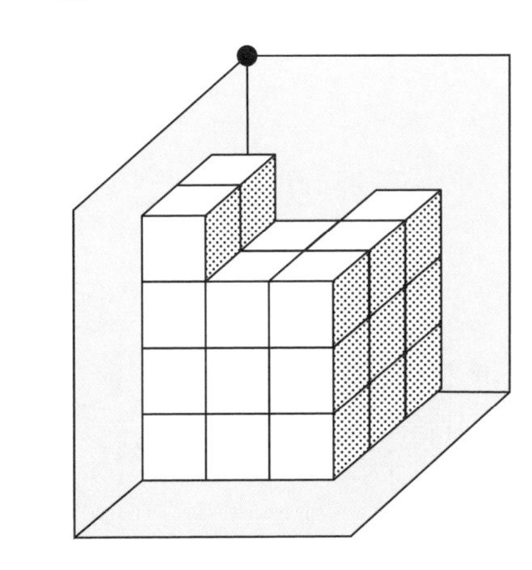

㋐つみ木が、いちばん　おおい　とき

こたえ 

㋑つみ木が、いちばん　すくない　とき

こたえ 

㉓ さいころもんだい

じかん 10ぷん　ごうかくてん 80てん　てん

おぼえよう

さいころは、むかい　あわせの　目の　かず を　たすと　7に　なります。

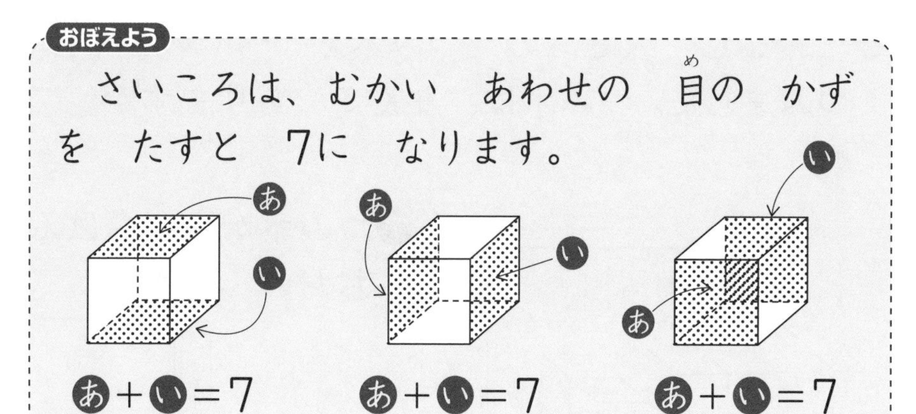

1 あと　いと　うの　目の　かずを　□に　かきなさい。　(1つ10てん・30てん)

①

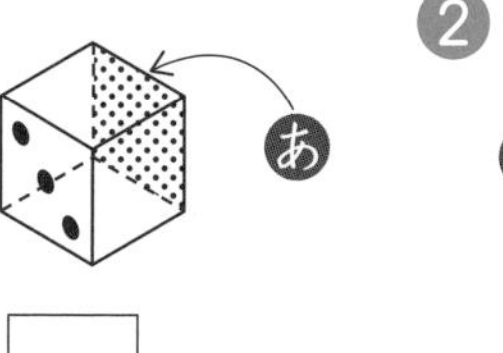

あ □

②

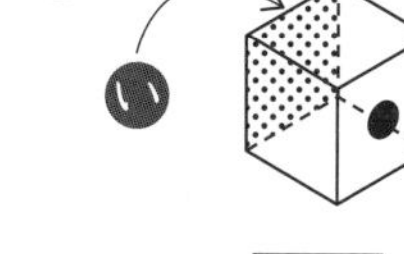

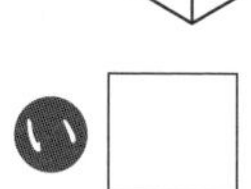

③

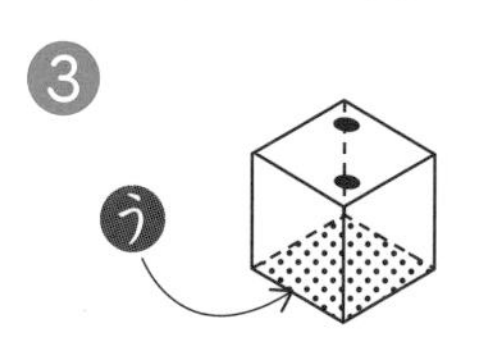

2 目の　かずを　あわせて、□に　かきなさい。　(1つ10てん・30てん)

①

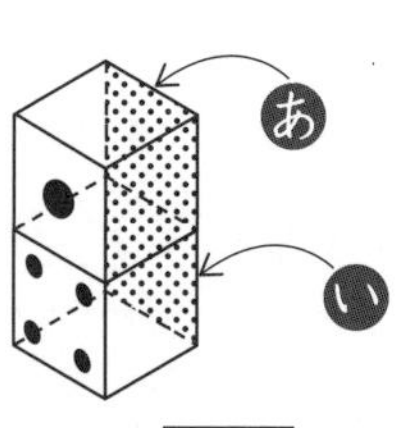

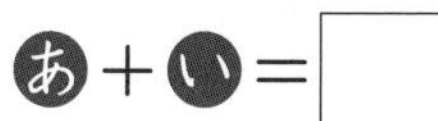

②

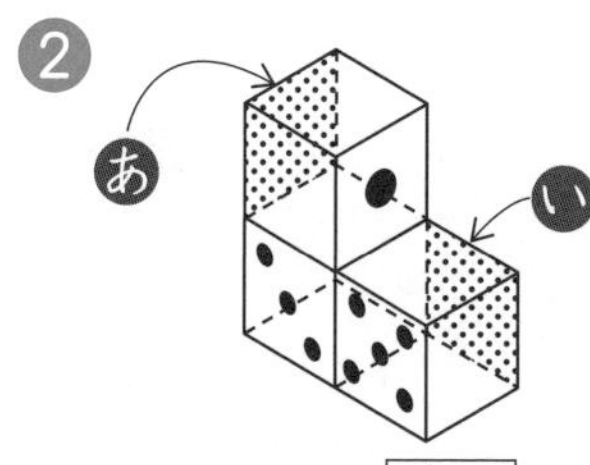

あ+い=□

③

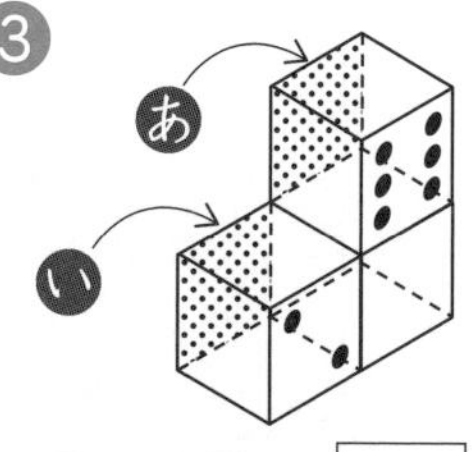

あ+い=□

れい

2つの　さいころを　下の　ように　かさねました。あと　いの　目の　かずを　たすと、5に　なります。あいうの　目の　かずを　□に　かきなさい。

あ 3　い 2　う 5　(あ+い) 5

あわせた　目の　かずが　7だから、
あは、7−4=3
あ+いは　5だから、
いは、5−3=2
いと　うは、むかいあわせだから、うは、7−2=5

3 さいころを　2つ　つなぎました。あいうの　目の　かずを　□に　かきなさい。　(1つ10てん・40てん)

① あ+い=9

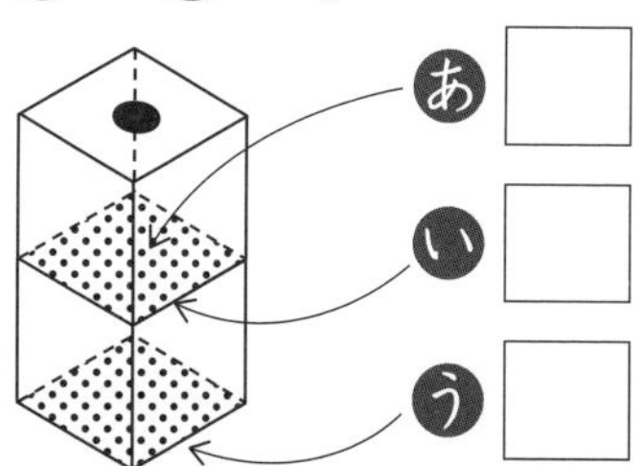

あ □　い □　う □

② あ+い=5

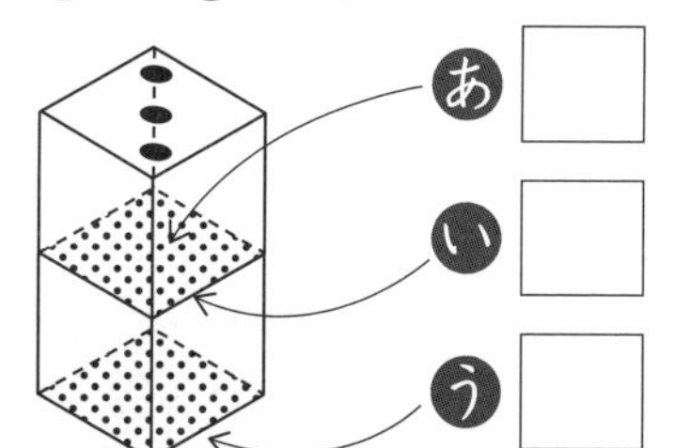

③ あ+い=7

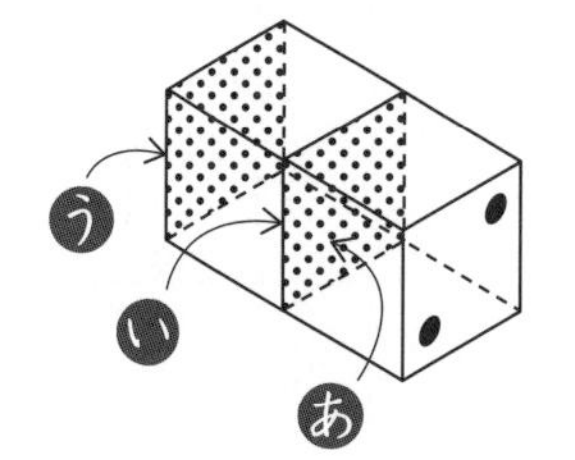

あ □　い □　う □

④ あ+い=6

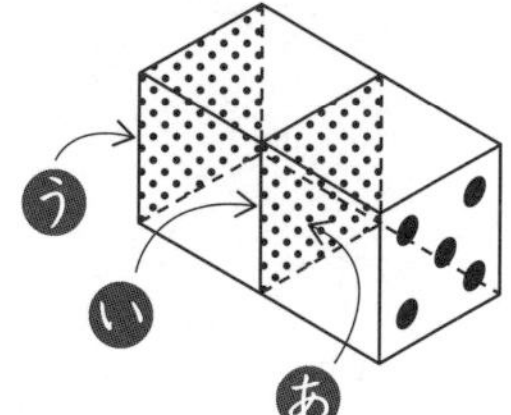

あ □　い □　う □

㉓ さいころもんだい

じかん 10ぷん　ごうかくてん 80てん　　てん

れい

さいころを 1の目を 上に して、右に たおしながら ころがします。ころがった あとの さいころの 下の 目は、いくつですか。

1かい ころがす。下の 目は、3

2かい ころがす。下の 目は、1

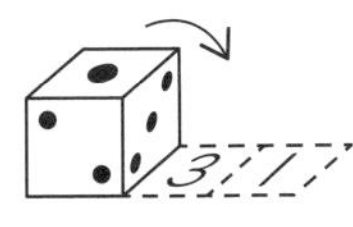

3かい ころがす。下の 目は、4

4かい ころがす。下の 目は、6

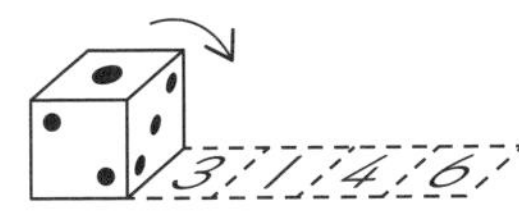

☆ころがった あとの さいころの 下の 目の かずは、

3→1→4→6 に なります。

1 さいころの 下の 目の かずを かきなさい。

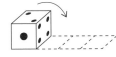

(1つ10てん・40てん)

❶ (1かい ころがす。)

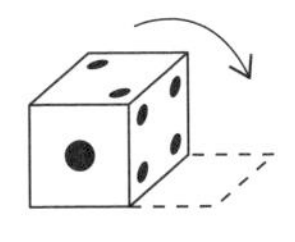

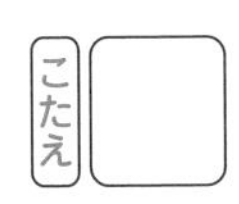

こたえ

❷ (2かい ころがす。)

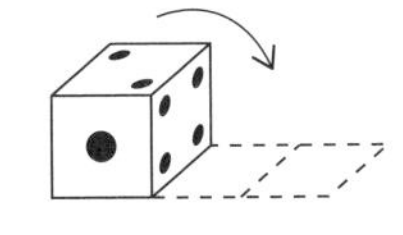

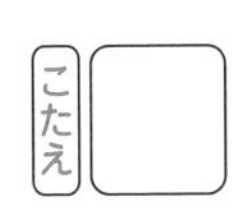

こたえ

❸ (3かい ころがす。)

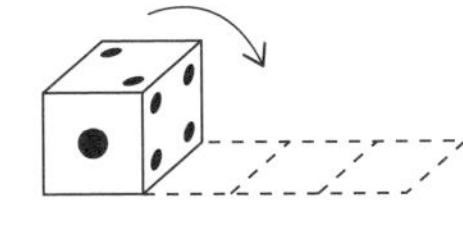

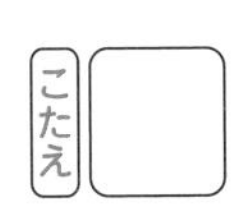

こたえ

❹ (4かい ころがす。)

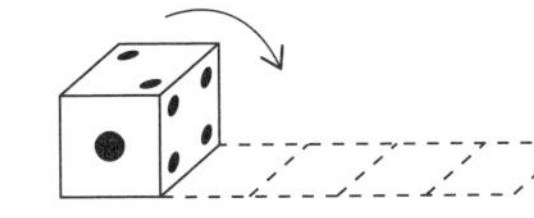

こたえ

れい

つぎの とき さいころの 下の 目の かずを かきなさい。

(10かい ころがす。)

☆下の 目の かずは、

4→6→3→1→4→6→3→1→4→6

こたえ 下の 目…6

2 つぎの とき さいころの 下の 目の かずを かきなさい。

(1つ15てん・60てん)

❶ (12かい ころがす。)

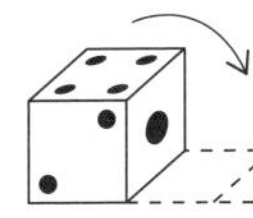

こたえ 下の 目…

❷ (15かい ころがす。)

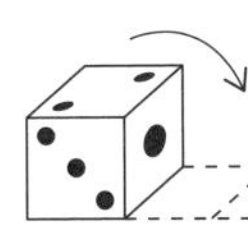

こたえ 下の 目…

❸ (18かい ころがす。)

こたえ 下の 目…

❹ (21かい ころがす。)

こたえ 下の 目…

テスト91 ハイレベ ハイレベル ㉓ さいころもんだい　じかん 15ふん　ごうかくてん 70てん　てん

れい

さいころが　3つ　ならんで　います。

あと　いと　うと　えの　目(め)の　かずを　ぜんぶ　たすと　12に　なります。おの　目(め)の　かずは、いくつ　ですか。

あは　⚄と　むかいあわせだから、

7−5=2

いと　うも　むかいあわせだから、

い+う=7

あ+い+う+えは、2+7+え=12

えは、12−9=3　おは　7−3=4

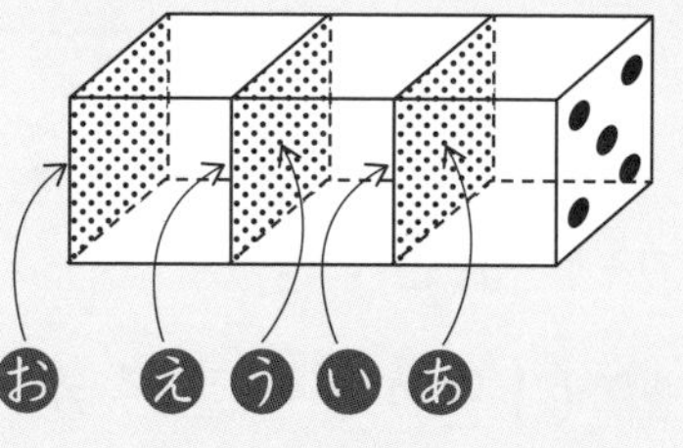

1 さいころが　3つ　ならんで　います。あと　いと　うと　えの　目(め)の　かずを　ぜんぶ　たすと、①も　②も　14に　なります。おの　目(め)の　かずは、いくつですか。

(1つ20てん・40てん)

①

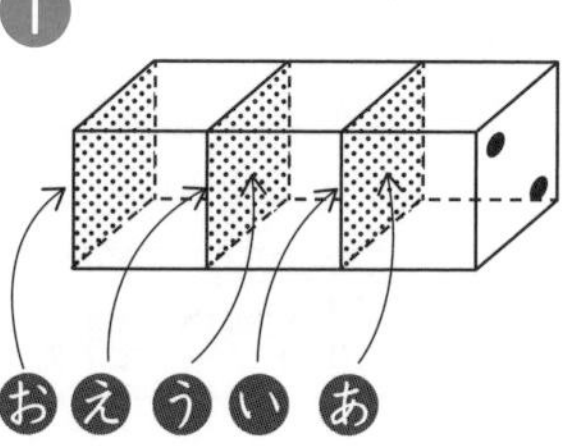

②

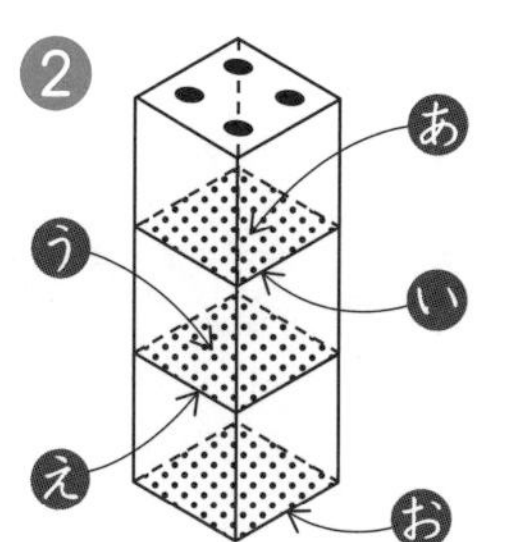

れい

下(した)の　えの　ように　4の　目(め)を　上(うえ)に　して　右(みぎ)に　4かい　たおしながら　ころがして、つぎに　手(て)まえに　2かい　ころがします。とまった　ときの　下(した)の　目(め)を　かきなさい。

あと　⚀は、

むかいあわせだから、あは　6

いと　⚃も、

むかいあわせだから、いは　3

おなじ　ように　して　うは　5

1→4→6→3と　ころがり、手(て)まえに

2→4と　ころがります。

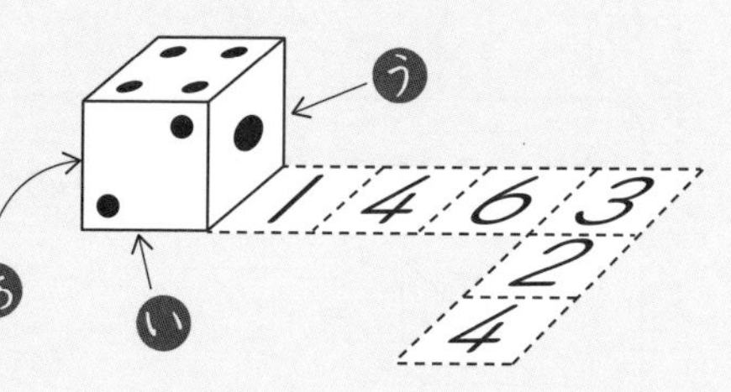

2 つぎの　ように　さいころを　たおしながら　ころがします。あに　とまった　ときの　下(した)の　目(め)を　かきなさい。

(1つ15てん・60てん)

①

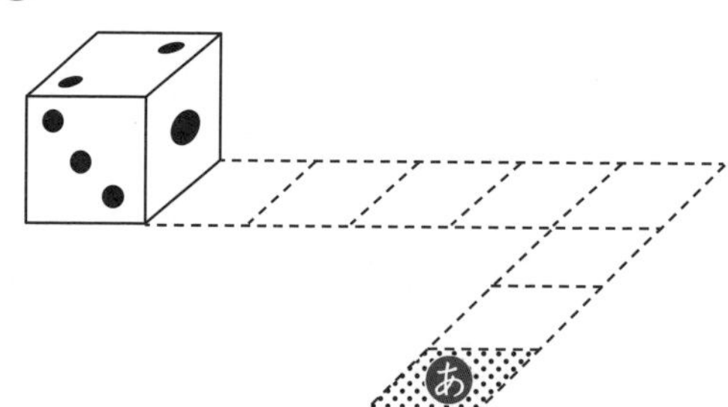

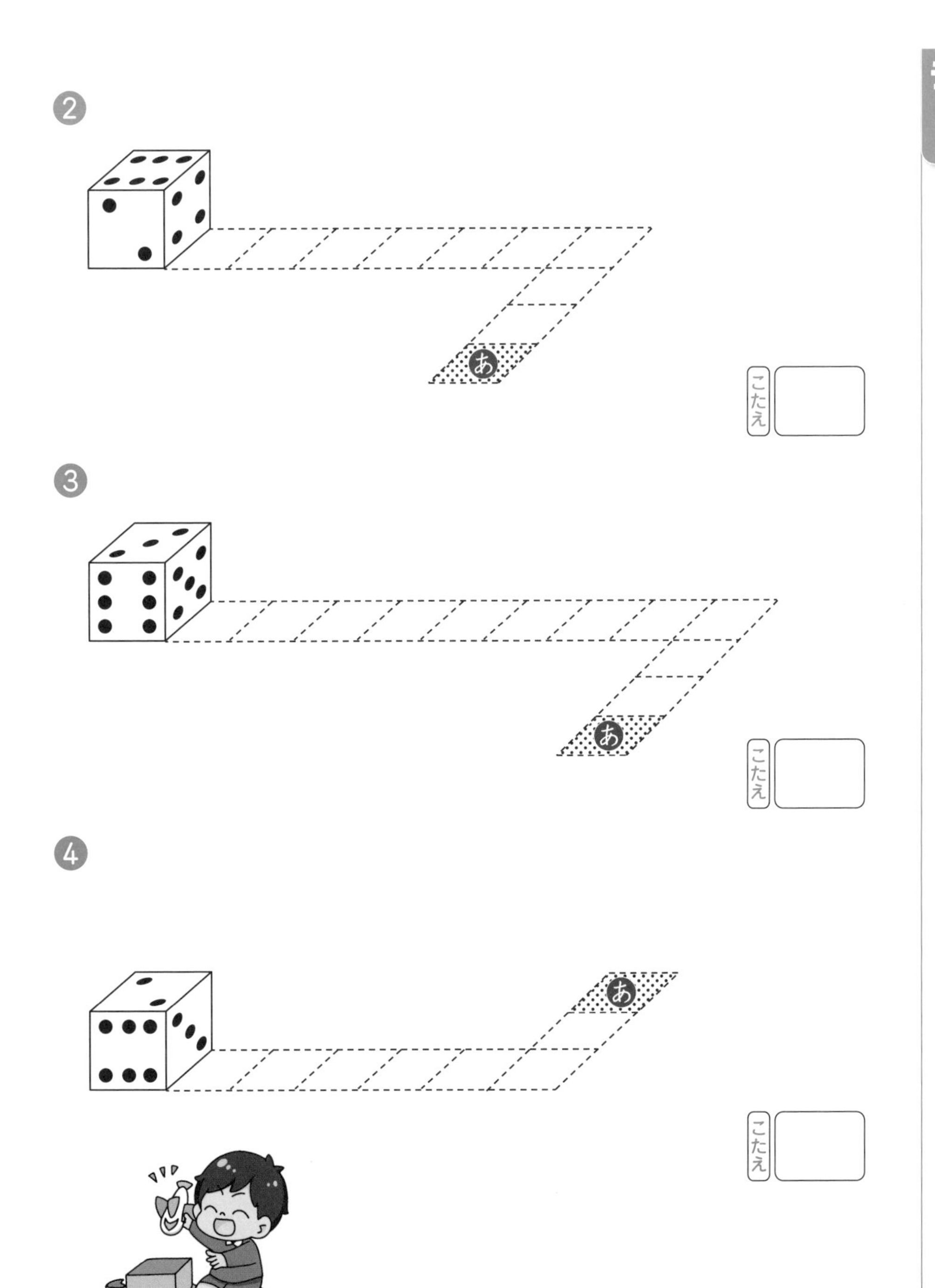

テスト 92 最レベ 最高レベルにチャレンジ!!

㉓ さいころのもんだい

じかん 10ぷん　ごうかくてん 50てん　てん

● 下(した)の　ように　さいころを　たおしながら　ころがします。あに　とまった　ときの　下(した)の　目(め)を　かきなさい。（1つ50てん・100てん）

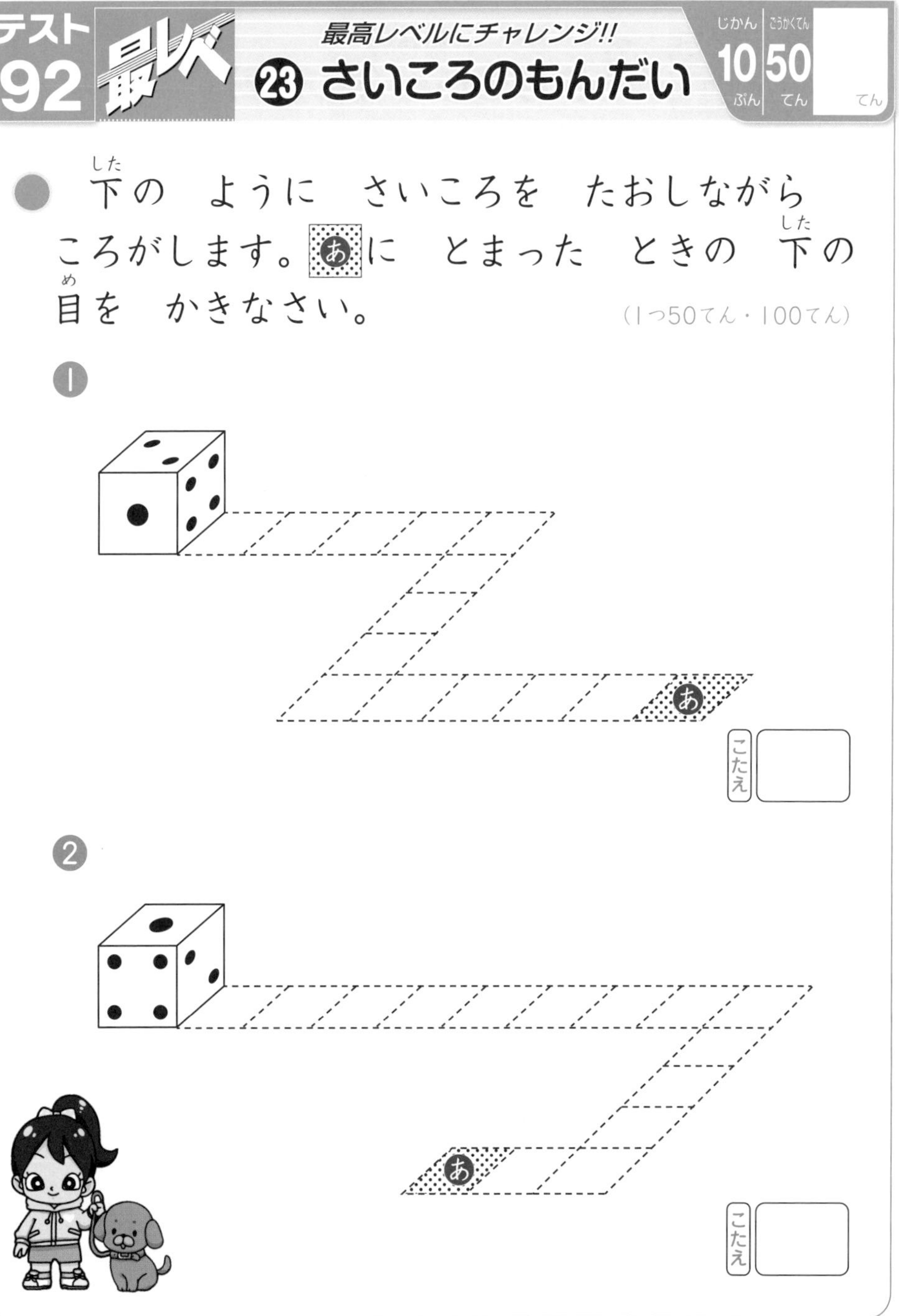

㉔ 算術特訓 まほうじん（魔方陣）

魔方陣とは，下のように ま四かくの 中に すうじが かいて あり、たてと よこと ななめ の どの れつの 3つの かずを たしても、どれも おなじ かずに なる もの です。

1	6	5
8	4	0
3	2	7

たて	よこ	ななめ
1+8+3=12	1+6+5=12	1+4+7=12
6+4+2=12	8+4+0=12	5+4+3=12
5+0+7=12	3+2+7=12	

★ はじめから たてと よこと ななめの 3つの かずを たした かずが わかっている とき。

れい

つぎの □に 1から 9までの かずを 1つずつ 入れて、たてと よこと ななめの 3つの かずを たして、どれも 15に なる ように しなさい。

8	あ	い
う	5	え
6	お	か

いは 15－5－6＝4
あは 15－8－4＝3
うは 15－8－6＝1
えは 15－1－5＝9
おは 15－3－5＝7
かは 15－8－5＝2

1 つぎの □に 1から 9までの かずを 1つずつ 入れて、たてと よこと ななめの 3つの かずを たして、どれも 15に なるように しなさい。（40てん）

あ	い	う
3	え	7
お	か	2

うは、15－7－2＝6
えは、□－□－□＝□
あは、□－□－□＝□
いは、□－□－□＝□
おは、□－□－□＝□
かは、□－□－□＝□

2 たてと よこと ななめの 3つの かずを たすと、どれも おなじ かずに なるように します。あいて いる ところに かずや しきを かきなさい。

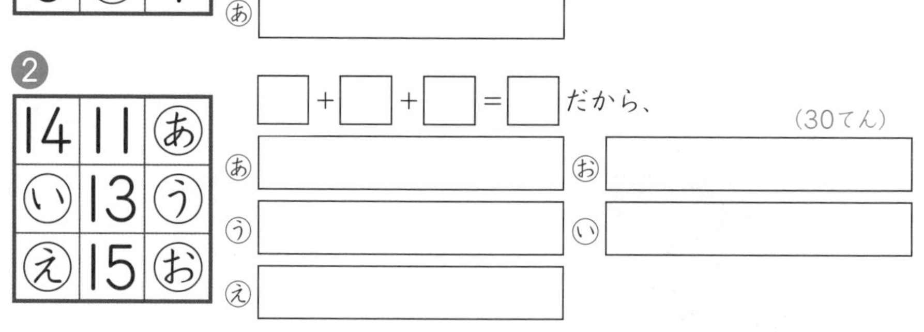

①（30てん）

3	あ	い
う	6	え
5	お	9

3つの かずを たすと、
□＋□＋□＝□だから、
う □
い □
あ □
お □
え □

②（30てん）

14	11	あ
い	13	う
え	15	お

□＋□＋□＝□だから、
あ □
う □
え □
お □
い □

テスト 94 標準 レベル 2

㉔ 算術特訓(さんじゅつとっくん)

まほうじん(魔方陣)

じかん 30ぷん　ごうかくてん 80てん　てん

★ たて　よこ　ななめの　3つの　かずを　たした　かずが　わからない　とき。

れい

たてと　よこと　ななめの　3つの　かずを　たすと、どれも　おなじ　かずに　なるように　します。㋐〜㋕に　あてはまる　かずを　かきなさい。

㋐	㋑	㋒
㋓	5	㋔
4	㋕	2

まほうじんでは

まん中(なか)の　5を　とおる　たてと　よこと　ななめの　3つの　かずを　たすと、どれも　まん中(なか)の　かずの　5を　3かい　たした　かずに　なります。

3つの　かずを　たした　かずは　5 + 5 + 5 = 15

㋐ 15−5−2=8　㋒ 15−5−4=6
㋕ 15−4−2=9　㋓ 15−8−4=3
㋔ 15−3−5=7　㋑ 15−5−9=1

㋐ 8　㋑ 1　㋒ 6　㋓ 3　㋔ 7　㋕ 9

● たてと　よこと　ななめの　3つの　かずを　たすと、どれも　おなじ　かずに　なるように　します。あてはまる　かずや　しきを　かきなさい。

❶ (25てん)

7	㋐	3
㋑	6	㋒
㋓	㋔	㋕

□ + □ + □ = □

㋐　　㋓
㋕　　㋑
㋒　　㋔

❷ (25てん)

㋐	㋑	㋒
㋓	13	㋔
㋕	11	14

□ + □ + □ = □

㋐　　㋑
㋕　　㋒
㋓　　㋔

❸ (25てん)

㋐	㋑	24
25	23	㋒
㋓	㋔	㋕

□ + □ + □ = □

㋒　　㋓
㋐　　㋑
㋔　　㋕

❹ (25てん)

34	㋐	㋑
㋒	33	㋓
32	㋔	㋕

□ + □ + □ = □

㋑　　㋕
㋒　　㋐
㋓　　㋔

㉔ 算術特訓（さんじゅつとっくん） まほうじん（魔方陣）

じかん 15ふん　ごうかくてん 70てん　　てん

れい

たてと　よこと　ななめの　3つの　かずを たすと、どれも　おなじ　かずに　なるように します。ⓐの　かずを　かきなさい。

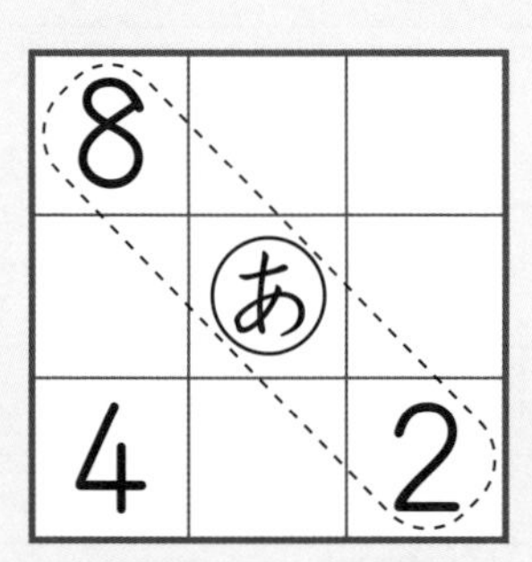

まほうじんでは

まん中（なか）の　かず　ⓐを　3かい たすと、ⓐを　とおる　1れつの 3つの　かずを　たした　かずと、おなじ　かずに　なります。

ⓐ＋ⓐ＋~~ⓐ~~＝8＋~~ⓐ~~＋2

ⓐ＋ⓐ＝8＋2　ⓐ＝5

★ まん中（なか）の　かず　ⓐは、その　りょうはしの　2つの　かずを　たした　かずの　はんぶん　です。

1 たてと　よこと　ななめの　3つの　かずを　たすと、どれも　おなじ　かずに　なるように　します。ⓐの　かずと、1れつの　3つの　かずを　たした　かずを　かきなさい。（20てん）

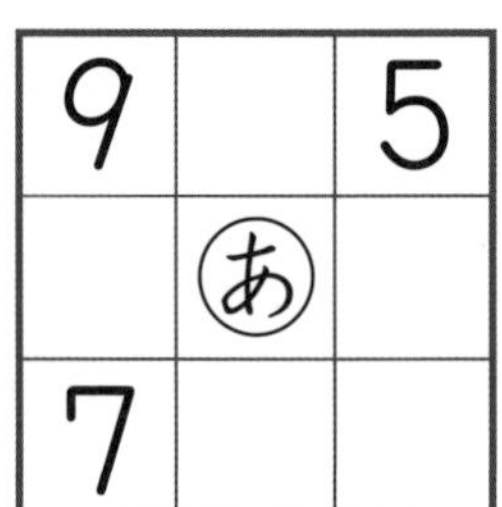

ⓐ＋ⓐ＋ⓐ＝□＋ⓐ＋□

ⓐ＋ⓐ＝□＋□

ⓐ＝□

3つの　かずを　たすと、□＋□＋□＝□

れい

たてと　よこと　ななめの　3つの　かずを たすと、どれも　おなじ　かずに　なるように します。1れつの　3つの　かずを　たした　か ずを　かきなさい。

7		
ⓘ	ⓐ	8
5		

1れつの　3つの　かずを　たすと、どれも　おなじ　かずです。
だから、　ⓘ＋ⓐ＋8＝［7］＋［ⓘ］＋［5］

ⓘは、どちらにも　あるので、

ⓐ＋［8］＝［7］＋［5］

ⓐ＋［8］＝［12］　　ⓐ＝［4］まん中（なか）の　かずです。

1れつの　かずを　たした　かずは、［4］＋［4］＋［4］＝［12］

2 たてと　よこと　ななめの　3つの　かずを　たすと、どれも　おなじ　かずに　なるように　します。1れつの　かずを　たした　かずを　かきなさい。（1つ20てん・40てん）

❶

		9
10	ⓐ	ⓘ
		7

□＋ⓐ＋ⓘ＝□＋ⓘ＋□

□＋ⓐ＝□　　ⓐ＝□

1れつを　たした　かずは、

ⓐ＋ⓐ＋ⓐ だから、□＋□＋□＝□

❷

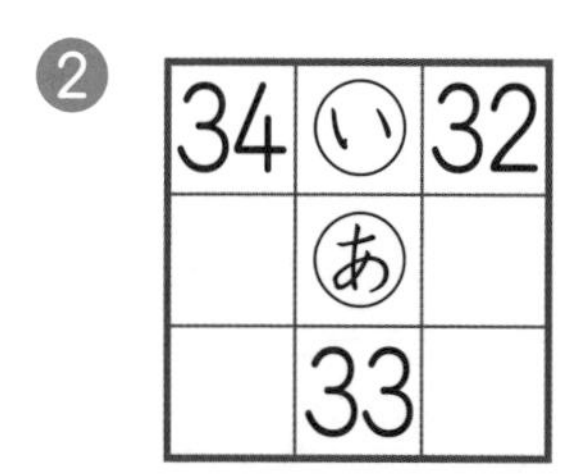

ⓘ＋ⓐ＋□＝□＋ⓘ＋□

ⓐ＋□＝□＋□

ⓐ＋□＝□

ⓐ＝□

1れつを　たした　かずは、□＋□＋□＝□

3 たてと　よこと　ななめの　3つの　かずを　たすと、どれも　おなじ　かずに　なるように　します。あいて　いる　ところに　かずや　しきを　かきなさい。

（1つ20てん・40てん）

❶

㋒	㋓	8
7	㋐	㋑
㋔	㋕	4

□＋㋐＋㋑＝□＋㋑＋□

□＋㋐＝□＋□

□＋㋐＝□　㋐＝□

1れつを　たすと、□＋□＋□＝□

㋑は、□

㋒は、□　㋓は、□

㋔は、□　㋕は、□

❷

㋒	8	㋓
㋔	㋐	㋕
9	㋑	5

□＋㋐＋㋑＝□＋㋑＋□

□＋㋐＝□＋□

□＋㋐＝□　㋐＝□

1れつを　たすと、□＋□＋□＝□

㋑は、□

㋒は、□　㋓は、□

㋔は、□　㋕は、□

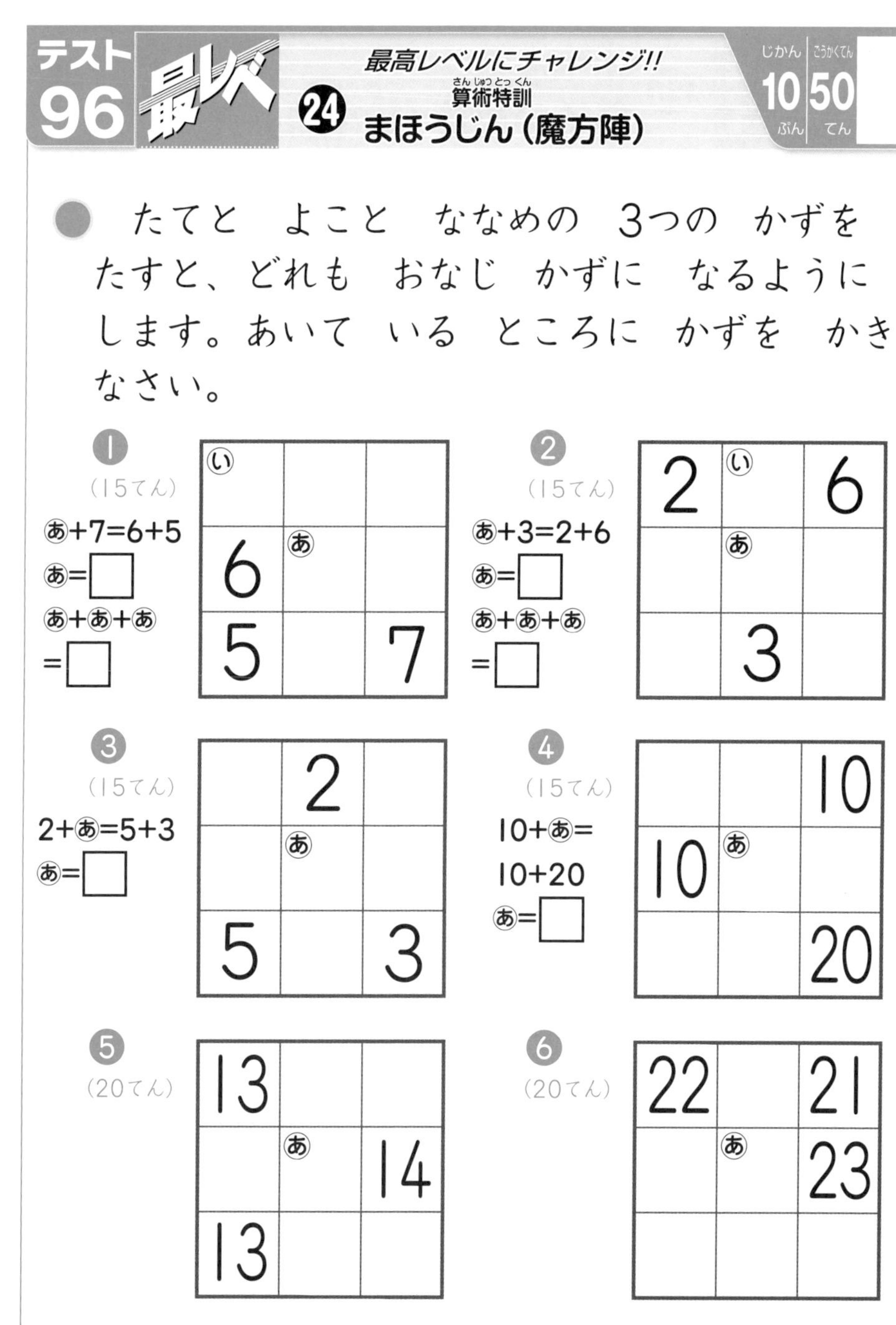

テスト 96 最レベ　最高レベルにチャレンジ!!　㉔ 算術特訓（さんじゅつとっくん）　まほうじん（魔方陣）

じかん 10ぷん　ごうかくてん 50てん　てん

● たてと　よこと　ななめの　3つの　かずを　たすと、どれも　おなじ　かずに　なるように　します。あいて　いる　ところに　かずを　かきなさい。

❶（15てん）

㋐+7=6+5

㋐=□

㋐+㋐+㋐

=□

㋑		
6	㋐	
5		7

❷（15てん）

㋐+3=2+6

㋐=□

㋐+㋐+㋐

=□

2	㋑	6
	㋐	
	3	

❸（15てん）

2+㋐=5+3

㋐=□

	2	
	㋐	
5		3

❹（15てん）

10+㋐=

10+20

㋐=□

		10
10	㋐	
		20

❺（20てん）

13		
	㋐	14
13		

❻（20てん）

22		21
	㋐	23

テスト 97 標準 レベル1 ㉕ 算術特訓 つるかめ算（鶴亀算）

じかん 10ぷん　ごうかくてん 80てん　　てん

れい

つると　かめが、あわせて　3　います。足の　かずは、ぜんぶで　8本です。つるは　なんわ、かめは　なんびき　いますか。

ぜんぶ　つるだと　します。

つるは、足が 2 本だから、3わで、2 + 2 + 2 = 6

でも、足は 8 本だから、8 − 6 = 2 すくない。

1わの　つるを　かめ1ぴきに　かえると、足の　かずが　2ふえる。

ちがいが　なくなるので、かめは、1 ぴき

つるは、3 − 1 = 2 わ

こたえ　かめ…1ぴき　つる…2わ

1　つると　かめが、あわせて　7　います。足の　かずは、ぜんぶで　20本です。つるは　なんわ、かめは　なんびき　いますか。（50てん）

ぜんぶ　つるだと　します。

足の　かずは、□+□+□+□+□+□+□=□

でも、足は、□本だから、□−□=□ すくない。

つる1わを　かめ1ぴきに　かえると、足が、□ ふえる。

6すくないから、□−□=□，□−□=□，□−□=0

ちがいが　なくなるので、かめは、□ ひき　つるは、□−□=□ わ

こたえ　かめ…　　つる…

れい

つると　かめが、あわせて　4　います。足の　かずは、ぜんぶで　10本です。つるは　なんわ、かめは　なんびき　いますか。

ぜんぶ　かめだと　します。

かめの　足の　かずは、4本だから、

4ひきでは、4 + 4 + 4 + 4 = 16　でも、足は、10 本だから

16 − 10 = 6 …おおい。かめ1ぴきを　つる1わに　かえると、足のかずは、

4 − 2 = 2 …2へる。足が、6本　おおいので、

6 − 2 = 4　4 − 2 = 2　2 − 2 =0　ちがいが　なくなる。

3びきの　かめを　3わの　つるに　かえた。

つるは、3 わ

かめは、4 − 3 = 1 ぴき

こたえ　つる…3わ　かめ…1ぴき

2　つると　かめが、あわせて　5　います。足の　かずは、ぜんぶで　14本です。つるは　なんわ、かめは　なんびき　いますか。（50てん）

ぜんぶ　かめだと　します。

足の　かずは、□+□+□+□+□=□

でも、足は、□本だから　□−□=□ おおい。

かめ1ぴきを　つる1わに　かえると、足が、□ へる。足が、□本　おおいから、

□−□=□，□−□=□，□−□=0

ちがいが　なくなる。つるは、□ わ　かめは、□−□=□ ひき

こたえ　つる…　　かめ…

テスト98 標準レベル2 ㉕ 算術特訓 つるかめ算（鶴亀算） じかん10ぷん ごうかくてん80てん てん

れい

2円の　あめと　3円の　あめを　あわせて　7こ　かって、16円　はらいました。2円の　あめを　なんこと　3円の　あめを　なんこ　かいましたか。

ぜんぶ　2円の　あめを　かったと　します。

2円の　あめを　7こ　かったから、

2＋2＋2＋2＋2＋2＋2＝14

16円　はらったので、ちがいは、16－14＝2　たりない。

2円の　あめ　1こを　3円の　あめと　かえると、3－2＝1　ふえる。

2円　ちがうから、2－1＝1　1－1＝0　ちがいが　なくなる。

3円の　あめ　2こ　2円の　あめは、7－2＝5こ

こたえ　2円の　あめ…5こ　3円の　あめ…2こ

1　2円の　あめと　5円の　あめを　あわせて　5こ　かって、16円　はらいました。2円の　あめを　なんこと　5円の　あめを　なんこ　かいましたか。（50てん）

ぜんぶ2円の　あめを　かったと　します。

あわせて□こ　かった。□＋□＋□＋□＋□＝□

□円　はらったので、ちがいは、□－□＝□円　たりない。

1こ　5円の　あめに　かえると、□－□＝□ふえる。

□－□＝□、□－□＝□　ちがいが　なくなる。

こたえ　5円の　あめ□こ　2円の　あめは□－□＝□こ

れい

5円玉と　10円玉を　あわせると、6こで　40円　あります。5円玉と　10円玉は、それぞれ　なんこずつ　ありますか。

ぜんぶ　5円玉だと　します。

6こ　だから、5＋5＋5＋5＋5＋5＝30

40円　あるから、ちがいは、40－30＝10　たりない。

5円玉　1こを　10円玉に　かえると、10－5＝5　ふえる。

2こ　かえると、10－5＝5、5－5＝0　ちがいが　なくなる。

10円玉は、2こ

5円玉は、6－2＝4

こたえ　10円玉…2こ　5円玉…4こ

2　5円玉と　10円玉を　あわせると、7こで　50円あります。10円玉と　50円玉は、それぞれ　なんこずつ　ありますか。（50てん）

ぜんぶ　10円玉だと　します。

あわせて　7こ　だから、□＋□＋□＋□＋□＋□＋□＝□

□円　あるから、ちがいは、□－□＝□おおい。□円玉

1こを□円玉に　かえると、□－□＝□円　へる。

□－□＝□、□－□＝□、□－□＝□、□－□＝□　ちがいが　なくなる。

5円玉は、□こ

10円玉は、□－□＝□

こたえ　5円玉…　10円玉…

テスト99 ハイレベ ハイレベル ㉕ 算術特訓

つるかめ算(鶴亀算)

じかん 15ふん　ごうかくてん 70てん　　てん

れい おてつだいの　ゲームを　しました。おさらを　1まい　あらうと、2てん　もらえます。でも、おさらを 1まい　わって　しまうと、2てんは　もらえず　はんたいに　3てん　ひかれます。はなこさんは 6まい　おさらを　あらって、2てん　もらいました。はなこさんは、おさらを　なんまい　わりましたか。

1まいも　おさらを　わらなかったら、6まいで、

2 + 2 + 2 + 2 + 2 + 2 = 12 てん　もらえる。

でも、もらったのは　2てんだから、

ちがいは、12 − 2 = 10 で、10てん　すくない。

1まい　わると、2 + 3 = 5　5 てん　すくなく　なる。
(もらえる てん)(ひかれる てん)

1まい　わると、10 − 5 = 5

2まい　わると、5 − 5 = 0　この　ちがいが　なくなる。

こたえ　おさらを　わったのは、2まい　です。

1 おてつだい　ゲームを　しました。コップを1こ　あらうと、2てん　もらえます。でも、コップを　わって　しまうと、2てんは　もらえず　はんたいに　3てん　ひかれます。たかしさんは　8こ　コップを　あらって、1てん　もらいました。たかしさんは、コップを　なんこ　わりましたか。(25てん)

1こも　コップを　わらなかったら

□ + □ + □ + □ + □ + □ + □ + □ = □ てん　もらえる。

でも、もらったのは □ てんだから、□ − □ = □ てん　すくない。

1こ　わると、□ + □ = □　□ てん　すくなく　なる。
(もらえる てん)(ひかれる てん)

ちがいが □ てんだから、

□ − □ = □、□ − □ = □、

□ − □ = □

こたえ □

2 コップを　1こ　あらうと　2てん　もらえますが、わったら　4てん　ひかれます。はなこさんは　10こ　コップを　あらって、2てん　もらいました。はなこさんは、コップを　なんこ　わりましたか。(25てん)

1こも　コップを　わらなかったら

□

もらった　てんすうの　ちがいは、□

1こ　わると、□ すくなく　なる。

□

こたえ □

3 たろうさんは、ふくろから　赤い　カードを　ひくと　3てん　もらえて、青い　カードを　ひくと4てん　ひかれる　ゲームを　しました。たろうさんは、5かい　カードを　ひいて、1てんに　なりました。たろうさんは、青い　カードを　なんまいひきましたか。　（25てん）

ひいた　カードが　ぜんぶ　赤だったら

□＋□＋□＋□＋□＝□　でも、１てん　だったから、

□－□＝□すくない。１まい　赤の　カードが　青だったら、

□＋□＝□てん　すくなく　なる。□てん　すくないから、

□－□＝□，□－□＝□

こたえ □

4 赤い　玉が　出ると　2てん　もらえて、白い玉が　出ると　4てん　ひかれる　ゲームを　しました。ゆりさんは、7かい　ゲームを　して　2てんに　なりました。ゆりさんは、白い　玉を　なんこ　出しましたか。　（25てん）

出した　玉が　ぜんぶ　赤だったら

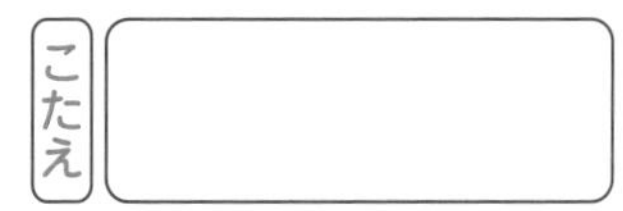

こたえ □

テスト100

最高レベルにチャレンジ!!

㉕ 算術特訓　つるかめ算（鶴亀算）

じかん 10ぷん　ごうかくてん 60てん　□てん

1 つるとかめが　あわせて　8　います。足のかずは、ぜんぶで　26本です。つるは　なんわ、かめは　なんびき　いますか。（30てん）

こたえ　つる…　かめ…

2 5円玉と　10円玉が　あわせて　10こで60円　あります。5円玉と　10円玉は、それぞれ　なんこずつ　ありますか。（30てん）

こたえ　5円玉…　10円玉…

3 コップを　1こ　あらうと　2てん　もらえますが、わったら　5てん　ひかれます。みどりさんは　9こ　コップを　あらって、4てん　もらいました。みどりさんは、コップを　なんこ　わりましたか。　（40てん）

こたえ □

総合実力テスト（1）

1 えを　見て、もんだいに　こたえなさい。

（1つ10てん・20てん）

あ
い
う
え
お

❶ いちばん　ながい　テープは　どれですか。

こたえ

❷ 3ばん目に　ながい　テープは　どれですか。

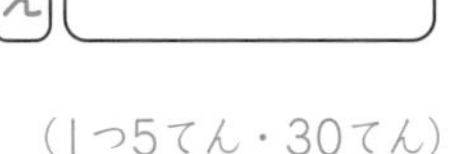

こたえ

2 なんじ　なんぷん　ですか。

（1つ5てん・30てん）

❶

こたえ

❷

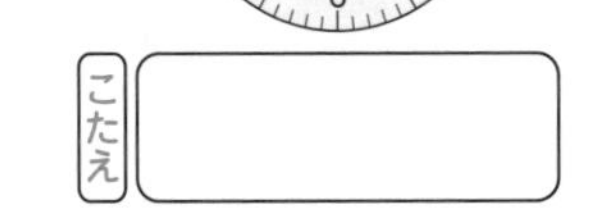

こたえ

❸

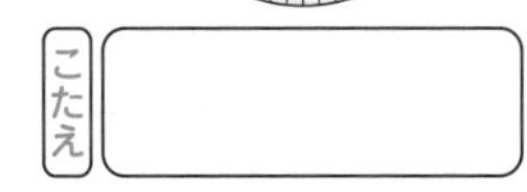

こたえ

❹

こたえ

❺

こたえ

❻

こたえ

3 白い　玉が　30こ、赤い玉が　20こ、青い玉が　40こ　あります。

❶ 白い　玉と　赤い　玉を　あわせると　なんこに　なりますか。

（10てん）

しき

こたえ

❷ 玉は、ぜんぶで　なんこ　ありますか。

（10てん）

しき

こたえ

4 バスていに　子どもが　28人　ならんで　います。えりさんの　まえには　5人　います。えりさんの　うしろには　なん人　いますか。

（15てん）

しき

こたえ

5 ケーキが　1こと　パンが　2こで　70円です。ケーキが　1こと　パンが　1こで　50円　です。ケーキ　1こは、なん円　ですか。

（15てん）

しき

こたえ

総合実力テスト (2)

1 ◺を なんまい つかって いますか。(1つ5てん・30てん)

❶ □まい

❷

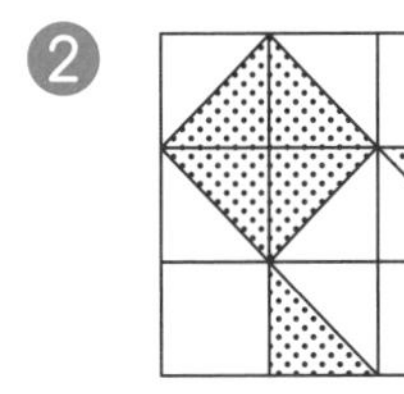

❸

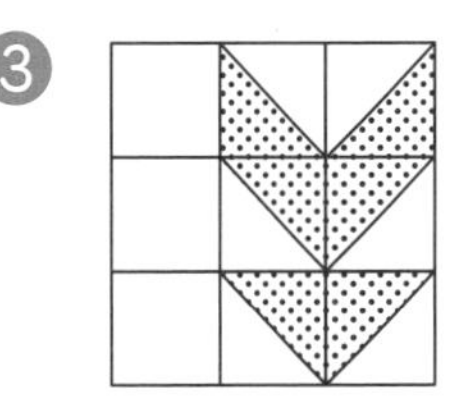

❹ □まい

❺

❻

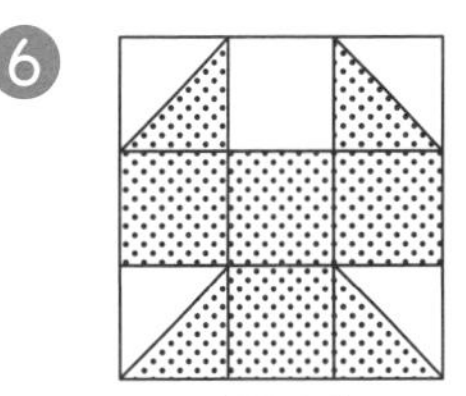

2 ある きまりで 100までの かずを かいた カードが あります。□の かずを かきなさい。(1つ10てん・20てん)

❶

❷

3 1くみには、がようしが 40まい あります。2くみの がようしは、1くみより 10まい おおいです。

❶ 2くみの がようしは、なんまい ですか。(10てん)

しき

こたえ

❷ 1くみと 2くみの がようしを あわせると、なんまい ありますか。(10てん)

しき

こたえ

4 はじめさんは、トマトと 玉(たま)ねぎを 1こずつ かいました。トマトは 30円(えん) でしたが、たまねぎは トマトより 10円(えん) たかい そうです。はじめさんは、ぜんぶで なん円(えん) はらいましたか。(15てん)

しき

こたえ

5 本(ほん)が 19さつ よこに ならんで います。やすこさんの すきな 本(ほん)は、左(ひだり)から 7ばん目(め)です。右(みぎ)から かぞえると なんばん目(め)ですか。(15てん)

しき

こたえ

総合実力テスト（3）

1 ながい　はりを　かきなさい。　（1つ5てん・30てん）

❶ 3じ

❷ 6じ

❸ 10じ

❹ 2じはん

❺ 8じはん

❻ 11じはん

2 □に　あてはまる　かずを　かきなさい。　（1つ5てん・20てん）

❶ 1ずつ　へる。

95－94－□－□－□－90

❷ 2ずつ　ふえる。

76－78－□－□－□－86

❸ 2ずつ　へる。

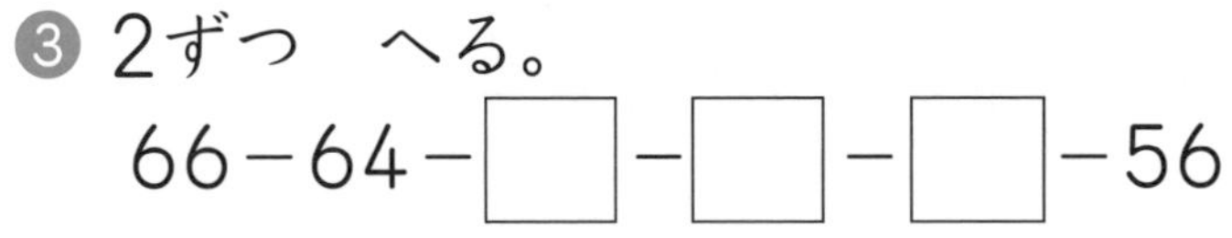

66－64－□－□－□－56

❹ 5ずつ　ふえる。

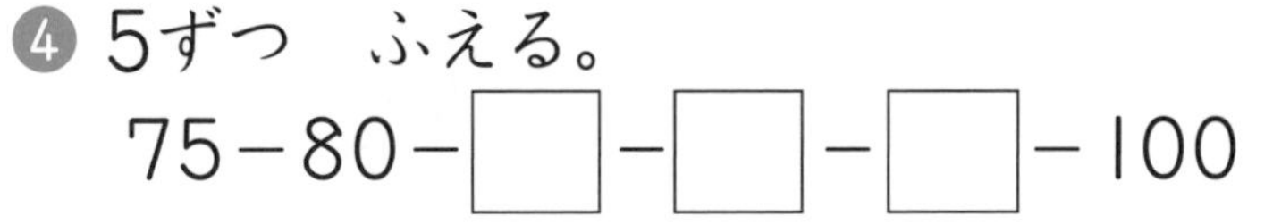

75－80－□－□－□－100

3 こうえんに　男の子が　30人、女の子が　40人　います。みんなで　なん人　いますか。　（10てん）

しき

こたえ □

4 バスに　26人　のって　いました。4人　おりました。いま、なん人　のって　いますか。　（10てん）

しき

こたえ □

5 わたしと　いもうとは　あめを　5こずつ、おとうさんと　おかあさんは　あめを　10こずつ　もって　います。ぜんぶで　あめは　なんこ　ありますか。　（15てん）

しき

こたえ □

6 ひろしくんは、きのう　本を　はじめから　62ページまで　よみました。きょう、5ページ　よむと、あしたは　なんページ目から　よみはじめますか。　（15てん）

しき

こたえ □

100回のテストで、算数の力を大きく伸ばそう!!

ハイレベ100 小学1年 文章題（ぶんしょうだい）

こたえ

縮小版解答の使い方

問題ページの

縮小版の解答!!

お子様自身で答えあわせがしやすいように問題ページをそのまま縮小して、読みやすく工夫した解説といっしょに答えが載っています。

答えあわせをしたあとで、できなかったところは、もう一度考えて、必ずチェックして、正しい答えをていねいに書きこんでおきましょう!!

チェックしたところは、繰り返し練習してください。

解説やアドバイスを読んで、自分の力で学力アップ!!

学習する内容の解説や考え方のヒントが載っています。お子様が自分ひとりで答えあわせをしながら、理解することができます。

〈きりとり線〉

奨学社

★えを　ていねいに　かぞえましょう。

テスト1 標準 レベル1 ❶ あつまりと　かず　10ぷん 80てん

1 えを　見て、(　)に　かずを　かきなさい。(1つ10てん・30てん)

❶ みかんは、(4)こ　あります。
❷ りんごは、(3)こ　あります。
❸ いちごは、(5)こ　あります。

2 えを　見て、(　)に　かずを　かきなさい。(1つ10てん・30てん)

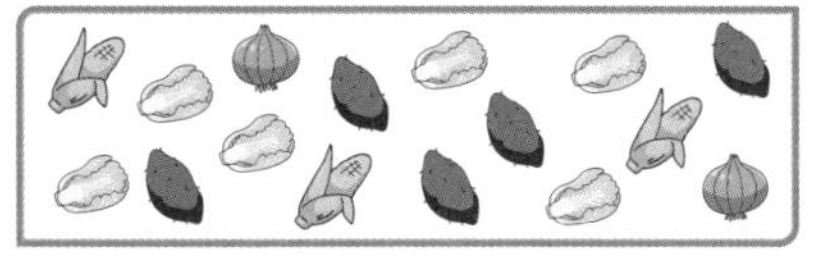

❶ たまねぎは、(2)こ　あります。
❷ さつまいもは、(5)こ　あります。
❸ はくさいは、(6)こ　あります。

3 えの　かずを　かぞえて、□に　かずを　かきなさい。(1つ10てん・40てん)

❶ はさみの　かずを　かきなさい。

5

❷ えんぴつの　かずを　かきなさい。

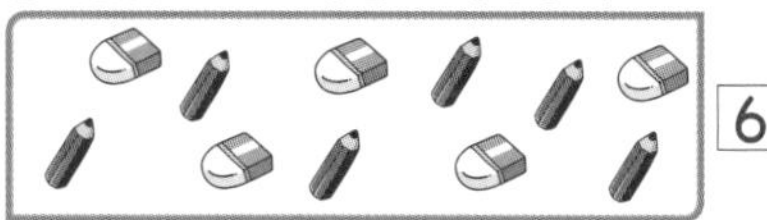

6

❸ ぼうしの　かずを　かきなさい。

7

❹ かにの　かずを　かきなさい。

10

テスト2 標準 レベル2 ❶ あつまりと　かず　10ぷん 80てん

1 えを　見て、□に　かずを　かきなさい。(1つ10てん・40てん)

れい
くだものの　なかま… 2
やさいの　なかま… 3

❶

くだものの　なかま… 3
やさいの　なかま… 4

❷

さかなの　なかま… 4
むしの　なかま…… 3

❸

のりものの　なかま… 2
たべものの　なかま… 5

❹

とりの　なかま…… 5
さかなの　なかま… 3

★かずの　すくないものから　おなじ　かずどうしを　みつけましょう。

2 おなじ　かずどうしを　――で　つなぎなさい。(1つ10てん・60てん)

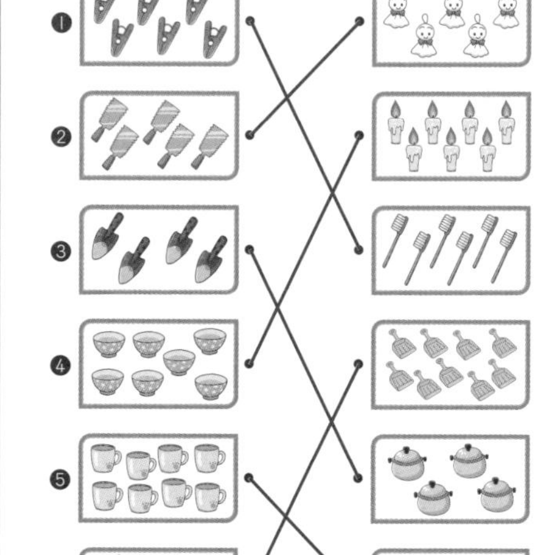

テスト3 ハイレベ ハイレベル ❶ あつまりと　かず　15ぷん 70てん

1 えを　見て、□に　かずを　かきなさい。(1つ10てん・40てん)

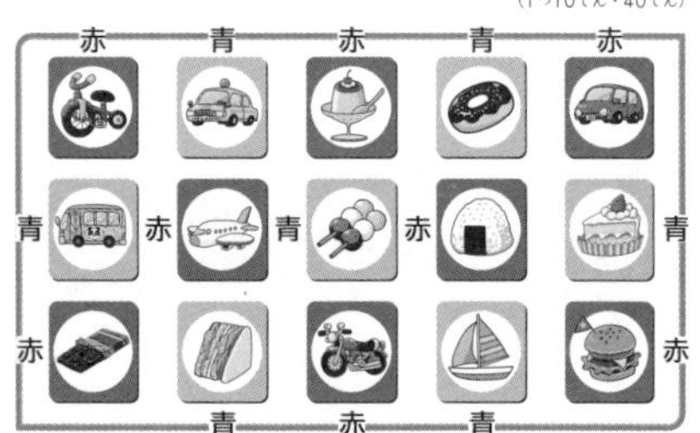

❶ 赤い　かみは、8 まい　あります。
❷ 青い　かみは、7 まい　あります。
❸ 赤い　かみで　のりものの　なかまは、4 まい　あります。
❹ 青い　かみで　たべものの　なかまは、4 まい　あります。

★下の　もんだいを　するまえに　ここを　しましょう。

2 □に　かずや　かたちを　かきなさい。(1つ4てん・20てん)

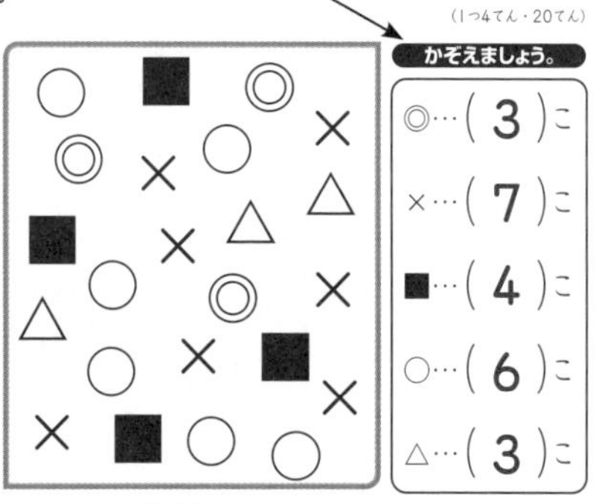

かぞえましょう。
◎…(3)こ
×…(7)こ
■…(4)こ
○…(6)こ
△…(3)こ

❶ ◎と △は、おなじ　かずです。(5てん)
❷ ■は、△より 1 こ　おおい。(5てん)
❸ ◎は、○より 3 こ　すくない。(5てん)
❹ ×は、○と　△を　あわせた　かずより 2 こ　すくない。(5てん)

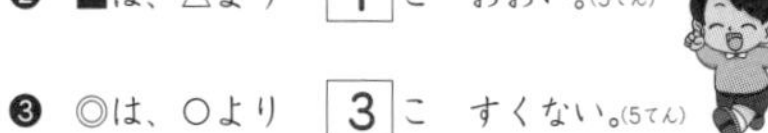

★まると　三かくの　かさなっている　ところに　気をつけて　ときましょう。

3 えを　見て、こたえなさい。(1つ5てん・20てん)

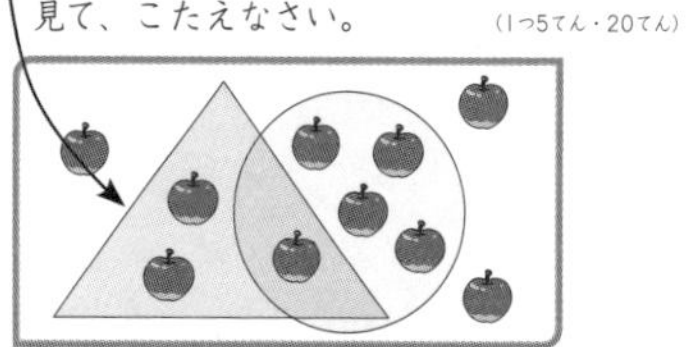

れい　三かくの　中に　入って　いる　りんごは、なんこ　ありますか。　こたえ 3こ

❶ まるの　中に　入って　いる　りんごは、なんこ　ありますか。　こたえ 5こ
❷ 三かくの　中に　入って　いない　りんごは、なんこ　ありますか。　こたえ 7こ
❸ 三かくにも　まるにも　入って　いる　りんごは、なんこ　ありますか。　こたえ 1こ
❹ 三かくにも　まるにも　入って　いない　りんごは、なんこ　ありますか。　こたえ 3こ

テスト4 最レベ ❶ あつまりと　かず　10ぷん 50てん

最高レベルにチャレンジ!!

● えを　見て、こたえなさい。(1つ25てん・100てん)

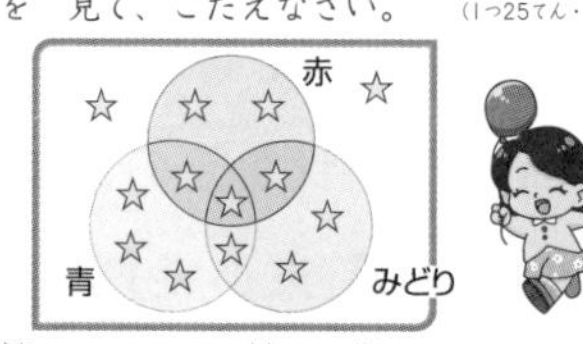

❶ 赤い　まるの　中に　入って　いる　☆は、なんこ　ありますか。　こたえ 5こ
❷ 青い　まるの　そとに　ある　☆は、なんこ　ありますか。　こたえ 7こ
❸ 青い　まるにも　みどりの　まるにも　入って　いる　☆は、なんこ　ありますか。　こたえ 2こ
❹ 赤い　まるにも　青い　まるにも　みどりの　まるにも　入って　いる　☆は、なんこ　ありますか。　こたえ 1こ

テスト5 標準レベル1 ② すう字 じかん10ぷん ごうかく80てん

1 いちばん 大きい かずに ○を つけなさい。(1つ5てん・10てん)

❶ (5・6・2・4・(8)・3・7)
❷ (4・7・1・5・3・6・(9))

2 いちばん 小さい かずに ○を つけなさい。(1つ5てん・10てん)

❶ (4・9・7・(2)・5・8・6)
❷ (6・(3)・8・7・5・4・9)

3 □の かずより 大きい かず ぜんぶに ○を つけなさい。(1つ5てん・20てん)

★6は はいりません。
❶ 6 ➡ ((8)・4・(7)・5・6・(9))
★3は はいりません。
❷ 3 ➡ ((6)・3・2・(7)・(4)・1)
★5は はいりません。
❸ 5 ➡ (5・(9)・2・3・(7)・(6))
★4は はいりません。
❹ 4 ➡ (3・(7)・(5)・2・4・(6))

★「～より 大きい」は その かずは はいりません。

4 □に ちょうど よい すう字を かきなさい。(10てん)

1－2－3－4－5－6－7－8－9

5 □の かずより 小さい かず ぜんぶに ○を つけなさい。(1つ5てん・10てん)

★「～より小さい」は そのかずは はいりません。
❶ 5 ➡ ((2)・8・(3)・5・(4)・6)
❷ 7 ➡ (9・(4)・(5)・10・7・(6))
★7は はいりません。

6 大きい じゅんに ならべなさい。(1つ10てん・20てん)

❶ (2・4・5・1) ➡ (5・4・2・1)
❷ (2・7・5・9) ➡ (9・7・5・2)

7 下の かずを 見て、こたえなさい。(1つ10てん・20てん)

6 3 1 5 4 9 3 10 8

❶ 2つ ある かずを かきなさい。 こたえ 3
❷ 1から 10までの かずで、上に ない かずを ぜんぶ かきなさい。 こたえ 2，7

★1つでは ないよ。

テスト6 標準レベル2 ② すう字 じかん10ぷん ごうかく80てん

1 □に かずを かきなさい。(1つ5てん・30てん)

❶ 1より 4大きい かずは、5です。
❷ 7より 5小さい かずは、2です。
★とちゅうの かずを かきましょう。
❸ 8より 3小さい かずより 1大きい かずは、6です。 5

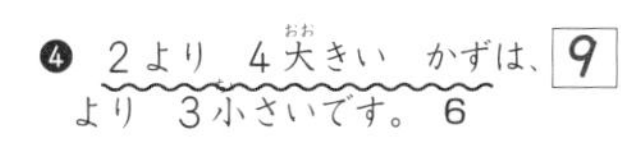

❹ 2より 4大きい かずは、9より 3小さいです。 6

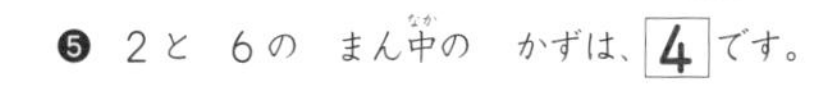

❺ 2と 6の まん中の かずは、4です。
❻ 1と 9の まん中の かずは、5です。

2 かずの 小さい じゅんに ならべなさい。(1つ10てん・20てん)

❶ (9・5・7・4) ➡ (4・5・7・9)
❷ (8・3・2・6) ➡ (2・3・6・8)

3 えが、▒で かくれて います。▒の ところに かくれて いる えの かずを かきなさい。(1つ10てん・50てん)

❶ 5 ❷ 7 ❸ 6

❹ 9 ❺ 8

テスト7 ハイレベ ハイレベル ② すう字 じかん15ぷん ごうかく70てん

1 かみの おもてと うらの かずを あわせると、どれも 10より 3小さい かずです。うらの かずを かきなさい。 7 (1つ4てん・20てん)

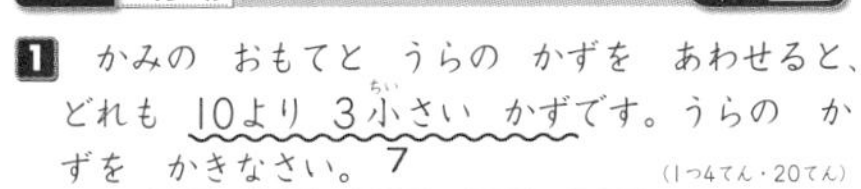

おもて 6 3 2 4 5
うら 1 4 5 3 2

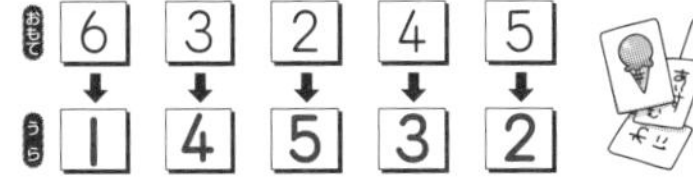

2 かずを かいた かみが あります。(1つ5てん・20てん)

3 7 9 2 4 8 6 10 5

❶ いちばん 小さい かずを かきなさい。 こたえ 2
❷ 5より 大きい かずを ぜんぶ かきなさい。 ★5は はいりません。 6・7・8・9・10
❸ 6より 小さい かずを ぜんぶ かきなさい。 ★6は はいりません。 2・3・4・5
❹ 3ばん目に 大きい かずを かきなさい。 こたえ 8

3 ずを 見て もんだいに こたえなさい。

0 5 10
あ 1 い 3 う 6 え 9

❶ あ、い、う、えの かずを かきなさい。(1つ5てん・20てん)
❷ うより 4つ まえの かずは、いくつですか。(5てん) こたえ 2
❸ あと えの ちょうど まん中の かずは、いくつですか。(5てん) こたえ 5

4 すう字を かいた 5まいの かみを 大きい かずが 上に なるように ならべます。

2 6 8 4 9

❶ 左の ずに かずを かきなさい。(5てん)
❷ いちばん 下の かみを 6と 8の あいだに 入れると、下から 3ばん目の かみの かずは、なんですか。(5てん) こたえ 2

ず 上 9 8 6 4 (2) 下
★ 9 8 2 6 4

5 はこの 中に ●と ■が、右の かずだけ 入って います。⬭の ところに なにが、なんこ かくれて いますか。(1つ5てん・20てん)

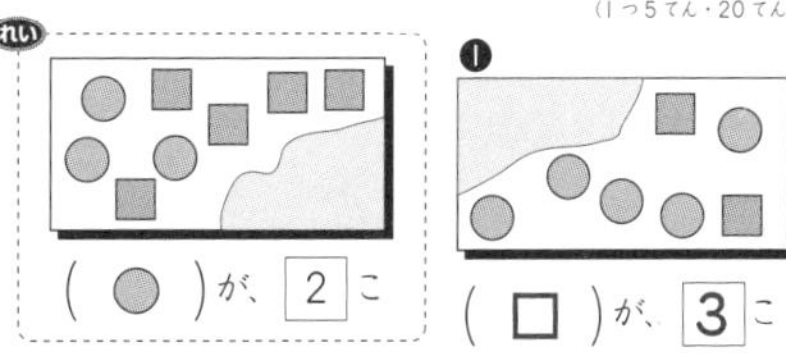

れい (●)が、2こ
❶ (□)が、3こ

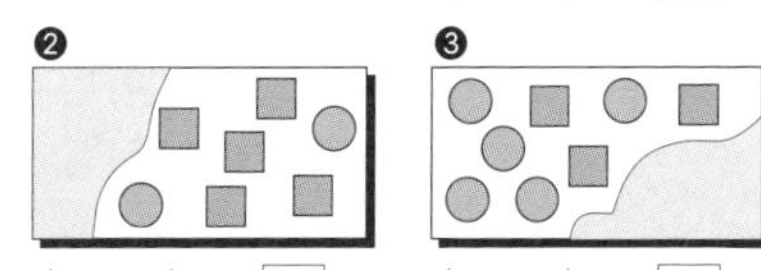

❷ (○)が、3こ
❸ (□)が、2こ

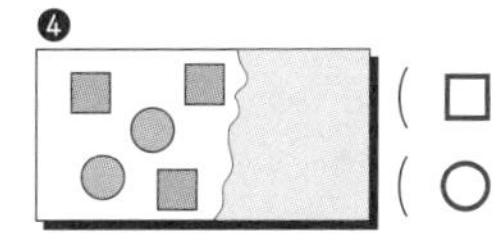

❹ (□)が、2こ (○)が、3こ

テスト8 最レベ 最高レベルにチャレンジ!! ② すう字 じかん10ぷん ごうかく50てん

おぼえましょう!!
どちらの かずが 大きいかを あらわす きごう > <を 「ふとうごう」(不等号) と いいます。つぎのように あらわします。
大>小 ➡ 9>7 小<大 ➡ 5<8

▭の 中の かずを 見て、こたえなさい。

1 2 3 4 5 6 7 8 9 10

❶ □に >や <を かきなさい。(1つ10てん・30てん)

れい 2 > 1 1 < 3

8 > 4 6 < 9 5 > 3

❷ 5>□の □に あてはまる かずを かきなさい。 ★5より 小さい。 こたえ 1・2・3・4
❸ □>6の □に あてはまる かずを かきなさい。 ★6より 大きい。 こたえ 7・8・9・10
❹ 3<□<7の □に あてはまる かずを かきなさい。(30てん) こたえ 4・5・6

★4から 6まで。

テスト9 標準レベル1 ③じゅんばん

1 つぎの もんだいに こたえなさい。

❶ 左から 4ばん目の かたつむりに ○を つけなさい。(1つ10てん・20てん)

左 (かたつむり) 右

❷ 右から 6ばん目の のりに ○を つけなさい。

2 下の えを 見て、もんだいに こたえなさい。(1つ10てん・30てん)

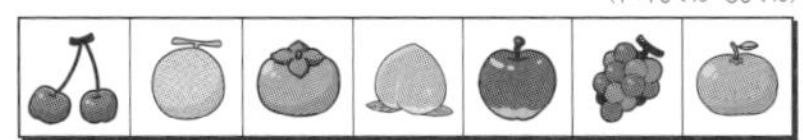

❶ りんごは 左から なんばん目ですか。 こたえ 5 ばん目

❷ ぶどうは、左から なんばん目ですか。 こたえ 6 ばん目

❸ かきは、右から なんばん目ですか。 こたえ 5 ばん目

3 えを 見て もんだいに こたえなさい。(1つ10てん・20てん)

❶ 犬は、まえから なんばん目ですか。 こたえ 6 ばん目

❷ ひつじの うしろには なんびき いますか。 こたえ 2 ひき

4 ×が ついて いる □は、右から かぞえて なんばん目ですか。(10てん)

こたえ 6 ばん目

5 えを 見て もんだいに こたえなさい。(1つ10てん・20てん)

❶ 左から 4ばん目の いちごと 右から 4ばん目の いちごの あいだに、いちごは なんこ ありますか。 こたえ 2 こ

❷ 右から 2ばん目の いちごと、左から 3ばん目の いちごの あいだに、いちごは なんこ ありますか。 こたえ 5 こ

テスト10 標準レベル2 ③じゅんばん

じかん 10ぷん ごうかく 80てん

1 つぎの えに ○を つけなさい。(1つ10てん・50てん)

❶ 左から 4ばん目

❷ 右から 3ばん目

❸ まえから 5ばん目

❹ うしろから 7ばん目

❺ ちょうど まん中

2 つぎの えを 見て もんだいに こたえなさい。(1つ10てん・20てん)

❶ いちばん せの たかい 花は、右から なんばん目に ありますか。 こたえ 5 ばん目

❷ ちょうちょは、左から なんばん目と なんばん目の 花の あいだに いますか。

こたえ 3 ばん目と 4 ばん目の あいだ

3 すう字を かいた かみが あります。(1つ15てん・30てん)

❶ 左から 4まい目の かみの すう字を かきなさい こたえ 3

❷ 7の かみは どこに ありますか

こたえ 左から 3 まい目 ／ 右から 6 まい目

テスト11 ハイレベル ③じゅんばん

じかん 15ぷん ごうかく 70てん

1 えを 見て こたえなさい。(1つ10てん・20てん)

❶ 左から 2ばん目の にんじんの 右に にんじんは、なん本 ありますか。 こたえ 3ぼん

★にんじん だけを かぞえましょう。

❷ 右から 2ばん目の ぶどうの 左に ぶどうは、なんこ ありますか。 こたえ 2こ

★ぶどう だけを かぞえましょう。

2 すう字を かいた かみが あります。(1つ10てん・20てん)

4	7	6	8	2	9	3	5

❶ 左から 3ばん目の かみと、右から 3ばん目の かみの あいだに、かみは なんまい ありますか。 こたえ 2まい

★ゆびで おさえて かぞえましょう。

❷ いちばん 大きい かずを かいた かみは、左から なんばん目ですか。 こたえ 6ばんめ

3 こどもたちが、下の ように ならんで います。(1つ5てん・20てん)

まえ　ゆみ－たけし－まさや－ももか－ひろし－さち－よしこ　うしろ

❶ ももかさんは、まえから なんばん目ですか。 こたえ 4ばんめ

❷ ひろしさんは、うしろから なんばん目ですか。 こたえ 3ばんめ

❸ たけしさんの うしろには、なん人 いますか。 こたえ 5にん

❹ ちょうど まん中は、だれですか。 こたえ ももか

4 すう字を かいた かみが ならんで います。左から 3ばん目の 4の かみを 3と 5の あいだに 入れました。(1つ10てん・20てん)

9 6 4(×) 8 3 5 2 7

★4に ×を つけましょう。

❶ 8の かみは、左から なんばん目に なりましたか。 こたえ 3ばんめ

❷ 4の かみは、右から なんばん目に なりましたか。 こたえ 4ばんめ

★3と5の あいだに4を かきましょう。

5 □に かずや かたちを かきなさい。(1つ4てん・20てん)

△◇△◎◇△☆○◇◇○◇

れい ☆は、左から 7 ばん目に あります。

❶ ◎は、右から 9 ばん目に あります。

❷ ○は、右から 2 ばん目と 5 ばん目に あります。

❸ ☆の 右に ◇が 3 こ あります。

❹ ◎が なくなれば、左から 5ばん目は △ です。

◎に ×を つけて かんがえましょう。

❺ ○が ぜんぶ なくなれば、右から 5ばん目は △ です。

ぜんぶの ○に ×を つけましょう。

テスト12 最レベ ③じゅんばん

最高レベルにチャレンジ!!

じかん 10ぷん ごうかく 50てん

1 子どもが、1れつに 8人 ならんで います。たけしさんは まえから 7ばん目で、まきさんは うしろから 6ばん目に います。(50てん)

● たけしさんと まきさんの あいだに 子どもは なん人 いますか。 こたえ 3にん

★たけしさんには た、まきさんには まと かきましょう。

2 子どもが、1れつに 9人 ならんで います。あきらさんは まえから 8ばん目に います。ゆみさんは うしろから 7ばん目に います。(50てん)

まえ ○ ○ ゆ ○ ○ ○ ○ あ ○ うしろ

● あきらさんと ゆみさんの あいだに 子どもは なん人 いますか。 こたえ 4にん

★あきらさんには あ、ゆみさんには ゆと かきましょう。

テスト13 標準レベル1 ④かずの わけかた
じかん 10ぷん ごうかく 80てん

1 6は、いくつと いくつに なりますか。□に かずを かきなさい。(1つ5てん・25てん)

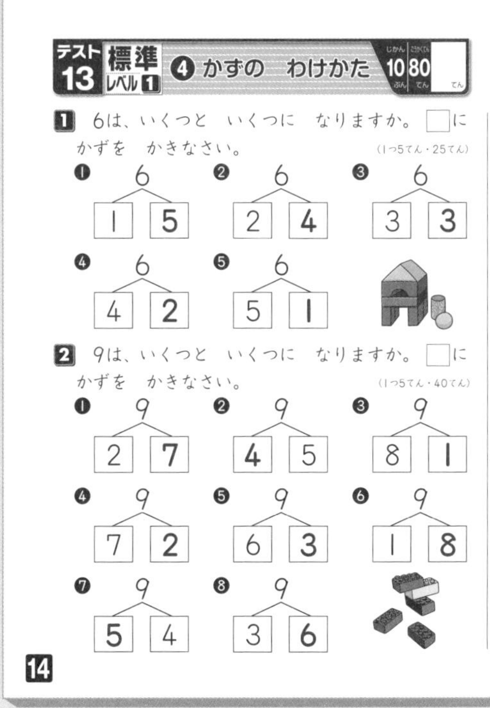

❶ 6→1と5　❷ 6→2と4　❸ 6→3と3　❹ 6→4と2　❺ 6→5と1

2 9は、いくつと いくつに なりますか。□に かずを かきなさい。(1つ5てん・40てん)

❶ 9→2と7　❷ 9→4と5　❸ 9→8と1　❹ 9→7と2　❺ 9→6と3　❻ 9→1と8　❼ 9→5と4　❽ 9→3と6

3 7は、いくつと いくつに なりますか。□に かずを かきなさい。(1つ4てん・20てん)

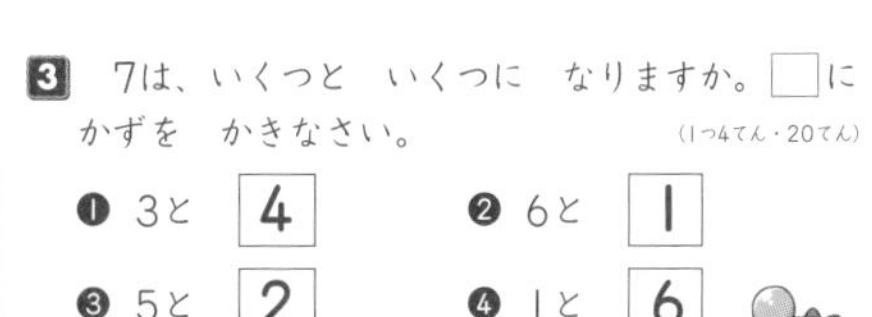

❶ 3と 4　❷ 6と 1　❸ 5と 2　❹ 1と 6　❺ 2と 5

4 くだものを 2人で わけます。□に かずを かきなさい。(1つ5てん・15てん)

❶ 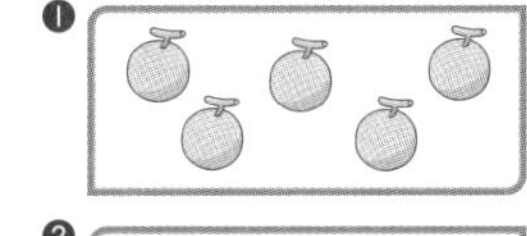 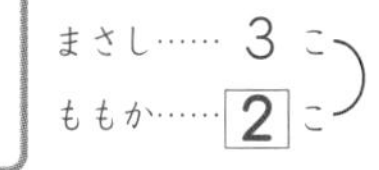 まさし……3こ　ももか……2こ

❷ 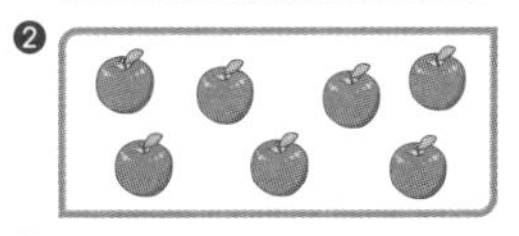 つばさ……3こ　まき……4こ

❸ 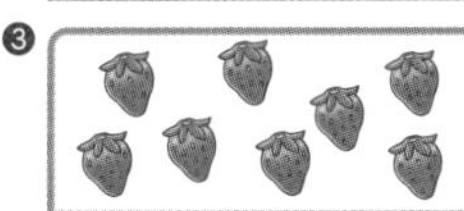 たろう……5こ　はなこ……3こ

★あわせると 左の かずに なるように!!

テスト14 標準レベル2 ④かずの わけかた
じかん 10ぷん ごうかく 80てん

1 10は、いくつと いくつに なりますか。□に かずを かきなさい。(1つ5てん・40てん)

❶ 2と8　❷ 5と5　❸ 4と6　❹ 8と2　❺ 7と3　❻ 3と7　❼ 6と4　❽ 9と1

2 10に なるように ――で むすびなさい。(1つ5てん・20てん)

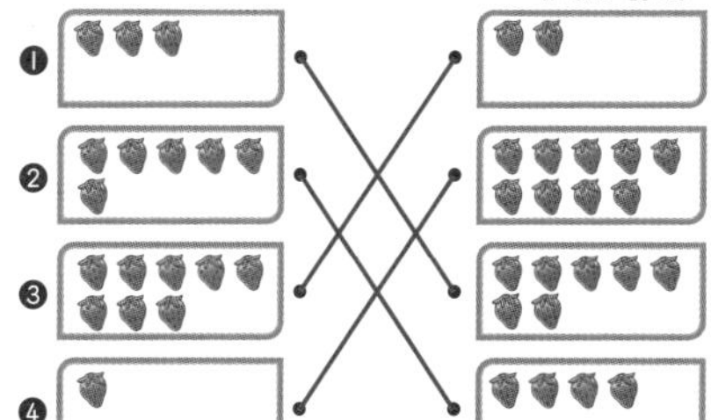

❶ ―― 8こ　❷ ―― 1こ　❸ ―― 2こ　❹ ―― 9こ

3 かえるが、9ひき います。はっぱに なんびき かくれて いますか。かくれて いる かずを かきなさい。★あわせて 9に なるように!! (20てん)

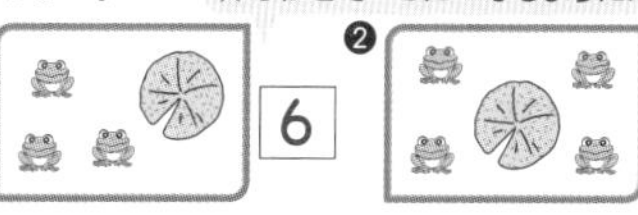

❶ 6　❷ 5

❸ 3　❹ 4

4 7この あめを たろうさんと はなこさんの 2人で わけます。★あわせて 7に なるように!!

❶ どんな わけかたが ありますか。下の ひょうに かずを かきなさい。(10てん)

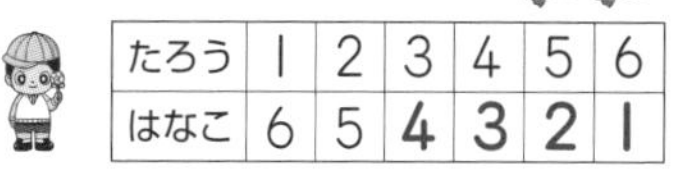

たろう	1	2	3	4	5	6
はなこ	6	5	4	3	2	1

❷ たろうさんが はなこさんよりも 1こ おおく もらうとき、つぎの 2人は、なんこ もらいますか。(10てん)

こたえ たろう 4こ はなこ 3こ

テスト15 ハイレベル ④かずの わけかた
じかん 15ぷん ごうかく 70てん

1 たろうさんと じろうさんと はなこさんの 3人で、上の あめを わけます。( )に もらえる かずを かきなさい。(1つ5てん・15てん)

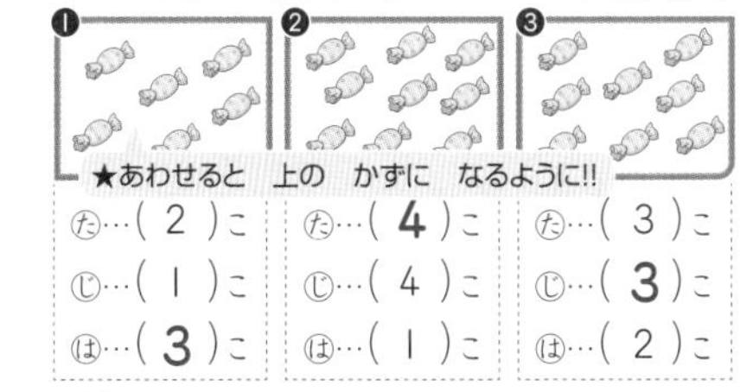

★あわせると 上の かずに なるように!!

❶ た…(2)こ　じ…(1)こ　は…(3)こ
❷ た…(4)こ　じ…(4)こ　は…(1)こ
❸ た…(3)こ　じ…(3)こ　は…(2)こ

2 上の かずを 3つの かずに わけます。□に かずを かきなさい。(1つ5てん・25てん)

❶ 6→2, 3, 1　❷ 5→1, 2, 2　❸ 7→2, 2, 3　❹ 9→3, 2, 4　❺ 8→1, 2, 5

3 10を 3つの かずに わけます。□に かずを かきなさい。(1つ5てん・25てん)

❶ 10→3, 2, 5　❷ 10→6, 2, 2　❸ 10→1, 2, 7　❹ 10→4, 2, 4　❺ 10→8, 1, 1

4 6まいの いろがみを、はるこさんと なつこさんと あきこさんの 3人で わけます。はるこさんが 2まい もらうと、あとの 2人は どんな わけかたに なりますか。(1まいも もらわない 人は、いません。)(1つ5てん・15てん)

★3人 あわせて 6に なるように!!

❶ はるこ…2まい・なつこ…1まい・あきこ…3まい
❷ はるこ…2まい・なつこ…2まい・あきこ…2まい
❸ はるこ…2まい・なつこ…3まい・あきこ…1まい

5 あきらさんと ひろしさんと かずおさんが、10この みかんを わけます。ひろしさんは、あきらさんより 1こ おおく とります。

❶ あきらさんが 1こ とる とき、かずおさんは なんこ とりますか。(4てん)

★ひろしさんは 2こ かずおさんは 7こ

こたえ 7こ

❷ 空いて いる ところに かずを かきなさい。(1つ1てん・6てん)

あきらさん	2	3	4
ひろしさん	3	4	5
かずおさん	5	3	1

6 はるこさんと なつこさんと あきこさんが、10この あめを わけます。はるこさんは、あきこさんより 2こ おおく とります。(1つ5てん・10てん)

❶ はるこさんが 3こ とる とき、なつこさんは なんこ とりますか。

★あきこさんは 1こ

3−2=1(あきこさん)　10−3−1=6

こたえ 6こ

❷ なつこさんが 4こ とる とき、あきこさんは なんこ とりますか。

★のこりの 10−4=6
6こを 2こ ちがうように わける
4(はるこさん)と 2(あきこさん)

こたえ 2こ

テスト16 最高レベル ④かずの わけかた
最高レベルにチャレンジ!!
じかん 10ぷん ごうかく 60てん

● ○や □や △の 中に 1から 3までの かずの どれかを 入れて、たしざんの しきを つくります。おなじ かたちには、おなじ かずが 入ります。それぞれの しきの ○や □や △の 中に かずを かきなさい。(1つ20てん・100てん)

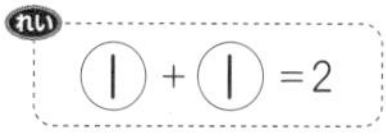

れい (1)+(1)=2

❶ [2]+[2]=4

❷ [2]+(1)+(1)=4

❸ △3+△3+△3=9

❹ [2]+[2]+(1)+(1)=6

❺ (1)+(1)+(1)+[2]+△3=8

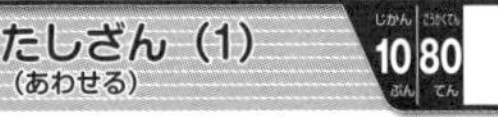

テスト17 標準 レベル1 5 たしざん (1) (あわせる)

じかん 10ぷん ごうかく 80てん

1 りんごが 2こと みかんが 3こ あります。くだものは、あわせて なんこ ありますか。(10てん)

しき 2 + 3 = 5　こたえ 5こ

★しきを かならず かきましょう。

2 男の子の ぼうしが 4こ、女の子の ぼうしが 3こ あります。ぼうしは、あわせて なんこ ありますか。(10てん)

しき 4 + 3 = 7　こたえ 7こ

3 まさのりくんは、えんぴつを 7本 もって います。ももかさんは、えんぴつを 2本 もって います。えんぴつは、あわせて なん本 ありますか。(10てん)

しき 7 + 2 = 9　こたえ 9本

4 あめが 右手に 5こ、左手に 5こ あります。あめは、あわせて なんこ ありますか。(10てん)

しき 5 + 5 = 10　こたえ 10こ

★0を つかって しきを つくりましょう。

5 わなげで 1かい目は、3つ 入りました。2かい目は 入りませんでした。ぜんぶで いくつ 入りましたか。(15てん)

しき 3 + 0 = 3　こたえ 3つ

6 ゆりさんは、あさ 貝を 5こ ひろいました。ひるからは ひとつも ひろえませんでした。ゆりさんは、貝を ぜんぶで なんこ ひろいましたか。(15てん)

しき 5 + 0 = 5　こたえ 5こ

7 2人の 男の子が、かきを 4こずつ たべました。ぜんぶで なんこ たべましたか。(15てん)

しき 4 + 4 = 8　こたえ 8こ

8 こうえんに 男の子と 女の子が 5人ずつ います。こどもは、みんなで なん人 いますか。(15てん)

しき 5 + 5 = 10　こたえ 10人

★ふえたり あわせたり する ときは +を つかいます。

テスト18 標準 レベル2 5 たしざん (1) (ふえる)

じかん 10ぷん ごうかく 80てん

1 すずめが、3わ います。そのあと 4わ きました。すずめは、なんわに なりましたか。(10てん)

しき 3 + 4 = 7　こたえ 7わ

2 男の子が、5人 います。あとから 3人 きました。みんなで なん人に なりましたか。(10てん)

しき 5 + 3 = 8　こたえ 8人

3 いろがみを 6まい もって います。おかあさんに 4まい もらいました。いろがみは、なんまいに なりましたか。(10てん)

しき 6 + 4 = 10　こたえ 10まい

4 犬が 7ひき います。そのあと 2ひき きました。犬は、なんびきに なりましたか。(10てん)

しき 7 + 2 = 9　こたえ 9ひき

5 車が 2だい とまって います。あとから 8だい きました。車は、ぜんぶで なんだいに なりましたか。(15てん)

しき 2 + 8 = 10　こたえ 10だい

6 みかんを 4こ たべると、のこりは 5こに なりました。みかんは、はじめ なんこ ありましたか。(15てん)

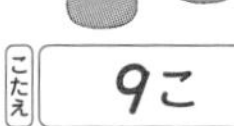

しき 4 + 5 = 9　こたえ 9こ

7 きのう、赤い 花が 3本、白い 花が 2本 さいて いました。きょう、赤い 花が 2本と 白い 花が 5本 さきました。

❶ 赤い 花は、なん本 さきましたか。(15てん)

しき 3 + 2 = 5　こたえ 5本

❷ 白い 花は、なん本 さきましたか。(15てん)

しき 2 + 5 = 7　こたえ 7本

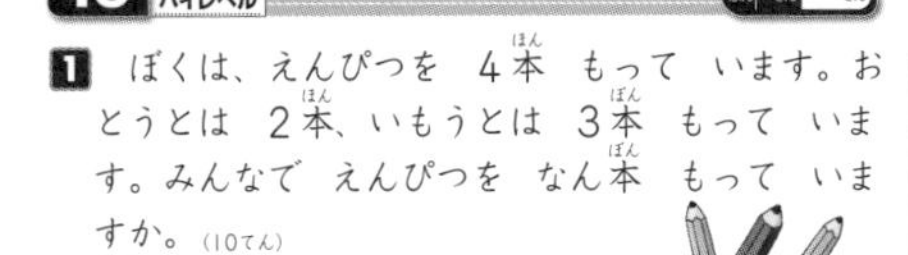

テスト19 ハイレベル 5 たしざん (1)

じかん 15ぷん ごうかく 70てん

1 ぼくは、えんぴつを 4本 もって います。おとうとは 2本、いもうとは 3本 もって います。みんなで えんぴつを なん本 もって いますか。(10てん)

しき 4+2+3=9　こたえ 9本

2 赤い 玉と 青い 玉と みどりの 玉が、3こずつ あります。玉は、ぜんぶで なんこ ありますか。(10てん)

しき 3+3+3=9　こたえ 9こ

★赤い 玉も 青い 玉も みどりの 玉も 3こ あります。

3 子どもが こうえんで 3人 あそんで います。そこへ 2人 きました。そのあと また 2人 きました。みんなで なん人に なりましたか。(10てん)

しき 3+2+2=7　こたえ 7人

4 めだかを 赤ぐみは 4ひき、白ぐみと 青ぐみは 2ひきずつ かって います。めだかを ぜんぶで なんびき かって いますか。(10てん)

しき 4+2+2=8　こたえ 8ひき

5 あめを きのうと きょうで 3こずつ たべると、のこりは 4こに なりました。はじめ、あめは なんこ ありましたか。(10てん)

しき 3+3+4=10　こたえ 10こ

6 えりこさんは、くりを 3こ もって います。きょう、おとうさんと おかあさんから 2こずつ もらいました。くりは、ぜんぶで なんこに なりましたか。(10てん)

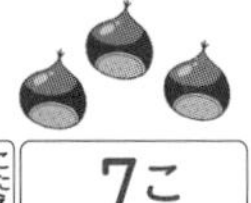

しき 3+2+2=7　こたえ 7こ

7 子どもが、5にん います。1人に 1こずつ りんごを くばると、3こ あまりました。はじめ りんごは、なんこ ありましたか。(10てん)

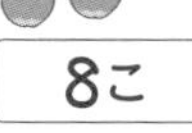

しき 5+3=8　こたえ 8こ

8 7まいの いろがみを 1まいずつ ともだちに くばります。みんなに くばるには 2まい たりません。子どもは、なん人 いますか。(10てん)

しき 7+2=9　こたえ 9人

9 みちこさんは、どんぐりを 4こ ひろいました。おにいさんは、みちこさんより 2こ おおく ひろいました。2人で どんぐりを なんこ ひろいましたか。(10てん)

しき 4+2=6…おにいさん　6+4=10　こたえ 10こ

10 くりは 1こ 2円、いちごは 1こ 3円です。くりと いちごを 2こずつ かうと、なん円に なりますか。(10てん)

しき 2+2+3+3=10　こたえ 10円

★2こずつ かいます。

テスト20 最レべ 5 たしざん (1)

最高レベルにチャレンジ!!

じかん 10ぷん ごうかく 50てん

1 子どもが よこに 1れつに ならんで います。まきさんの 左に 3人、右に 4人 います。子どもは、みんなで なん人 いますか。(50てん)

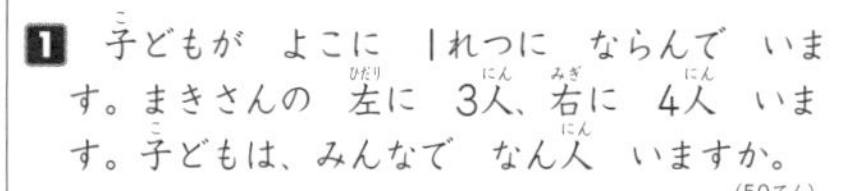

しき 3+1+4=8

(まきさんは 左から 3+1=4ばん目 右に 4人いるから 4+4=8)

★まきさんを わすれずに かぞえましょう。

こたえ 8人

2 子どもが よこに 1れつに ならんで います。たろうさんは、まえから 4ばん目で、うしろから 6ばん目に います。子どもは、みんなで なん人 いますか。(50てん)

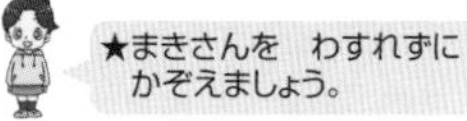

しき 3+1+5=9

まえから 4ばん目→まえに 4−1=3
うしろから 6ばん目→うしろに 6−1=5

(たろうさんは まえから 4ばん目 うしろに いる人は 6−1=5 4+5=9)

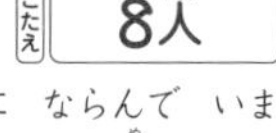

こたえ 9人

★たろうさんを わすれずに かぞえましょう。

〈きりとり線〉

1 こうえんに 男の子が 3人、女の子が 4人 います。みんなで なん人 いますか。(10てん)

しき 3+4=7 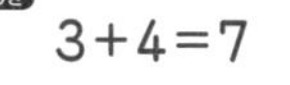 こたえ 7人

★わすれずに!!

2 赤い ぼうしが 2こ、青い ぼうしが 6こ あります。ぼうしは、あわせて なんこ ありますか。(10てん)

しき 2+6=8  こたえ 8こ

3 おりがみを 4まい もって います。おかあさんから 2まい もらいました。おりがみは、ぜんぶで なんまいに なりましたか。(10てん)

しき 4+2=6 こたえ 6まい

4 むしかごに とんぼが 7ひき います。そこに 2ひき いれると、とんぼは なんびきに なりますか。(10てん)

しき 7+2=9 こたえ 9ひき

5 わなげで 1かいめは 3こ 入り、2かいめは 入りませんでした。ぜんぶで なんこ 入りましたか。(15てん)

しき 3+0=3  こたえ 3こ

6 おとうさんと おかあさんから 本を 4さつずつ もらいました。もらった 本は、ぜんぶで なんさつですか。(15てん)

しき 4+4=8 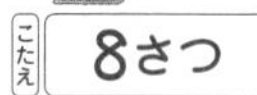 こたえ 8さつ

7 子どもが 2人 います。そこへ、男の子と 女の子が 3人ずつ きました。子どもは、みんなで なん人に なりましたか。(15てん)

しき ふえた かず 3+3=6
ぜんぶで 2+6=8
1つの しきで (2+3+3=8) こたえ 8人

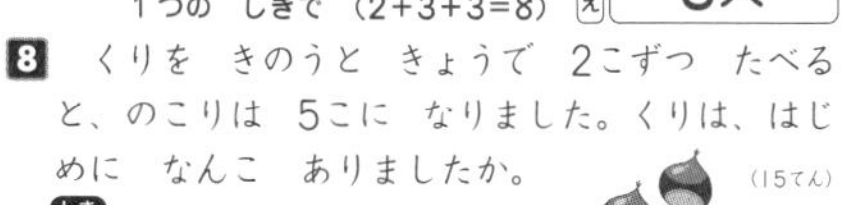

8 くりを きのうと きょうで 2こずつ たべると、のこりは 5こに なりました。くりは、はじめに なんこ ありましたか。(15てん)

しき たべた かず 2+2=4
はじめの かず 4+5=9
1つの しきで (2+2+5=9)  こたえ 9こ

リビューテスト 1-②
(ふくしゅうテスト)
じかん 10 ぷん ごうかく 70 てん

1 わたしは、けしごむを 5こ もって います。おとうとは 2こ もって います。2人 あわせると なんこに なりますか。(10てん)

しき 5+2=7  こたえ 7こ

2 おはじきを 4こ もって います。5こ もらうと、おはじきは なんこに なりますか。(10てん)

しき 4+5=9  こたえ 9こ

3 あめを 右手に 2こ、左手に 4こ もって います。あめは、ぜんぶで なんこ ありますか。(10てん)

しき 2+4=6  こたえ 6こ

4 はとが、にわに 6わ います。4わ とんで きました。はとは、ぜんぶで なんわに なりましたか。(10てん)

しき 6+4=10 こたえ 10わ

5 まとあてを しました。1かい目は 3てん、2かい目は 0てん、3かい目も 0てん でした。ぜんぶで なんてんに なりましたか。(15てん)

しき 3+0+0=3 こたえ 3てん

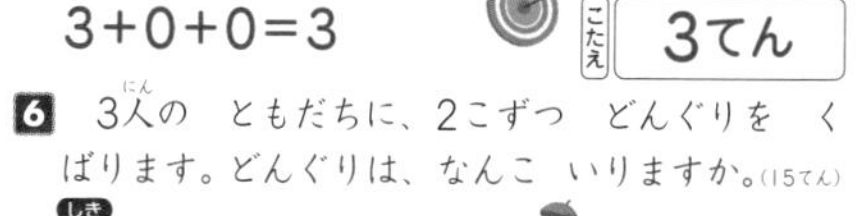

6 3人の ともだちに、2こずつ どんぐりを くばります。どんぐりは、なんこ いりますか。(15てん)

しき 2+2+2=6  こたえ 6こ

7 くりを 4こ ひろいました。おにいさんは、それより 1こ おおく ひろいました。2人で くりを なんこ ひろいましたか。(15てん)

しき おにいさんの かず 4+1=5
2人で 4+5=9 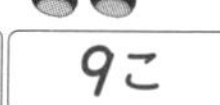 こたえ 9こ

8 ぼくは、みかんを 2こ たべました。おねえさんは それより 1こ おおく、おにいさんは おねえさんより 2こ おおく たべました。3人で みかんを なんこ たべましたか。(15てん)

しき おねえさんの かず 2+1=3
おにいさんの かず 3+2=5
3人で (2+3+5=10) こたえ 10こ

★おねえさんの かず→ おにいさんの かずと じゅんに けいさん しましょう。

テスト21 標準レベル1 ⑥ ひきざん（1）（のこり）

じかん 10ぷん ごうかく 80てん

1 かきが、4こ あります。2こ たべると、なんこに なりますか。（10てん）

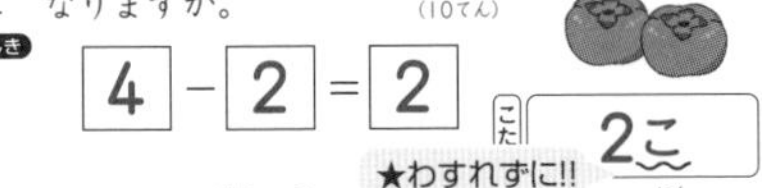

しき $4-2=2$ こたえ 2こ

★わすれずに!!

2 こうえんに 男の子が、6人 います。3人 かえると なん人に なりますか。（10てん）

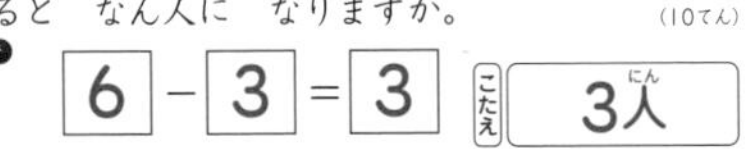

しき $6-3=3$ こたえ 3人

3 すずめが、9わ いました。そのうち 2わが とんで いきました。すずめは、なんわに なりましたか。（10てん）

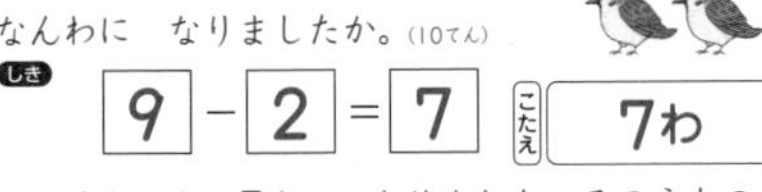

しき $9-2=7$ こたえ 7わ

4 いろがみが、7まい ありました。そのうちの 4まい つかいました。いろがみは、なんまい のこって いますか。（10てん）

しき $7-4=3$ こたえ 3まい

★のこりや ちがいを けいさんする ときは −を つかいます。

5 おにぎりが、5こ あります。ぼくが、1人で 5こ たべました。のこりは、なんこですか。（10てん）

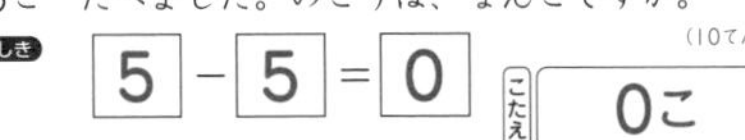

しき $5-5=0$ こたえ 0こ

6 りんごが、4こ あります。いもうとが 4こ たべると、のこりは なんこですか。（10てん）

しき $4-4=0$ こたえ 0こ

7 あめが、10こ あります。ぼくが そのうちの 3こ たべて、おとうとが 2こ たべました。あめは、あと なんこ のこって いますか。（20てん）

しき $10-3-2=5$ こたえ 5こ

8 子どもが 7人 あそんで います。そのうち 男の子が 2人、女の子が 3人 かえりました。子どもは、なん人 のこって いますか。（20てん）

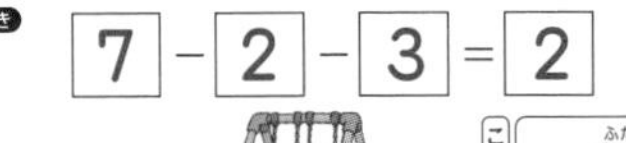

しき $7-2-3=2$ こたえ 2人

テスト22 標準レベル2 ⑥ ひきざん（1）（ちがい）

じかん 10ぷん ごうかく 80てん

1 みかんが 6こ、りんごが 4こ あります。みかんは、りんごより なんこ おおいですか。（10てん）

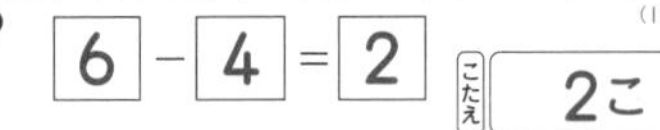

しき $6-4=2$ こたえ 2こ

2 くりは 5こ、くるみは 9こ あります。くるみは、くりより なんこ おおいですか。（10てん）

しき $9-5=4$ こたえ 4こ

3 犬は 8ひき、ねこは 3びき います。どちらが、なんびき おおい ですか。（15てん）

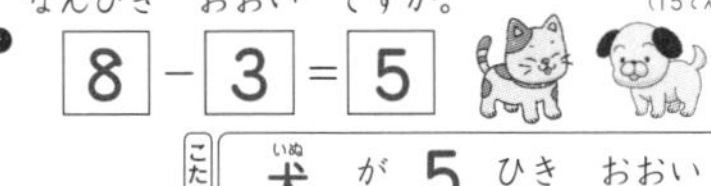

しき $8-3=5$ こたえ 犬 が 5 ひき おおい

4 赤い かみが 7まい、白い かみが 4まい あります。どちらが なんまい おおいですか。（15てん）

しき $7-4=3$ こたえ 赤 い かみが 3 まい おおい

5 わなげで たけしさんは、2つ 入りました。ゆりさんは、ひとつも 入りませんでした。入った かずの ちがいは、なんこですか。（15てん）

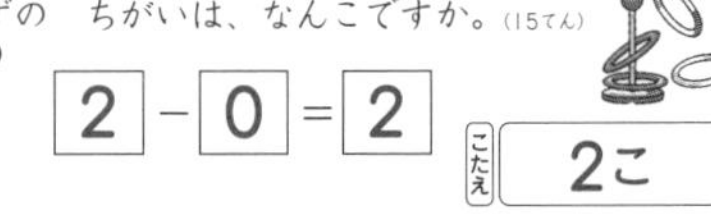

しき $2-0=2$ こたえ 2こ

6 まとあてで ひろしさんは 3てん、みどりさんも 3てん です。2人の てんすうの ちがいは、なんてんですか。（15てん）

しき $3-3=0$ こたえ 0てん

7 こうえんに 犬が 7ひき、ねこが 5ひき います。そのうち 犬が 2ひき いなくなり、ねこは 4ひき いなくなりました。いま、犬と ねこの かずは、なんびき ちがいますか。（20てん）

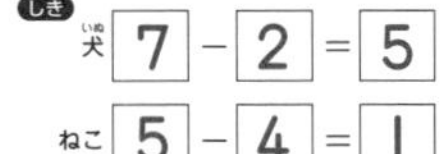

しき 犬 $7-2=5$

ねこ $5-4=1$

ちがい $5-1=4$

こたえ 4ひき

テスト23 ハイレベル ⑥ ひきざん（1）

じかん 15ぷん ごうかく 70てん

1 えんぴつを 9本 もって います。おとうとに 4本、いもうとに 2本 あげました。えんぴつは、なん本 のこって いますか。（10てん）

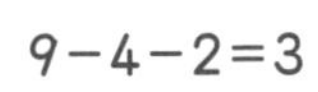

しき $9-4-2=3$

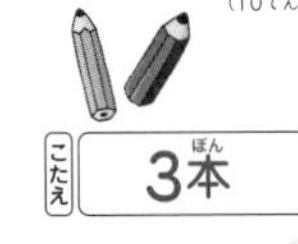

こたえ 3本

2 りんごは 7こ、みかんは 4こ あります。きょ ★3だい ずつ みかんを 2こ たべました。りんごと みかんの かずの ちがいは、なんこに なりましたか。（10てん）

しき $4-2=2$…みかんの かず $7-2=5$

こたえ 5こ

3 とんぼが 8ひき、はちが 5ひき います。そのあと とんぼが、5ひき とんで いきました。どちらが なんびき おおい ですか。（10てん）

しき $8-5=3$…とんぼの かず $5-3=2$

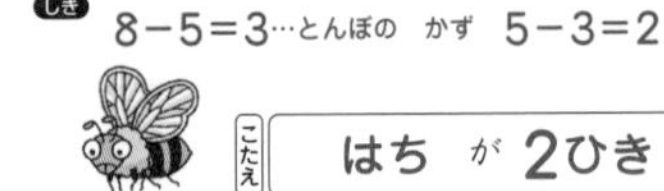

こたえ はち が 2ひき おおい

4 あめが、10こ あります。わたしと おねえさんで 2こずつ たべると、のこりは なんこに なりますか。★2こずつ たべる。（10てん）

しき $10-2-2=6$

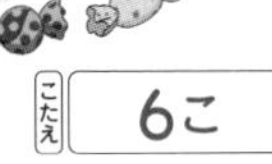

こたえ 6こ

5 あんパンが 7こ、メロンパンが 4こ あります。きょう、あんパンを 3こと メロンパンを 1こ たべました。どちらが なんこ おおく なりましたか。（15てん）

しき あんパン $7-3=4$ メロンパン $4-1=3$ $4-3=1$

こたえ あんパン が 1こ おおい

6 からすが 5わと すずめが 7わ います。そのうち、からすが 1わと すずめが 5わ とんで いきました。どちらが なんわ おおく なりましたか。（15てん）

しき からす $5-1=4$ すずめ $7-5=2$ $4-2=2$

こたえ からす が 2わ おおい

7 子どもが 1れつに 10人 ならんで います。たろうさんは まえから 3ばん目で、ひろこさんは うしろから 4ばん目に います。（1つ10てん・20てん）

ず まえ ○○（たろう）○○○○（ひろこ）○○○ うしろ

❶ ひろこさんは、まえから なんばん目ですか。

しき $10-4+1=7$ こたえ 7ばん目

★ひろこさんの まえに いる人

❷ たろうさんと ひろこさんの あいだに 子どもが なん人 いますか。

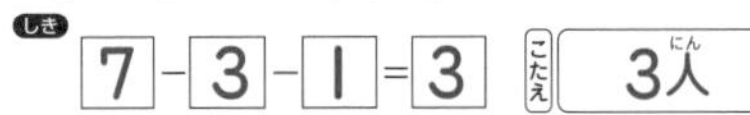

しき $7-3-1=3$ こたえ 3人

8 赤と 白と きいろの かみが、あわせて 9まい あります。白の かみは、赤の かみより 2まい おおくて 4まい あります。では、きいろの かみは、なんまい ありますか。（10てん）

しき ・白い かみ 4まい ・赤い かみ $4-2=2$

・きいろい かみ $9-4-2=3$ こたえ 3まい

★白い かみ ★赤い かみ

テスト24 最レベ ⑥ ひきざん（1）

最高レベルにチャレンジ!!

じかん 10ぷん ごうかく 60てん

● 8人まで のれる エレベーターが あります。

❶ 1かいで なん人か のりましたが、あと 2人 のれます。いま、この エレベーターの 中に なん人 のって いますか。（30てん）

しき $8-2=6$ こたえ 6人

❷ 2かいでは のって きた 人が、おりた 人より 1人 おおかった そうです。いま、エレベーターの 中に なん人 のって いますか。（30てん）

しき $6+1=7$ こたえ 7人

❸ 3がいで 5人が エレベーターを まって いましたが、そのうち 2人が のれませんでした。3がいで おりた 人は、なん人ですか。（40てん）

しき $5-2=3$（のれた人）

$7+3=10$

$10-8=2$

こたえ 2人

べつの とき方

★エレベーターに 7人 のっている。8−7=1 だれも おりなくても あと 1人 のれる。5−2=3人 のれた。3−1=2人

れい こうえんに、こどもが 7人 います。3人 きました。そのあと 4人 かえりました。子どもは なん人 のこって いますか。

子ども 7人（はじめの かず） 3人 きた（ふえた かず） 4人 かえった（へった かず）

しき 7 + 3 − 4 = 6　こたえ 6人

★10−4=6と けいさんする。

1 あめを 6こ もって います。おかあさんから 3こ もらった あと、2こ たべました。あめは なんこに なりましたか。（25てん）

はじめ 6こ　3こ もらう　2こ たべる

★9−2=7

しき 6 + 3 − 2 = 7　こたえ 7こ

2 はとが 4わ います。5わ とんで きました。そのあと、6わ とんで いきました。はとは、なんわに なりましたか。（25てん）

しき 4 + 5 − 6 = 3　こたえ 3わ

★9−6=3

れい おりがみを 5まい もって います。2まい つかいました。そのあと、3まい もらいました。おりがみは、なんまいに なりましたか。

はじめ 5まい（はじめの かず） 2まい つかう（へった かず） 3まい もらう（ふえた かず）

しき 5 − 2 + 3 = 6　こたえ 6まい

★3+3=6

3 車が、9だい とまって います。6だい 出て いきました。そして、4だい きました。車は、ぜんぶで なんだいに なりましたか。（25てん）

はじめ 9だい　6だい でていく　4だい くる

★3+4=7

しき 9 − 6 + 4 = 7　こたえ 7だい

4 とんぼが、にわに 8ひき います。5ひき とんで いきました。そのあと 6ぴき とんで きました。とんぼは、なんびきに なりましたか。（25てん）

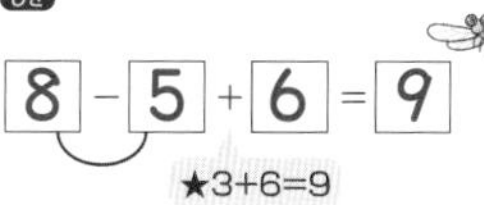

しき 8 − 5 + 6 = 9　こたえ 9ひき

★3+6=9

テスト26 標準レベル2 ⑦ たしざんと ひきざん(1) 10 80

れい ねこは、いぬより 2ひき おおくて 5ひき います。あわせて なんびき いますか。

ねこの かず… 5ひき

しき いぬの かず… 5 − 2 = 3

あわせて 5 + 3 = 8　こたえ 8ひき

1 ぶたは、うしより 6とう おおくて 8とう います。あわせて なんとう いますか。（25てん）

ぶたの かず… 8とう（6とう おおい）

★ぶたは 8とう

しき うしの かず… 8 − 6 = 2

あわせて 8 + 2 = 10　こたえ 10とう

2 くりは、みかんより 5こ おおくて 7こ あります。あわせて なんこ ありますか。（25てん）

しき くりの かず… 7こ　みかんの かず… 7 − 5 = 2

あわせて 7 + 2 = 9　こたえ 9こ

★くりは 7こ

れい はとは、すずめより 3わ すくなくて 2わ います。とりは、あわせて なんわ いますか。

しき ★はとは 2わ

すずめの かず… 2 + 3 = 5

あわせて 2 + 5 = 7　こたえ 7わ

3 赤い あめは、白い あめより 4こ すくなくて 3こ あります。あめは、あわせて なんこ ありますか。★赤い あめは 3こ（25てん）

しき 赤い あめ… 3こ

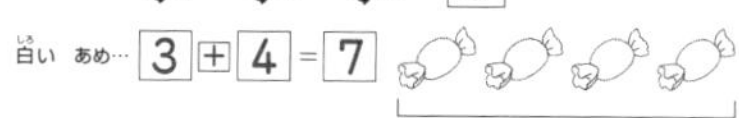

白い あめ… 3 + 4 = 7（4こ すくない）

あわせて 3 + 7 = 10　こたえ 10こ

4 りすは、ねずみより 2ひき すくなくて 3びき います。あわせて なんびき いますか。（25てん）

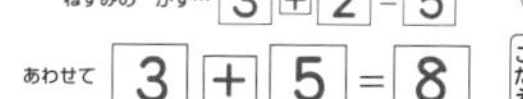

しき りすの かず… 3びき

ねずみの かず… 3 + 2 = 5

あわせて 3 + 5 = 8　こたえ 8ひき

テスト27 ハイレベル ⑦ たしざんと ひきざん(1) 15 70

れい にわとりが、3わ います。すずめと はとが 2わずつ とんで きました。とりは、ぜんぶで なんわに なりましたか。

ふえた かず　すずめ… 2わ　はと… 2わ　★2わずつ

しき ぜんぶで 3 + 2 + 2 = 7　こたえ 7わ

1 子どもが、4人 います。男の子と 女の子が 3人ずつ きました。こどもは、みんなで なん人に なりましたか。★3人ずつ（15てん）

ふえた かず　男の子… 3人　女の子… 3人

しき みんなで 4 + 3 + 3 = 10　こたえ 10人

2 くるみが、8こ あります。りすと ねずみが 2こずつ たべると、のこりは なんこですか。（15てん）

しき たべる かず　りす… 2こ　ねずみ… 2こ

のこりは 8 − 2 − 2 = 4　こたえ 4こ

★2こずつ たべる

れい パンと ケーキが、あわせて 7こ あります。そのうち パンは 2こです。パンと ケーキでは、どちらが なんこ おおいですか。

しき ケーキの かずは… 7 − 2 = 5

しき パンと ケーキの ちがいは 5 − 2 = 3

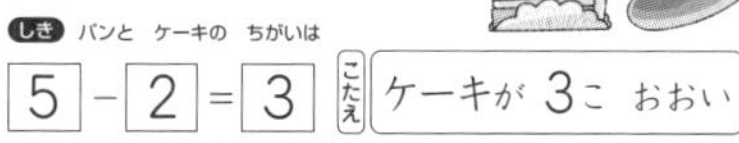
こたえ ケーキが 3こ おおい

3 とんぼと せみが、あわせて 8ひき います。そのうち とんぼは 5ひきです。とんぼと せみとでは、どちらが なんびき おおいですか。（15てん）

せみの かずは… 8 − 5 = 3

しき とんぼと せみの ちがいは 5 − 3 = 2　こたえ とんぼが 2ひき おおい

4 どんぐりと くりが、あわせて 10こ あります。そのうち くりは 4こです。どんぐりと くりとでは、どちらが なんこ すくないですか。（15てん）

しき どんぐりの かずは… 10 − 4 = 6

どんぐりと くりの かずの ちがいは 6 − 4 = 2　こたえ くりが 2こ すくない

れい りんごが、5こ あります。かきは りんごより 2こ おおく、みかんは かきより 3こ すくないです。みかんは、なんこ ありますか。

しき かきの かず… 5 + 2 = 7

みかんの かず… 7 − 3 = 4　こたえ 4こ

5 いちごは、6こ あります。ももは いちごより 3こ おおく、いちじくは ももより 5こ すくないです。いちじくは、なんこ ありますか。（20てん）

しき ももの かず… 6 + 3 = 9

いちじくの かず… 9 − 5 = 4　こたえ 4こ

6 ケーキが、8こ あります。パンは ケーキより 4こ すくなく、ドーナツは パンより 2こ すくないです。ドーナツは、なんこですか。（20てん）

しき パンの かず… 8 − 4 = 4

ドーナツの かず… 4 − 2 = 2　こたえ 2こ

テスト28 最レベ 最高レベルにチャレンジ!! ⑦ たしざんと ひきざん(1) 10 50

● 下の ずを 見て、もんだいに こたえなさい。

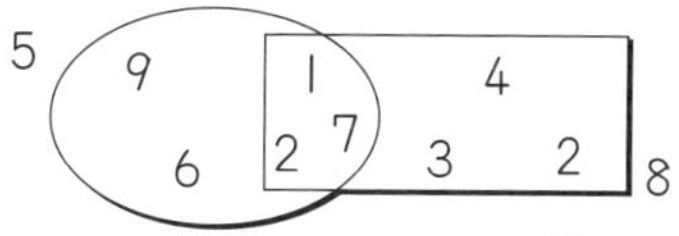

（図：まる と ながしかく　5、9、6、1、2、7、4、3、2、8）

❶ まるに 入って いる かずの 中で いちばん 大きい かずを かきなさい。（25てん）　こたえ 9

❷ ながしかく だけに 入って いる かずを ぜんぶ たすと、いくつですか。（25てん）

しき 4+3+2=9　こたえ 9

❸ まるにも ながしかくにも 入って いない かずの ちがいは、いくつですか。（25てん）

しき 8−5=3　こたえ 3

❹ まるにも ながしかくにも 入って いる かずを ぜんぶ たすと、いくつですか。（25てん）

しき 1+2+7=10　こたえ 10

1 えを 見て、もんだいに こたえなさい。
★1つずつ ていねいに かぞえましょう。　(1つ10てん・20てん)

❶ はさみは、なんこ ありますか。　こたえ 15こ

❷ のりは、なんこ ありますか。　こたえ 13こ

2 えを 見て、かずを かきなさい。　(1つ10てん・30てん)

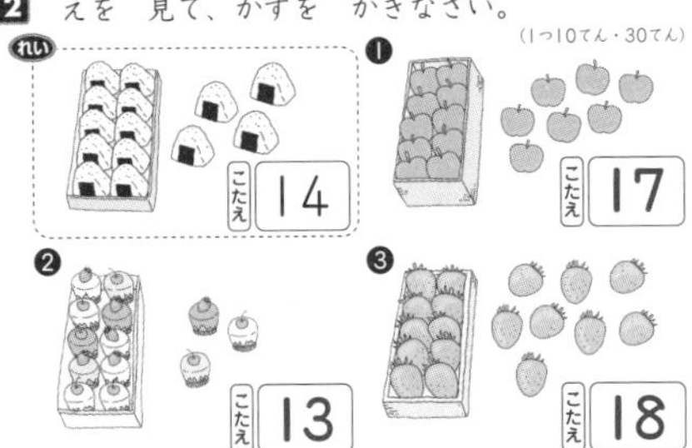

3 つぎの ような かずを かいた かみが あります。

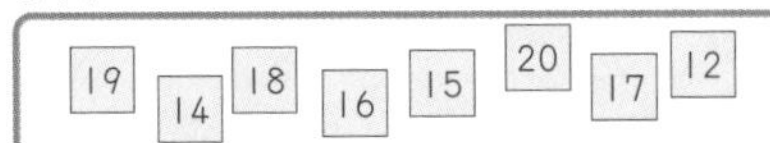

❶ いちばん 小さい かずを かきなさい。(10てん)　こたえ 12

❷ 16より 小さい かずを ぜんぶ かきなさい。(10てん)　こたえ 12,14,15

❸ かずの 大きい じゅんに ならべなさい。(10てん)

20 19 18 17 16 15 14 12

4 おなじ かずを ――で むすびなさい。　(1つ5てん・20てん)

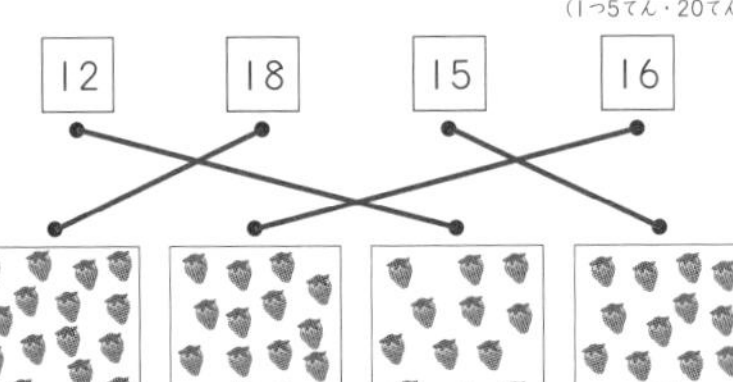

テスト 30 標準 レベル2　⑧ 20までの かず　じかん 10ぷん ごうかく 80てん

1 下の かずの せんを 見て、もんだいに こたえなさい。　(1つ5てん・25てん)

0　10　20　(あ)(い)(う)(え)

❶ あ～えの かずを かきなさい。
あ(7)　い(12)　う(17)　え(19)

❷ いより 4 小さい かずを こたえなさい。　こたえ 8

2 □に あてはまる かずを かきなさい。　(1つ5てん・10てん)

❶ 10―11―12―13―14―15―16

❷ 13―14―15―16―17―18―19

3 かずの 小さい じゅんに かきなさい。　(1つ5てん・15てん)

★しっかり よみましょう。

❶(14・9・7・16) ➡(7・9・14・16)

❷(15・8・12・18) ➡(8・12・15・18)

❸(14・11・19・17)➡(11・14・17・19)

4 □の 中に あてはまる かずを かきなさい。　(1つ5てん・15てん)

❶ 15―14―13―12―11―10―9

❷ 17―16―15―14―13―12―11

❸ 19―18―17―16―15―14―13

5 かずの 大きい じゅんに かきなさい。　(1つ5てん・15てん)

★しっかり よみましょう。

❶(12・15・11・13)➡(15・13・12・11)

❷(14・19・20・11)➡(20・19・14・11)

❸(13・15・18・12)➡(18・15・13・12)

6 11から 20までの あてはまる かずを かきなさい。　(1つ10てん・20てん)

❶ 1つ とばして、小さい じゅんに かきなさい。
(11・13・15・17・19)

❷ 1つ とばして、大きい じゅんに かきなさい。
(20・18・16・14・12)

テスト 31 ハイレベ ハイレベル　⑧ 20までの かず　じかん 15ぷん ごうかく 70てん

1 ずを 見て、もんだいに こたえなさい。

0　10　20　ア 9　イ 13　ウ 19

❶ ア～ウの かずを かきなさい。(12てん)

❷ 10より 7 大きい かずは、いくつですか。(4てん)　こたえ 17

❸ アの かずと ウの かずの ちょうど まん中の かずは、いくつですか。(4てん)　こたえ 14

2 1から 1つとばしに 19までの かずを かいた カードが あります。うらを むいて いる カードの かずを かきなさい。　(10てん)

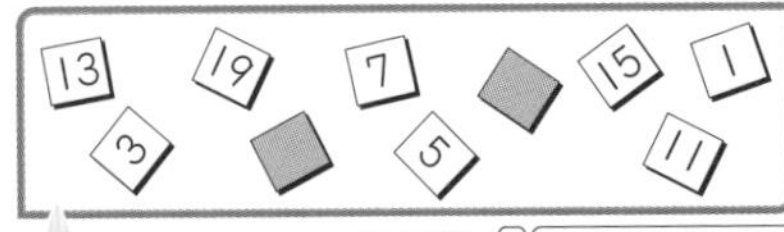

★1,3,5,7⑨11,13,15,⑰,19 ぜんぶ かいてみましょう。　こたえ 9 と 17

3 ぜんぶで なん円ですか。　(1つ4てん・20てん)

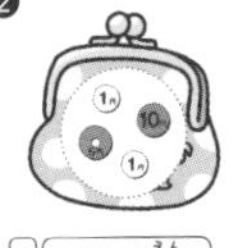

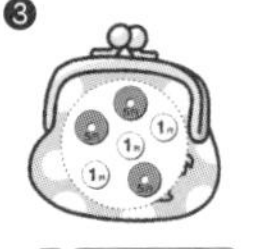

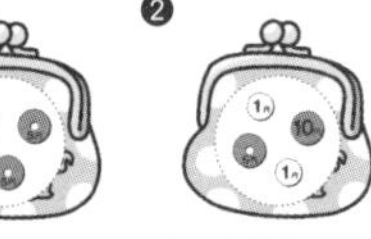

❶ こたえ 20円　❷ こたえ 17円　❸ こたえ 18円

❹ 10円玉 1まいと 1円玉 4まい　こたえ 14円

❺ 5円玉 3まいと 1円玉 4まい　こたえ 19円

4 3人の 女の子が、玉入れを しました。それぞれ なんてん ですか。○の 玉は 2てんで、●の 玉は 1てんです。　(1つ5てん・15てん)

(11)てん　(10)てん　(12)てん

★ふえているか、へっているかに 気をつけましょう。

5 □に かずを かきなさい。　(1つ4てん・20てん)

❶ 3―5―7―9―11―13―15

❷ 19―17―15―13―11―9―7

❸ 0―5―10―15―20

❹ 12は 16より 4小さい かずです。

❺ 18より 5小さい かずより 2 小さい かずは 11です。　13

6 あてはまる かずを ぜんぶ かきなさい。　(1つ5てん・15てん)

0　5　10　15　20

❶ 11より 大きく 16より 小さい かず　こたえ 12,13,14,15

❷ 14より 大きく 19より 小さい かず　こたえ 15,16,17,18

❸ 17より 小さく 12より 大きい かず　こたえ 13,14,15,16

テスト 32 最レベ 最高レベルにチャレンジ!!　⑧ 20までの かず　じかん 10ぷん ごうかく 50てん

1 ずを 見て、もんだいに こたえなさい。　(1つ10てん・80てん)

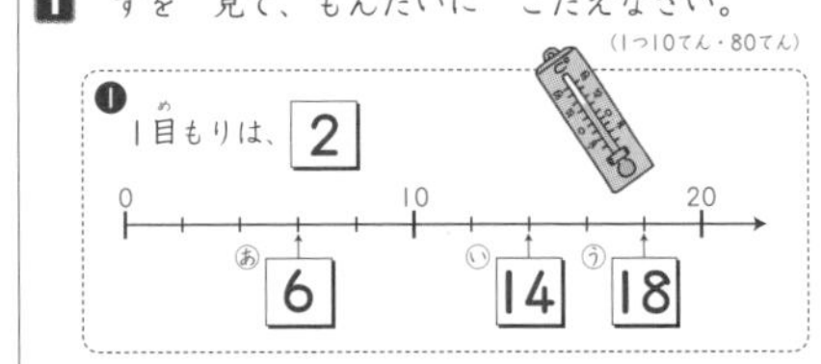

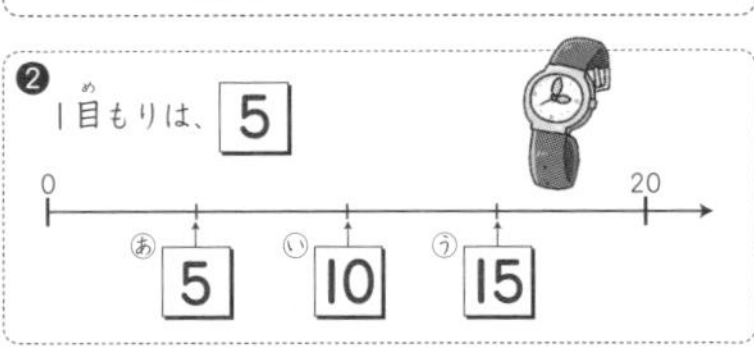

2 ずを 見て、もんだいに こたえなさい。　(1つ4てん・20てん)

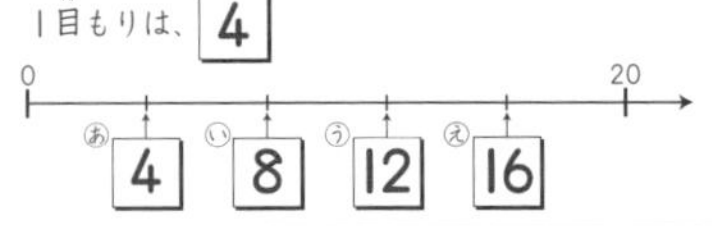

★くり上がりの　ある　けいさんを　たくさん　れんしゅう　しましょう。

テスト33　標準レベル1　⑨ たしざん (2)（くり上がり・3つの　かずの　けいさん）　じかん10ぷん　ごうかく80てん

1 けしごむが、10こ　あります。おにいさんから　3こ　もらうと、ぜんぶで　なんこに　なりますか。（10てん）

しき　10+3=13　こたえ　13こ

2 いろがみが、12まい　あります。おねえさんから　6まい　もらうと、ぜんぶで　なんまいに　なりますか。（10てん）

しき　12+6=18　こたえ　18まい

3 赤い　おはじきが　15こ、青い　おはじきが　4こ　あります。おはじきは、ぜんぶで　なんこ　ありますか。（10てん）

しき　15+4=19　こたえ　19こ

4 すずめが、やねに　5わ　います。13わ　とんで　きました。すずめは、ぜんぶで　なんわに　なりましたか。（10てん）

しき　5+13=18　こたえ　18わ

5 りんごが　左の　さらに　7こ、右の　さらに　5こ　あります。りんごは、あわせて　なんこ　ありますか。（15てん）

しき　7+5=12　こたえ　12こ

6 こうえんで　男の子が　9人、女の子が　6人　あそんで　います。子どもは、みんなで　なん人　いますか。（15てん）

しき　9+6=15　こたえ　15人

7 車が、8だい　とまって　います。9だい　きました。車は、ぜんぶで　なんだいに　なりましたか。（15てん）

しき　8+9=17　こたえ　17だい

8 ねこが　やねの　うえに　4ひき、にわに　8ひき　います。また、にわに　2ひき　きました。ねこは、ぜんぶで　なんびきに　なりましたか。（15てん）

しき　4+8+2=14（4+8=12、12+2=14）　こたえ　14ひき

★まえから　じゅんに　けいさん　しましょう。

テスト34　標準レベル2　⑨ たしざん (2)（くり上がり・3つの　かずの　けいさん）　じかん10ぷん　ごうかく80てん

1 金ぎょが　大きな　入れものに　10ぴき、小さな　入れものに　7ひき　います。金ぎょは、ぜんぶで　なんびき　いますか。（10てん）

しき　10+7=17　こたえ　17ひき

2 赤い　ぼうしが　14こ、青い　ぼうしが　5こ　あります。ぼうしは、あわせて　なんこ　ありますか。（10てん）

しき　14+5=19　こたえ　19こ

3 ももが　右の　かごに　6こ、左の　かごに　12こ　入って　います。ももは、あわせて　なんこ　ありますか。（10てん）

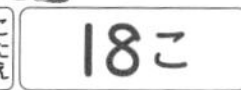

しき　6+12=18　こたえ　18こ

4 みどりさんは、おりがみを　9まい　もって　います。おかあさんから　8まい　もらいました。おりがみは、ぜんぶで　なんまいに　なりましたか。（10てん）

しき　9+8=17　こたえ　17まい

5 おとなの　人が、バスに　7人　のって　いました。そのあと　4人　のって　きました。バスに　のって　いる　人は、なん人に　なりましたか。（10てん）

しき　7+4=11　こたえ　11人

6 わなげを　しました。1かい目は、8こ　入りました。2かい目は、7こ　入りました。ぜんぶで　なんこ　入りましたか。（10てん）

しき　8+7=15　こたえ　15こ

7 はじめくんは　いちごを　あさ　5こ、ひるに　8こ　よるに　4こ　たべました。はじめくんは、いちごを　ぜんぶで　なんこ　たべましたか。（20てん）

しき　5+8+4=17（5+8=13、13+4=17）　こたえ　17こ

8 さちえさんは、えんぴつを　4本　もって　います。おにいさんから　5本、おねえさんから　9本　もらいました。さちえさんの　えんぴつは、なん本に　なりましたか。（20てん）

しき　4+5+9=18（4+5=9、9+9=18）　こたえ　18本

テスト35　ハイレベル　⑨ たしざん (2)（くり上がり・3つの　かずの　けいさん）　じかん15ぷん　ごうかく70てん

1 あめを　おとうとと　いもうとに　4こずつ　あげると　6こ　のこりました。はじめに　あめは、なんこ　ありましたか。（10てん）

しき　4+4+6=14　★4こずつ　こたえ　14こ

2 2人の　ともだちに　カードを　7まいずつ　くばると、2まい　のこりました。はじめに　カードは　なんまい　ありましたか。（10てん）

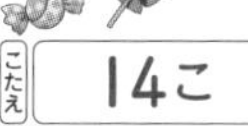

しき　7+7+2=16　★7まいずつ　こたえ　16まい

3 子どもが、よこに　4人ずつ　2れつに　ならんで　います。まえの　れつの　子には　はたを　2本ずつ、うしろの　れつの　子には　はたを　1本ずつ　くばります。はたは、ぜんぶで　なん本　いりますか。（10てん）★2本ずつ

しき　まえの　れつ…2+2+2+2=8　うしろの　れつ…1+1+1+1=4　8+4=12　こたえ　12本

4 にわに　赤い　花が　8本　さいて　います。白い　花は、赤い　花より　3本　おおく　さいて　います。花は、ぜんぶで　なん本　さいて　いますか。（10てん）

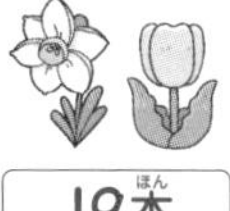

しき　白い　花…8+3=11　ぜんぶで…8+11=19　こたえ　19本

5 りんごが、2はこと　2こ　あります。1はこには、りんごが　8こ　入って　います。りんごは、ぜんぶで　なんこ　ありますか。（10てん）

しき　8+8+2=18　★2はこ　こたえ　18こ

6 3人の　男の子が、ふくろの　中から　ボールを　4こずつ　とり出しても、まだ　5こ　のこって　います。はじめ　ふくろの　中に、ボールは　なんこ　ありましたか。（10てん）★4こずつ

しき　3人の　男の子…4+4+4=12　のこりも　たす…12+5=17　(4+4+4+5=17)　こたえ　17こ

7 子どもが、よこに　1れつに　ならんで　います。ふゆこさんの　左には　6人、右には　7人　います。子どもは、みんなで　なん人　ならんで　いますか。（10てん）

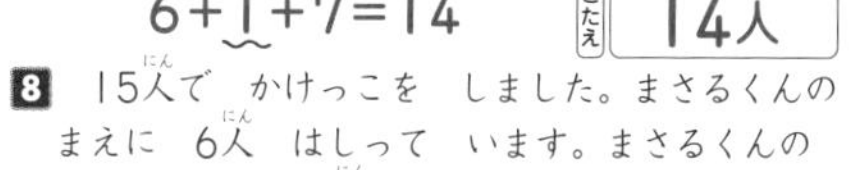

しき　6+1+7=14　こたえ　14人

8 15人で　かけっこを　しました。まさるくんの　まえに　6人　はしって　います。まさるくんの　うしろには　なん人　はしって　いますか。（15てん）

ず　まえ　1 2 3 4 5 6 ま ○○○○○○○○　うしろ

しき　まえから　6+1=7…7ばんめ　うしろには　15−7=8　こたえ　8人

9 ぼくと　おとうとと　おねえさんとで　もって　いる　えんぴつの　かずくらべを　しました。ぼくは　おとうとより　3本　おおく、おねえさんは　ぼくより　4本　おおくて、9本です。3人の　えんぴつを　ぜんぶ　あわせると　なん本に　なりますか。（15てん）

しき　おねえさん…9本　ぼく…9−4=5　おとうと…5−3=2　9+5+2=16　こたえ　16本

テスト36　最レベ　最高レベルにチャレンジ!!　⑨ たしざん (2)（くり上がり・3つの　かずの　けいさん）　じかん10ぷん　ごうかく50てん

● ゆみこさんと　みよこさんが、おなじ　ところから　左右に　すすむ　じゃんけんゲームを　しました。かつと　2ます　右に　すすみ、まけると　1ます　左に　すすみます。2人は、はじめに　あの　ところに　います。（あいこは　ありません。）

…［あ］…

❶ ゆみこさんは、さいしょに　3かい　つづけて　かちました。ゆみこさんは、あから　いくつ　右に　すすみましたか。（30てん）

しき　2+2+2=6　こたえ　6

❷ このとき　みよこさんと　ゆみこさんは、いくつ　はなれて　いますか。（30てん）

しき　2+1=3（1かい　かつと　3ひらく）　3かいでは3+3+3=9　こたえ　9

❸ そのあと　4かい　つづけて　じゃんけんを　すると、みよこさんが　2かい　かって、ゆみこさんが　2かい　まけました。2人は、いくつ　はなれて　いますか。（40てん）

しき　9+3+3−3−3=9　こたえ　9

1 子どもが、こうえんで 16人 あそんで いました。そのうち 4人が かえりました。子どもは、なん人に なりましたか。(10てん)
しき 16−4=12 こたえ 12人

2 いろがみを 18まい もって いました。そのうちの 5まいを つかいました。いろがみは、なんまい のこって いますか。(10てん)
しき 18−5=13 こたえ 13まい

3 りんごが、12こ あります。みかんは 7こ あります。りんごは、みかんより なんこ おおいですか。(10てん)
しき 12−7=5 こたえ 5こ

4 犬が、13びき います。ねこが、9ひき います。いぬは、ねこより なんびき おおいですか。(10てん)
しき 13−9=4 こたえ 4ひき

★くり下がりの ある けいさんを たくさん れんしゅう しましょう。

5 くりが、17こ あります。その うち 8こを たべました。くりは、なんこ のこって いますか。(10てん)

しき 17−8=9 こたえ 9こ

6 赤い とりが、6わ います。青い とりが、14わ います。青い とりは、赤い とりより なんわ おおい ですか。(10てん)

しき 14−6=8 こたえ 8わ

7 いちごが、11こ あります。その うち ぼくが 4こ たべて、いもうとが 2こ たべました。いちごは、なんこ のこって いますか。(20てん)
しき 11−4−2=5 こたえ 5こ

8 わたしは、おはじきを 15こ もって います。おかあさんから 3こ もらったので、おとうとに 9こ あげました。いま、わたしは おはじきを なんこ もって いますか。(20てん)
しき 15+3−9=9 (15+3=18) こたえ 9こ

★まえから じゅんに けいさん しましょう。

テスト38 標準 レベル2
⑩ ひきざん(2)
(くり下がり・3つの かずの けいさん) 10 80

1 こうえんに 15人 います。そのうち 大人は 4人です。子どもは、なん人 いますか。(10てん)

しき 15−4=11 こたえ 11人

2 まめが 19こ あります。そのうち 6こを はとが、たべました。のこりは なんこ ですか。(10てん)
しき 19−6=13 こたえ 13こ

3 きっ手が 16まい あります。きのう 7まい つかいました。きっ手は、なんまい のこって いますか。(10てん)
しき 16−7=9 こたえ 9まい

4 わたしは、いろがみを 13まい もって います。いもうとの いろがみは、わたしの いろがみより 5まい すくないです。いもうとの いろがみは、なんまい ですか。(10てん)
しき 13−5=8 こたえ 8まい

5 おにいさんの もって いる どんぐりは、ぼくの どんぐりより 4こ おおくて 12こ です。ぼくは、どんぐりを なんこ もって いますか。(10てん)
しき 12−4=8 こたえ 8こ

6 犬が 6ぴき やって きたので、ぜんぶで 15ひきに なりました。犬は、はじめに なんびき いましたか。(10てん)
しき 15−6=9 こたえ 9ひき

7 はとが、やねに 14わ とまって います。そのうちの 8わが とんで いき、そのあと 3わが やねに とまりました。いま、やねに はとは、なんわ いますか。(20てん)
しき 14−8+3=9 (14−8=6) こたえ 9わ

8 くりが、16こ あります。そのうち わたしが 5こ たべて、おとうとが 4こ たべました。のこって いる くりは、なんこ ですか。(20てん)
しき 16−5−4=7 (16−5=11) こたえ 7こ

テスト39 ハイレベ ハイレベル
⑩ ひきざん(2)
(くり下がり・3つの かずの けいさん) 15 70

1 りんごが、13こ あります。ぼくと おとうとで 4こずつ もらいます。りんごは、なんこ のこりますか。(10てん)

しき 13−4−4=5 こたえ 5こ

2 車が、14だい とまって います。そのうち 赤い 車と 白い 車が、6だいずつ はしって いきました。いま、車は なんだい とまって いますか。(10てん)
★6だいずつ
しき 14−6−6=2 こたえ 2だい

3 あめを 12こ もらいました。ぼくと おとうとと いもうとで 3こずつ たべました。いま、あめは なんこ ありますか。(10てん)
★3こずつ
しき 12−3−3−3=3 こたえ 3こ

4 木の 下に、どんぐりが 11こ おちて いました。おとうさんと おかあさんが、2こずつ ひろった あとで、ぼくが 3こ ひろいました。どんぐりは、なんこ のこって いますか。(10てん)
しき 11−2−2−3=4 こたえ 4こ

5 いちごが、19こ あります。この いちごを 8こずつ、2つの はこに 入れます。はこに 入らない いちごは、なんこ ですか。(10てん)

しき 19−8=11…1はこめ
11−8=3…2はこめ
(19−8−8=3) こたえ 3こ

6 プールで 15人の 子どもが、およいで います。そのうち 7人が、男の子です。男の子と 女の子は、どちらが なん人 おおいですか。(10てん)

しき 女の子は…15−7=8
ちがいは…8−7=1
こたえ 女の子 の ほうが 1人 おおい。

7 はる子さんは、あめを 12こ たべました。なつ子さんは はる子さんより 3こ 少なく、あき子さんは なつ子さんより 2こ おおく たべました。あき子さんは、あめを なんこ たべましたか。(10てん)

しき はるこさん…12こ
なつこさん…12−3=9
あきこさん…9+2=11 こたえ 11こ

8 まきさんは、みかんを 13こ もって いました。じゅんさんに 4こ あげると、2人の みかんの かずは おなじに なりました。じゅんさんは、はじめに みかんを なんこ もって いましたか。(10てん)

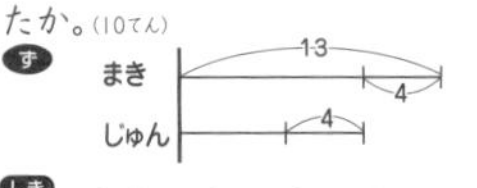

しき 13−4−4=5 こたえ 5こ

9 14人の 女の子が、よこに 1れつに ならんで います。ゆりさんの 左に 6人 います。ゆりさんの 右には なん人 いますか。(10てん)
ず ひだり 1 2 3 4 5 6 ○○○○○○ゆ○○○○○○○ みぎ
しき ゆりさんは 左から 6+1=7
14−7=7 こたえ 7人

10 カードが、9まい あります。2人の ともだちに 6まいずつ くばるには なんまい たりませんか。(10てん)
しき 2人の ともだちに 6まいずつ くばるには
6+6=12 12まい いる
9まいしか ないから
12−9=3 こたえ 3まい

テスト40 最レベ
最高レベルにチャレンジ!!
⑩ ひきざん(2)
(くり下がり・3つの かずの けいさん) 10 60

● たて よこ ななめの 3つの かずを たすと、どれも ( )の 中の かずに なるように します。あいて いる ところに かずを かきなさい。(1つ20てん・100てん)

れい (15)

う	7	い
お	5	か
4	あ	え

あ15−7−5=3
い15−5−4=6
う15−7−6=2
え15−4−3=8
お15−2−4=9
か15−6−8=1

① (12)

5	0	7
6	4	2
1	8	3

② (18)

3	10	5
8	6	4
7	2	9

③ (6)

1	3	2
3	2	1
2	1	3

④ (9)

3	5	1
1	3	5
5	1	3

⑤ (3)

1	0	2
2	1	0
0	2	1

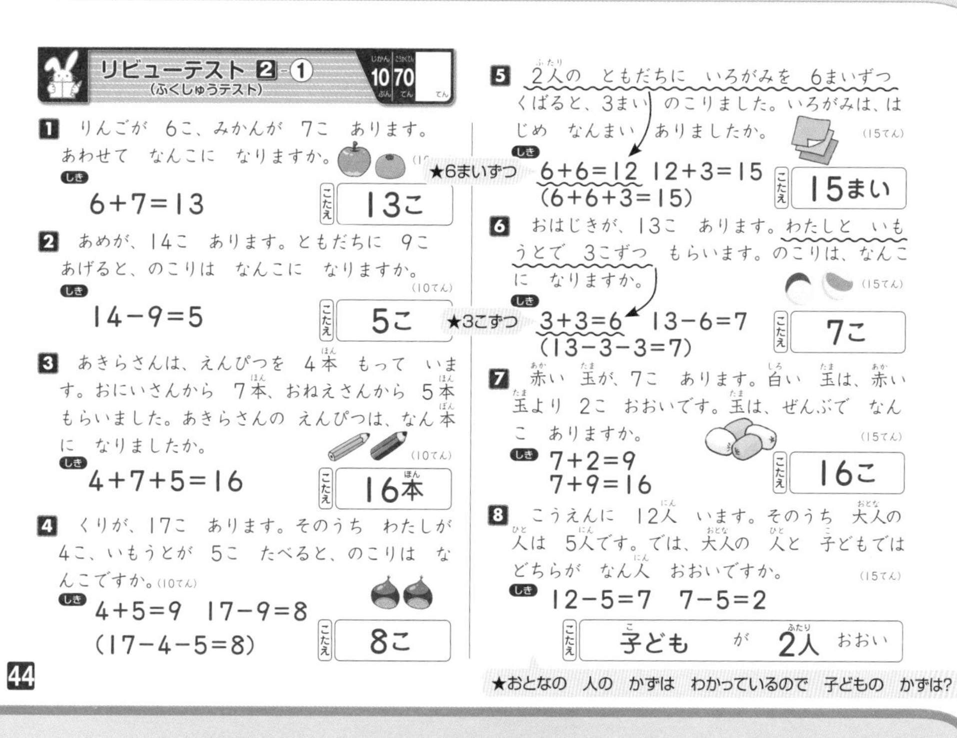

リビューテスト 2-①（ふくしゅうテスト）

じかん 10ぷん　ごうかく 70てん

1 りんごが 6こ、みかんが 7こ あります。あわせて なんこに なりますか。(10てん)

しき $6+7=13$　こたえ 13こ

2 あめが、14こ あります。ともだちに 9こ あげると、のこりは なんこに なりますか。(10てん)

しき $14-9=5$　こたえ 5こ

3 あきらさんは、えんぴつを 4本 もって います。おにいさんから 7本、おねえさんから 5本 もらいました。あきらさんの えんぴつは、なん本に なりましたか。(10てん)

しき $4+7+5=16$　こたえ 16本

4 くりが、17こ あります。そのうち わたしが 4こ、いもうとが 5こ たべると、のこりは なんこですか。(10てん)

しき $4+5=9$　$17-9=8$　$(17-4-5=8)$　こたえ 8こ

5 2人の ともだちに いろがみを 6まいずつ くばると、3まい のこりました。いろがみは、はじめ なんまい ありましたか。(15てん)

★6まいずつ

しき $6+6=12$　$12+3=15$　$(6+6+3=15)$　こたえ 15まい

6 おはじきが、13こ あります。わたしと いもうとで 3こずつ もらいます。のこりは、なんこに なりますか。(15てん)

★3こずつ

しき $3+3=6$　$13-6=7$　$(13-3-3=7)$　こたえ 7こ

7 赤い 玉が、7こ あります。白い 玉は、赤い 玉より 2こ おおいです。玉は、ぜんぶで なんこ ありますか。(15てん)

しき $7+2=9$　$7+9=16$　こたえ 16こ

8 こうえんに 12人 います。そのうち 大人の 人は 5人です。では、大人の 人と 子どもでは どちらが なん人 おおいですか。(15てん)

しき $12-5=7$　$7-5=2$　こたえ 子ども が 2人 おおい

★おとなの 人の かずは わかっているので 子どもの かずは?

44

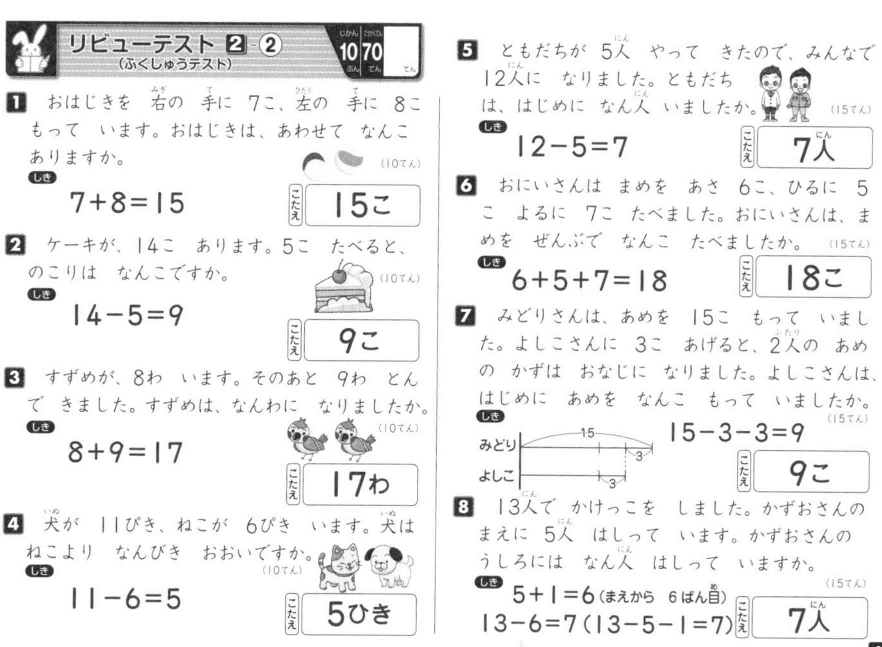

リビューテスト 2-②（ふくしゅうテスト）

じかん 10ぷん　ごうかく 70てん

1 おはじきを 右の 手に 7こ、左の 手に 8こ もって います。おはじきは、あわせて なんこ ありますか。(10てん)

しき $7+8=15$　こたえ 15こ

2 ケーキが、14こ あります。5こ たべると、のこりは なんこですか。(10てん)

しき $14-5=9$　こたえ 9こ

3 すずめが、8わ います。そのあと 9わ とんで きました。すずめは、なんわに なりましたか。(10てん)

しき $8+9=17$　こたえ 17わ

4 犬が 11ぴき、ねこが 6ぴき います。犬は ねこより なんびき おおいですか。(10てん)

しき $11-6=5$　こたえ 5ひき

5 ともだちが 5人 やって きたので、みんなで 12人に なりました。ともだちは、はじめに なん人 いましたか。(15てん)

しき $12-5=7$　こたえ 7人

6 おにいさんは まめを あさ 6こ、ひるに 5こ よるに 7こ たべました。おにいさんは、まめを ぜんぶで なんこ たべましたか。(15てん)

しき $6+5+7=18$　こたえ 18こ

7 みどりさんは、あめを 15こ もって いました。よしこさんに 3こ あげると、2人の あめの かずは おなじに なりました。よしこさんは、はじめに あめを なんこ もって いましたか。(15てん)

みどり 15 3
よしこ 3

しき $15-3-3=9$　こたえ 9こ

8 13人で かけっこを しました。かずおさんの まえに 5人 はしって います。かずおさんの うしろには なん人 はしって いますか。(15てん)

しき $5+1=6$（まえから 6ばん目）　$13-6=7$　$(13-5-1=7)$　こたえ 7人

★かずおさんの まえに 5人
かずおさんは まえから 5+1=6 ばんめ

45

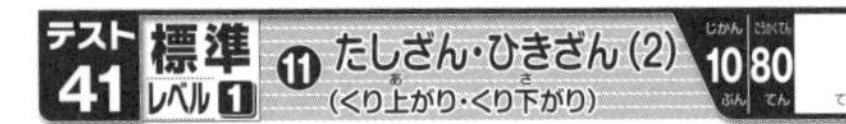

テスト41 標準レベル1 ⑪ たしざん・ひきざん (2)（くり上がり・くり下がり）

じかん 10ぷん ごうかく 80てん

れい こうえんで、子どもが 7人 あそんで いました。そのあと 女の子が 6人と 男の子が 3人 あそびに きました。子どもは、みんなで なん人に なりましたか。

(はじめの かず)…7人 ふえた かず 女の子…6人 男の子…3人

しき 7＋6＋3＝16　こたえ 16人

1 すずめが、やねに 4わ とまって います。5わ とんできて、そのあと 7わ きました。ぜんぶで なんわに なりましたか。（25てん）

しき (はじめの かず)…4わ ふえた かず…5わと 7わ

4＋5＋7＝16　こたえ 16わ

2 あめを 13こ もって います。おとうとに 6こ、いもうとに 4こ あげました。あめは、なんこに なりましたか。（25てん）

しき (はじめの かず)…13こ へった かず…6こと 4こ

13－6－4＝3　こたえ 3こ

れい おきゃくさんが、バスに 12人 のって いました。8人 おりて、そのあと 3人 のって きました。おきゃくさんは、なん人に なりましたか。

(はじめの かず)…12人 へった かず…8人 ふえた かず…3人

しき 12－8＋3＝7　こたえ 7人

3 くりが、17こ あります。いもうとに 9こ あげました。そのあと おかあさんに 2こ もらいました。くりは、なんこに なりましたか。（25てん）

しき (はじめの かず)…17こ へった かず…9こ ふえた かず…2こ

17－9＋2＝10　こたえ 10こ

4 いろがみが、15まい あります。6まい つかいました。そのあと 2まい もらいました。いろがみは、なんまいに なりましたか。（25てん）

しき (はじめの かず)…15まい へった かず…6まい ふえた かず…2まい

15－6＋2＝11　こたえ 11まい

★ふえた かずや、へった かずに 気をつけて けいさんしましょう。

テスト42 標準レベル2 ⑪ たしざん・ひきざん (2)（くり上がり・くり下がり）

じかん 10ぷん ごうかく 80てん

れい 犬が、8ひき います。ねこは 犬より 5ひき おおく、りすは ねこより 4ひき すくないです。りすは、なんびき いますか。

しき ねこの かず…8＋5＝13

りすの かず…13－4＝9　こたえ 9ひき

1 ぶたが、9とう います。うまは ぶたより 3とう おおく、うしは うまより 7とう すくないです。うしは、なんとう いますか。（25てん）

しき うまは…9＋3＝12

うしは…12－7＝5　こたえ 5とう

2 くりが、14こ あります。みかんは くりより 8こ すくなく、かきは みかんより 7こ おおいです。かきは、なんこ ありますか。（25てん）

しき みかんは…14－8＝6

かきは…6＋7＝13　こたえ 13こ

れい バスていで 子どもが 1れつに ならんで います。つよしさんは まえから 7ばん目で、つよしさんの うしろに 6人 います。みんなで なん人 ならんで いますか。

まえ ○○○○○○(つよし)○○○○○○ うしろ（6人）

しき 7＋6＝13　こたえ 13人

3 みどりさんは、まえから 8ばん目に います。みどりさんの うしろに 4人 います。みんなで なん人 いますか。（25てん）

★うしろには なん人 いるか ○を かきましょう。

まえ ○○○○○○○(みどり)○○○○ うしろ

しき 8＋4＝12　こたえ 12人

4 子どもが、1れつに ならんで います。たろうさんの まえに 7人 います。たろうさんの うしろに 5人 います。子どもは、みんなで なん人 ならんで いますか。（25てん）

しき たろうさんは まえから…7＋1＝8ばん目

こどものかずは…8＋5＝13　こたえ 13人

テスト43 ハイレベ ハイレベル ⑪ たしざん・ひきざん (2)（くり上がり・くり下がり）

じかん 15ぷん ごうかく 70てん

れい あめが、11こ あります。わたしが 3こ たべてから、おとうさんと おかあさんから 4こずつ もらいました。あめは、なんこに なりましたか。(はじめの かず)…11こ へった かず…3こ ふえた かず…4こと 4こ

しき 11－3＝8

8＋4＋4＝16　こたえ 16こ

1 いろがみが、14まい あります。あさ 5まい つかってから、おかあさんから 赤と 青の いろがみを 4まいずつ もらいました。いろがみは、なんまいに なりましたか。（20てん）

しき 14－5＝9

9＋4＋4＝17　こたえ 17まい

2 くりが、12こ あります。わたしが 4こ たべてから、おにいさんと おねえさんから 3こずつ もらいました。いま くりは、なんこ ありますか。（20てん）

しき 12－4＝8

8＋3＋3＝14　こたえ 14こ

れい かけっこで あきらさんは、まえから 12ばん目でしたが、5人を ぬきました。あきらさんは、まえから なんばん目に なりましたか。

まえ ○○○○○○○○○○○(あきら)…

しき 12－5＝7　こたえ 7ばん目

3 かけっこを しました。ゆうきさんは、まえから 11ばん目でしたが、4人を ぬきました。ゆうきさんは、まえから なんばん目に なりましたか。（20てん）

しき ゆうきさんは まえから…11－4＝7　こたえ 7ばん目

4 かけっこを しました。さくらさんは、まえから 6ばん目でしたが、3人に ぬかされました。さくらさんは、まえから なんばん目に なりましたか。（20てん）

しき 6＋3＝9　こたえ 9ばん目

★れいを よく見て かんがえましょう。

れい かずおさんは、6さいです。おねえさんと おとうとは、としが 1さいずつ ちがいます。3人の としを あわせると、なんさいに なりますか。

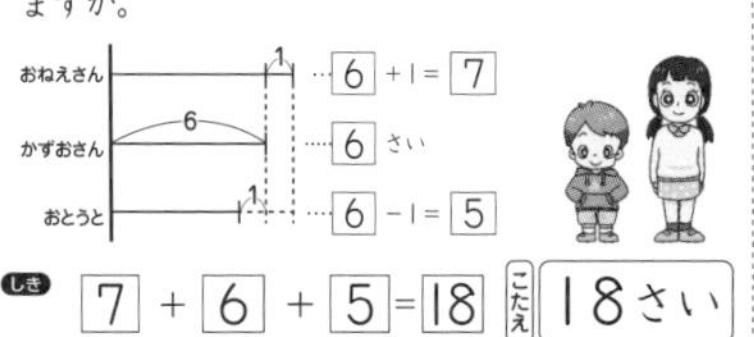

しき 7＋6＋5＝18　こたえ 18さい

5 まきさんは、5さいです。おにいさんと いもうとは、としが 3さいずつ ちがいます。3人の としを あわせると、なんさいに なりますか。（20てん）

しき おにいさん…5＋3＝8　まきさん…5さい　いもうと…5－3＝2

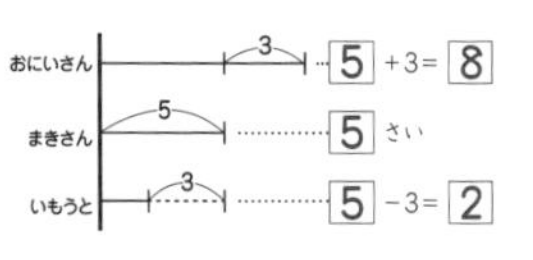

8＋5＋2＝15　こたえ 15さい

★れいを よく見て すうじを かきましょう。

テスト44 最レベ 最高レベルにチャレンジ!! ⑪ たしざん・ひきざん (2)（くり上がり・くり下がり）

じかん 10ぷん ごうかく 50てん

1 男の子が、6人 よこに ならんで います。男の子と 男の子の あいだに、女の子が 1人ずつ 入ります。子どもは、みんなで なん人に なりますか。（50てん）

ず

男の子と 男の子の あいだの かずは 5 だから 女の子が 5人 ふえる。

ぜんぶで…6＋5＝11　こたえ 11人

2 女の子が、7人 よこに ならんで います。女の子と 女の子の あいだに、男の子が 2人ずつ 入ります。子どもは、みんなで なん人に なりますか。（50てん）

しき あいだの かず…6

男の子の かず…2＋2＋2＋2＋2＋2＝12

ぜんぶで…7＋12＝19　こたえ 19人

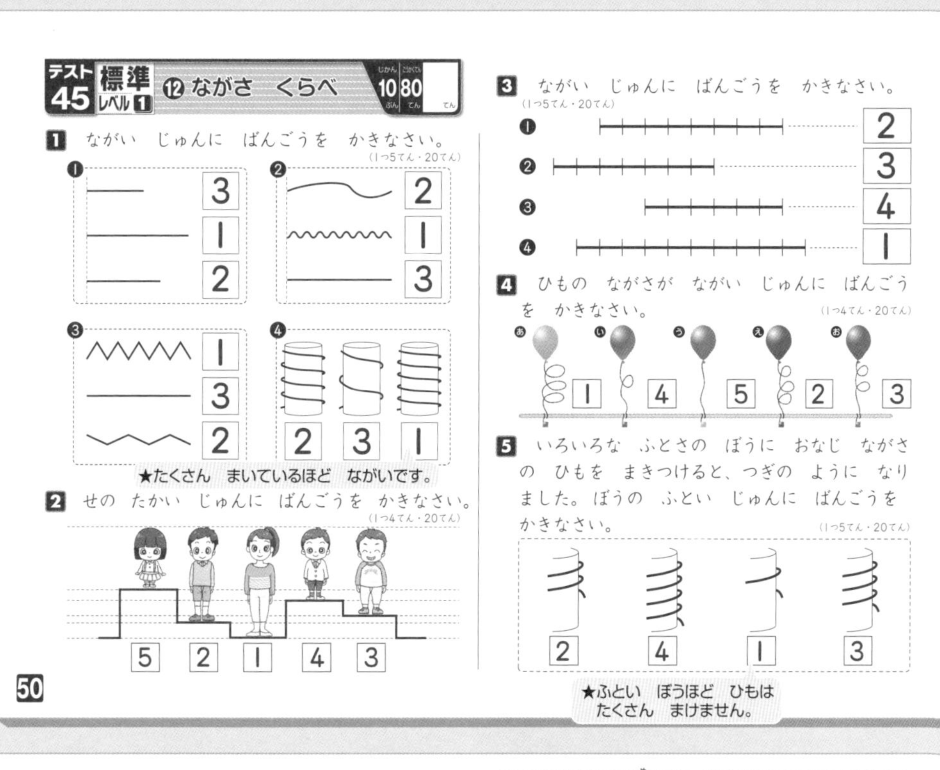

テスト45 標準 レベル1 ⑫ ながさ くらべ じかん10ぷん ごうかく80てん

1 ながい じゅんに ばんごうを かきなさい。(1つ5てん・20てん)

❶ 3 1 2
❷ 2 1 3
❸ 1 3 2
❹ 2 3 1

★たくさん まいているほど ながいです。

2 せの たかい じゅんに ばんごうを かきなさい。(1つ4てん・20てん)

5 2 1 4 3

3 ながい じゅんに ばんごうを かきなさい。(1つ5てん・20てん)

❶ 2
❷ 3
❸ 4
❹ 1

4 ひもの ながさが ながい じゅんに ばんごうを かきなさい。(1つ4てん・20てん)

あ 1 い 4 う 5 え 2 お 3

5 いろいろな ふとさの ぼうに おなじ ながさの ひもを まきつけると、つぎの ように なりました。ぼうの ふとい じゅんに ばんごうを かきなさい。(1つ5てん・20てん)

2 4 1 3

★ふとい ぼうほど ひもは たくさん まけません。

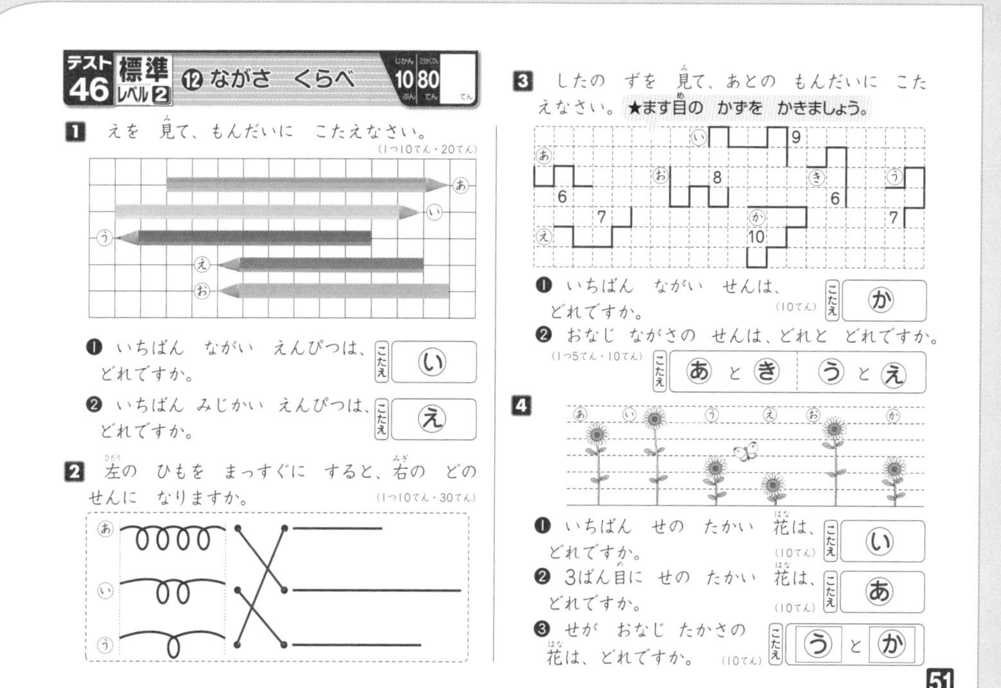

テスト46 標準 レベル2 ⑫ ながさ くらべ じかん10ぷん ごうかく80てん

1 えを 見て、もんだいに こたえなさい。(1つ10てん・20てん)

❶ いちばん ながい えんぴつは、どれですか。 こたえ い

❷ いちばん みじかい えんぴつは、どれですか。 こたえ え

2 左の ひもを まっすぐに すると、右の どの せんに なりますか。(1つ10てん・30てん)

3 したの ずを 見て、あとの もんだいに こたえなさい。★ます目の かずを かきましょう。

あ 6 い 9 う 7 え 7 お 8 か 10 き 6

❶ いちばん ながい せんは、どれですか。(10てん) こたえ か

❷ おなじ ながさの せんは、どれと どれですか。(1つ5てん・10てん) こたえ あ と き　う と え

4

❶ いちばん せの たかい 花は、どれですか。(10てん) こたえ い

❷ 3ばん目に せの たかい 花は、どれですか。(10てん) こたえ あ

❸ せが おなじ たかさの 花は、どれですか。(10てん) こたえ う と か

★それぞれの ます目の かずを かいて くらべましょう。

テスト47 ハイレベ ハイレベル ⑫ ながさ くらべ じかん15ぷん ごうかく70てん

1 えんぴつが、えのように おいて あります。

❶ いちばん ながい えんぴつは、どれですか。(10てん) こたえ え

❷ 3ばん目に ながい えんぴつは、どれですか。(10てん) こたえ お

2 ながい じゅんに はたの すう字を かきなさい。(10てん)

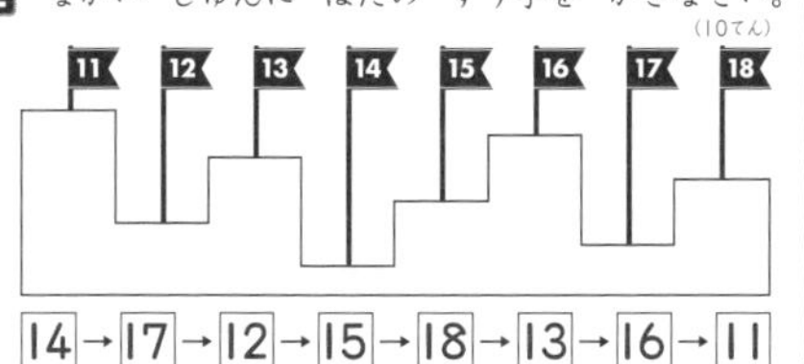

14→17→12→15→18→13→16→11

3 下の もんだいに こたえなさい。

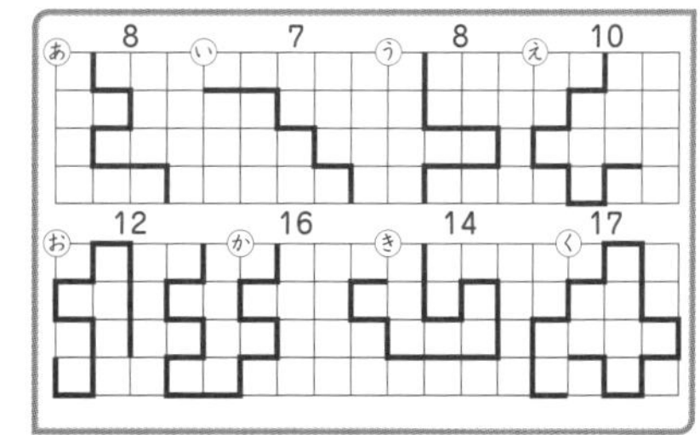

❶ あより みじかい ものは、どれですか。(10てん) こたえ い

❷ あと おなじ ながさは、どれですか。(10てん) こたえ う

❸ あの 2つぶんの ながさは、どれですか。(10てん) こたえ か

★8+8=16

❹ いちばん ながいものは、どれですか。(10てん) こたえ く

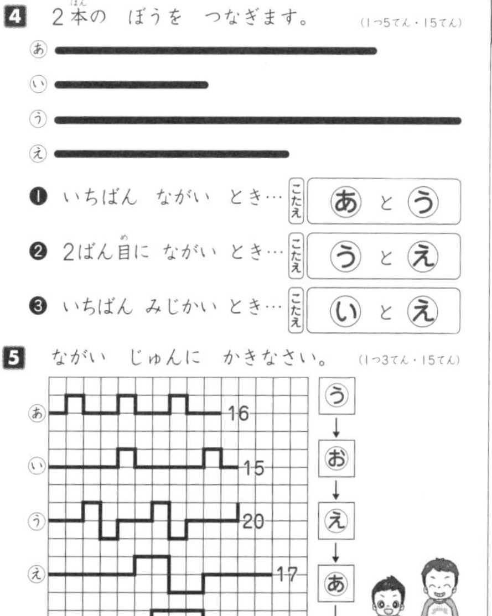

4 2本の ぼうを つなぎます。(1つ5てん・15てん)

❶ いちばん ながい とき… こたえ あ と う

❷ 2ばん目に ながい とき… こたえ う と え

❸ いちばん みじかい とき… こたえ い と え

5 ながい じゅんに かきなさい。(1つ3てん・15てん)

あ 16 い 15 う 20 え 17 お 19

う→お→え→あ→い

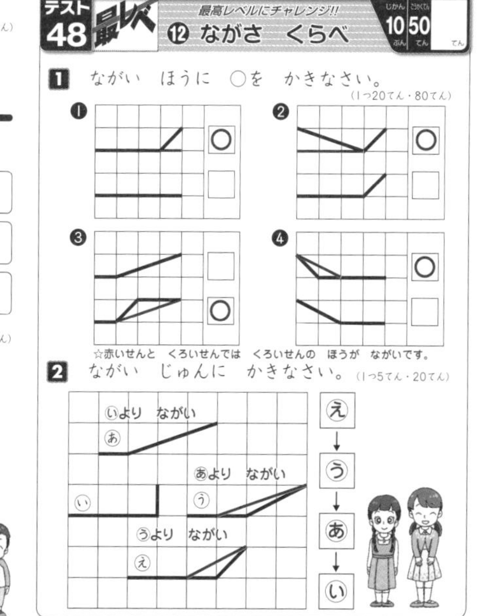

テスト48 最レベ 最高レベルにチャレンジ!! ⑫ ながさ くらべ じかん10ぷん ごうかく50てん

1 ながい ほうに ○を かきなさい。(1つ20てん・80てん)

❶ ○（上） ❷ ○（上） ❸ ○（下） ❹ ○（上）

☆赤いせんと くろいせんでは くろいせんの ほうが ながいです。

2 ながい じゅんに かきなさい。(1つ5てん・20てん)

いより ながい　あより ながい　うより ながい

え→う→あ→い

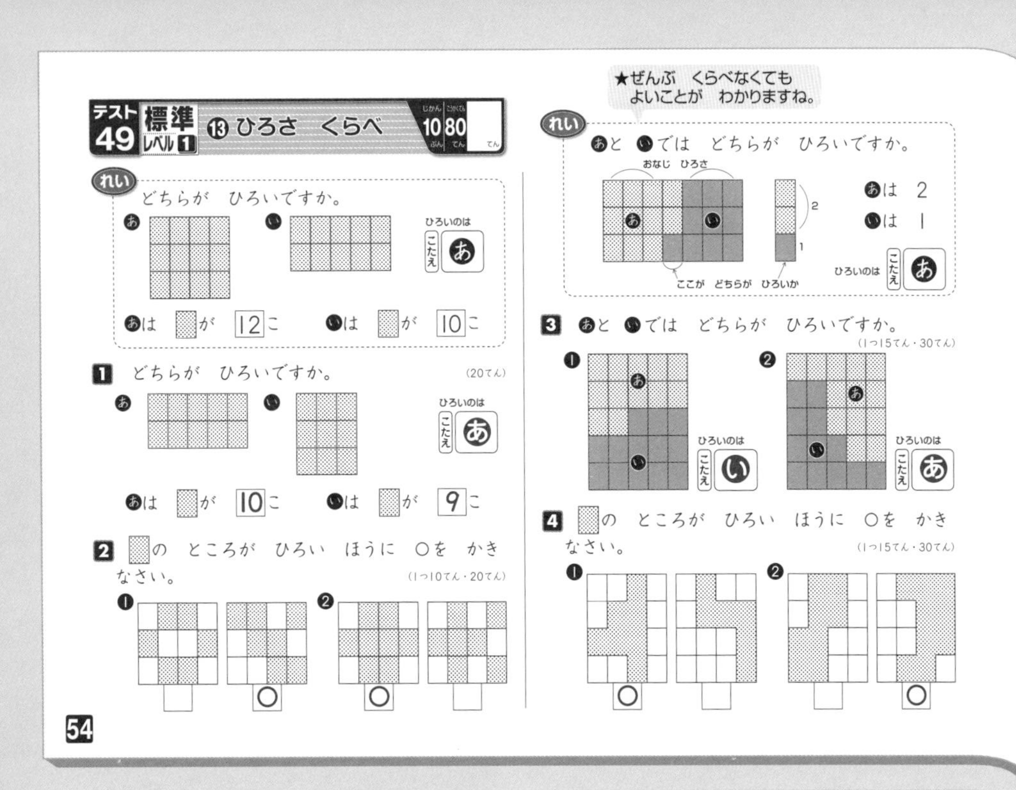

テスト49 標準 レベル1 ⑬ ひろさ くらべ 10ぷん 80てん

れい どちらが ひろいですか。
あ い
ひろいのは こたえ あ
あは □が 12こ いは □が 10こ

1 どちらが ひろいですか。(20てん)
ひろいのは こたえ あ
あは □が 10こ いは □が 9こ

2 □の ところが ひろい ほうに ○を かきなさい。(1つ10てん・20てん)

★ぜんぶ くらべなくても よいことが わかりますね。

れい あと いでは どちらが ひろいですか。
おなじ ひろさ
ここが どちらが ひろいか
あは 2 いは 1
ひろいのは こたえ あ

3 あと いでは どちらが ひろいですか。(1つ15てん・30てん)
ひろいのは こたえ い
ひろいのは こたえ あ

4 □の ところが ひろい ほうに ○を かきなさい。(1つ15てん・30てん)

54

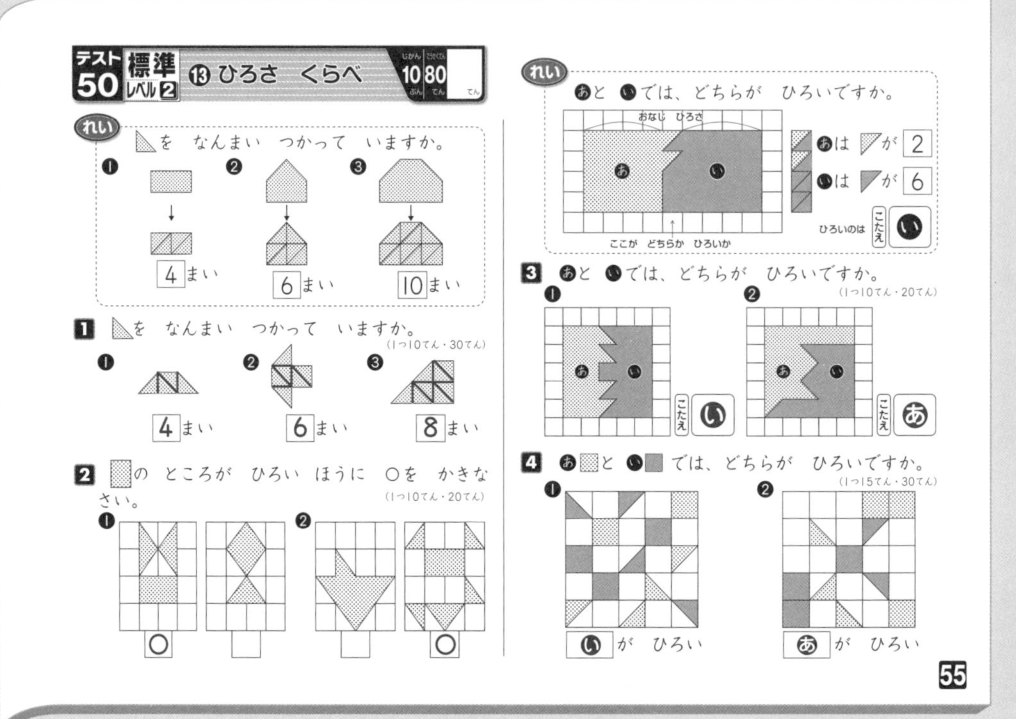

テスト50 標準 レベル2 ⑬ ひろさ くらべ 10ぷん 80てん

れい ◺を なんまい つかって いますか。
4まい 6まい 10まい

1 ◺を なんまい つかって いますか。(1つ10てん・30てん)
4まい 6まい 8まい

2 □の ところが ひろい ほうに ○を かきなさい。(1つ10てん・20てん)

れい あと いでは、どちらが ひろいですか。
おなじ ひろさ
ここが どちらが ひろいか
あは ◺が 2 いは ◺が 6
ひろいのは こたえ い

3 あと いでは、どちらが ひろいですか。(1つ10てん・20てん)
こたえ い こたえ あ

4 あ□と い■ では、どちらが ひろいですか。(1つ15てん・30てん)
い が ひろい あ が ひろい

55

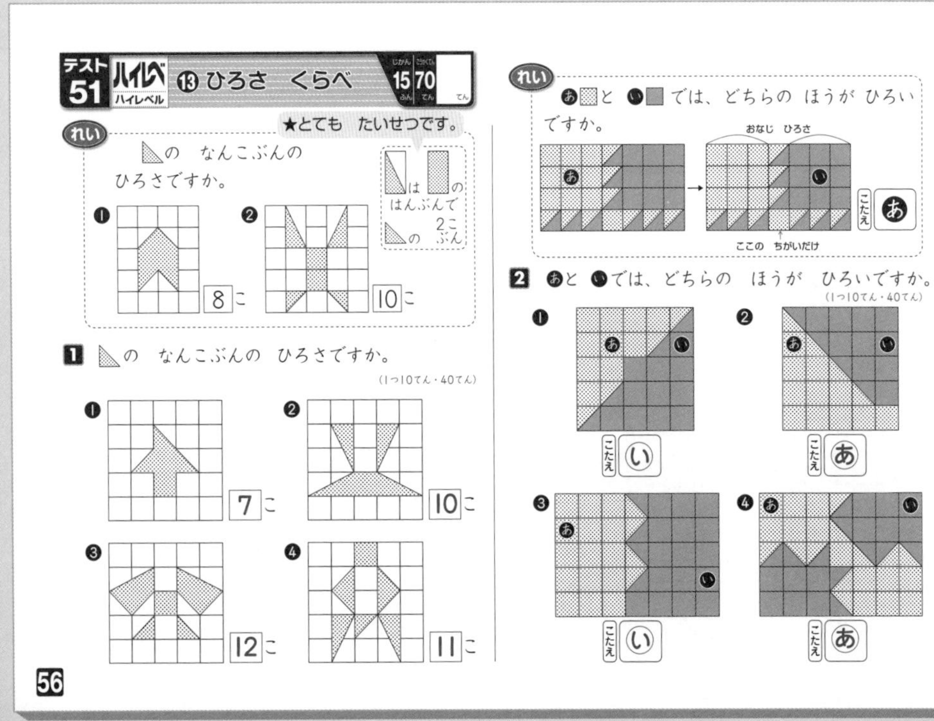

テスト51 ハイレベ ハイレベル ⑬ ひろさ くらべ 15ぷん 70てん

★とても たいせつです。

れい ◺の なんこぶんの ひろさですか。
8こ 10こ
□は □の はんぶんで ◺の 2こぶん

1 ◺の なんこぶんの ひろさですか。(1つ10てん・40てん)
7こ 10こ 12こ 11こ

れい あ□と い■ では、どちらの ほうが ひろいですか。
おなじ ひろさ
ここの ちがいだけ
こたえ あ

2 あと いでは、どちらの ほうが ひろいですか。(1つ10てん・40てん)
こたえ い こたえ あ こたえ い こたえ あ

56

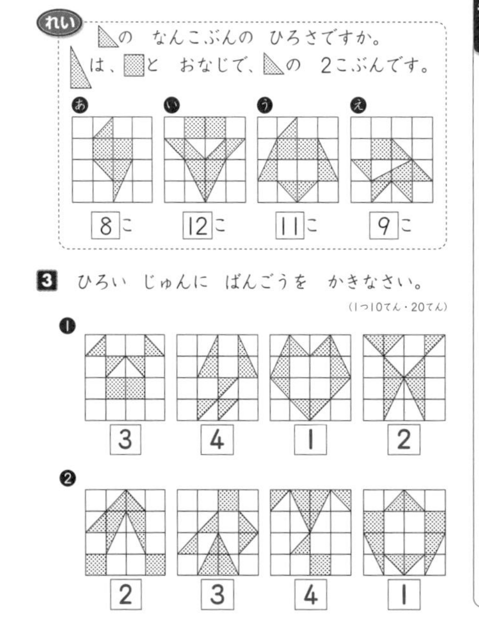

れい ◺の なんこぶんの ひろさですか。
◺は、□と おなじで、◺の 2こぶんです。
あ い う え
8こ 12こ 11こ 9こ

3 ひろい じゅんに ばんごうを かきなさい。(1つ10てん・20てん)
3 4 1 2
2 3 4 1

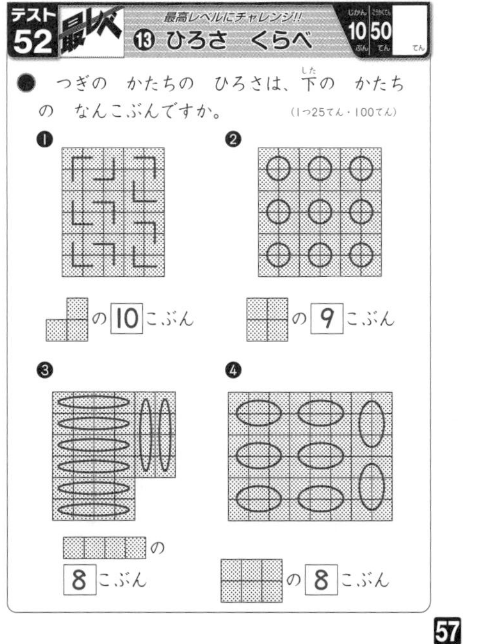

テスト52 最高レベル 最高レベルにチャレンジ!! ⑬ ひろさ くらべ 10ぷん 50てん

● つぎの かたちの ひろさは、下の かたちの なんこぶんですか。(1つ25てん・100てん)
の 10こぶん
の 9こぶん
の 8こぶん
の 8こぶん

57

テスト53 標準レベル1 ⑭ 大きい かず

じかん 10ぷん ごうかく 80てん

1 1から 50までの カードを ならべました。もんだいに こたえなさい。

1	2	3	4	5	6	7	8	9	10
11	12	13	14	15	16	17	18	19	20
21	22	23	24	25	26	27	28	29	30
31	32	33	34	35	36	37	38	39	40
41	42	43	44	45	46	47	48	49	50

十の くらい 28 一の くらい

❶ 十の くらいが 2の カードは、なんまい ありますか。（15てん） こたえ 10まい

❷ 一の くらいが 0の カードは、なんまい ありますか。（15てん） こたえ 5まい

❸ 一の くらいと 十の くらいを たすと 10に なる カードを ぜんぶ かきなさい。（20てん）

こたえ 19, 28, 37, 46

2 かずの せんを 見て、こたえなさい。（1つ5てん・20てん）

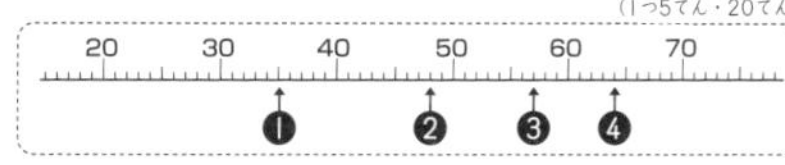

❶ 30より 5 大きい かず…35

❷ 40より 8 大きい かず…48

❸ 60より 3 小さい かず…57

❹ 70より 6 小さい かず…64

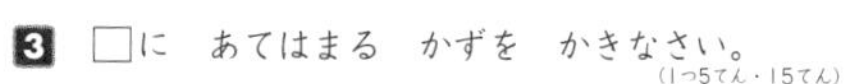

3 □に あてはまる かずを かきなさい。（1つ5てん・15てん）

❶ 10が 2こと 1が 4こで 24

❷ 10が 8こと 1が 5こで 85

❸ 76は 10が 7こと 1が 6こ

4 □に ちょうど よい かずを かきなさい。（1つ5てん・15てん）

❶ 20－30－40－50－60－70－80

❷ 43－44－45－46－47－48－49

❸ 50－49－48－47－46－45－44

テスト54 標準レベル2 ⑭ 大きい かず

じかん 10ぷん ごうかく 80てん

1 51から 100までの カードを ならべました。もんだいに こたえなさい。

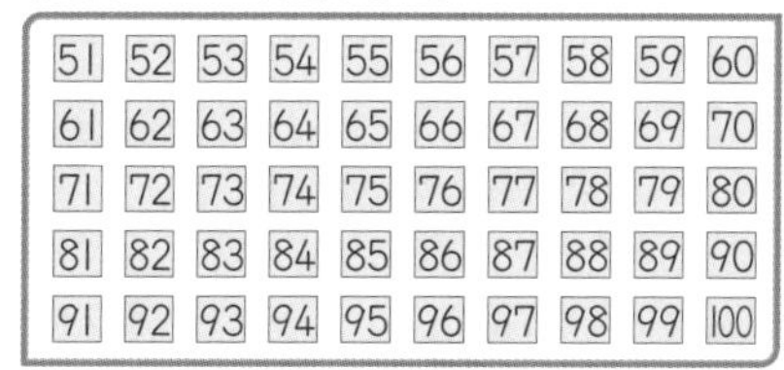

51	52	53	54	55	56	57	58	59	60
61	62	63	64	65	66	67	68	69	70
71	72	73	74	75	76	77	78	79	80
81	82	83	84	85	86	87	88	89	90
91	92	93	94	95	96	97	98	99	100

❶ 十の くらいが 7の カードは、なんまい ありますか。（20てん）

70,71,72,73,74,75,76,77,78,79 こたえ 10まい

❷ 一の くらいが 0の カードは、なんまい ありますか。（20てん）

60,70,80,90,100 こたえ 5まい

❸ 一の くらいと 十の くらいを たすと 10に なる カードを ぜんぶ かきなさい。（20てん）

こたえ 55,64,73,82,91

2 かずの せんを 見て、こたえなさい。（1つ5てん・20てん）

70 80 90 100

❶ 80より 4 大きい かず…84

❷ 90より 3 大きい かず…93

❸ 100より 5 小さい かず…95

❹ 90より 8 大きい かず……98

3 ある きまりで、10から 100までの かずを かいた カードが あります。■の かずを かきなさい。（1つ10てん・20てん）

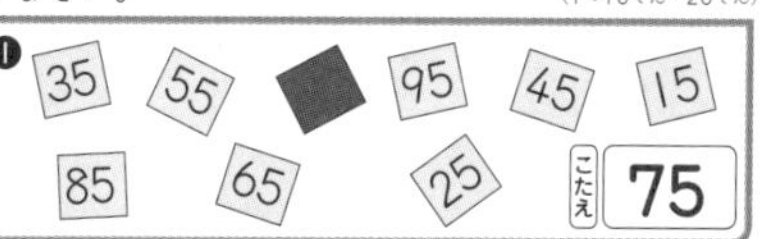

こたえ 75

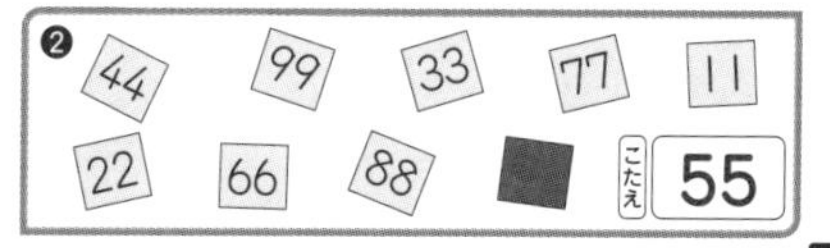

こたえ 55

テスト55 ハイレベル ⑭ 大きい かず

じかん 15ぷん ごうかく 70てん

1 下の カードを 2まい つかって、10より 大きい かずを つくります。（1つ5てん・20てん）

5 6 0 4 8

❶ いちばん 大きい かずを かきなさい。 こたえ 86

❷ いちばん 小さい かずを かきなさい。 こたえ 40

❸ 十の くらいが 6の かずは、ぜんぶで なんこ できますか。 こたえ 4こ

60, 64, 65, 68

❹ 一の くらいが 8の かずを ぜんぶ かきなさい。

こたえ 48, 58, 68

2 □に かずを かきなさい。（1つ5てん・15てん）

❶ 10の かたまりが 5こと 7で…57

❷ 20の かたまりが 3こと 4で…64

❸ 30の かたまりが 3こと 9で…99

3 かずの せんを 見て、こたえなさい。（1つ5てん・20てん）

50 60 70 80 90

❶ 60より 13 大きい かずを かきなさい。 こたえ 73

❷ 90より 12 小さい かずを かきなさい。 こたえ 78

❸ 52と 62の ちょうど まん中の かずを かきなさい。 こたえ 57

❹ 76と 90の ちょうど まん中の かずを かきなさい。 こたえ 83

4 20より 大きく 50より 小さい かずの 中から こたえなさい。（1つ5てん・15てん）

❶ 一の くらいが 9の かずを ぜんぶ かきなさい。 こたえ 29, 39, 49

❷ 十の くらいが 4の かずは、ぜんぶで なんこ ありますか。 こたえ 10こ

❸ 一の くらいが 0の かずは、ぜんぶで なんこ ありますか。 こたえ 2こ

30, 40

5 おもての かずと うらの かずを あわせると 7に なる カードが あります。この カードを 2まい つかって、10より 大きい かずを つくります。

★おもての かずと うらの かずは どうじに つかえません。

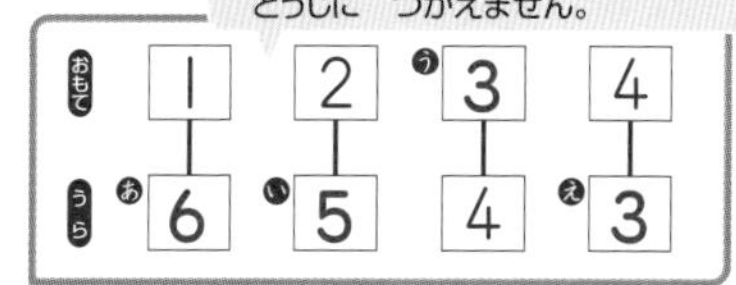

❶ Ⓐ□～Ⓔ□に かずを かきなさい。（1つ2てん・8てん）

❷ カードを 2まい つかって できる かずの 中で、いちばん 大きい かずを かきなさい。（6てん） こたえ 65

❸ 十の くらいの かずが 3の かずを ぜんぶ かきなさい。（8てん）

こたえ 31, 32, 33, 34, 35, 36

❹ やすこさんは 26を つくりました。のこりの カードで いちばん 大きい かずを かきなさい。（8てん） こたえ 44

★65や 56は つくれません。

テスト56 最レベ 最高レベルにチャレンジ!! 大きい かず

じかん 10ぷん ごうかく 50てん

1 □の かずに ついて こたえなさい。

12・91・32・29・92・87

❶ いちばん 大きい かずは、いくつですか。（25てん） こたえ 92

❷ 一の くらいの かずと 十の くらいの かずを 入れかえて できた かずの 中で、2ばん目に 小さい かずは、いくつですか。（25てん） こたえ 21

21, 19, 23, 92, 29, 78

❸ 十の くらいの かずが 一の くらいの かずより 大きい かずを すべて かきなさい。（25てん）

こたえ 91, 32, 92, 87

2 十の くらいの かずが 4で、一の くらいの かずが 十の くらいの かずより 大きく、一の くらいの かずと 十の くらいの かずを たすと、10より 大きく なる かずを すべて かきなさい。（25てん）

こたえ 47, 48, 49

★10より 大きく なります。

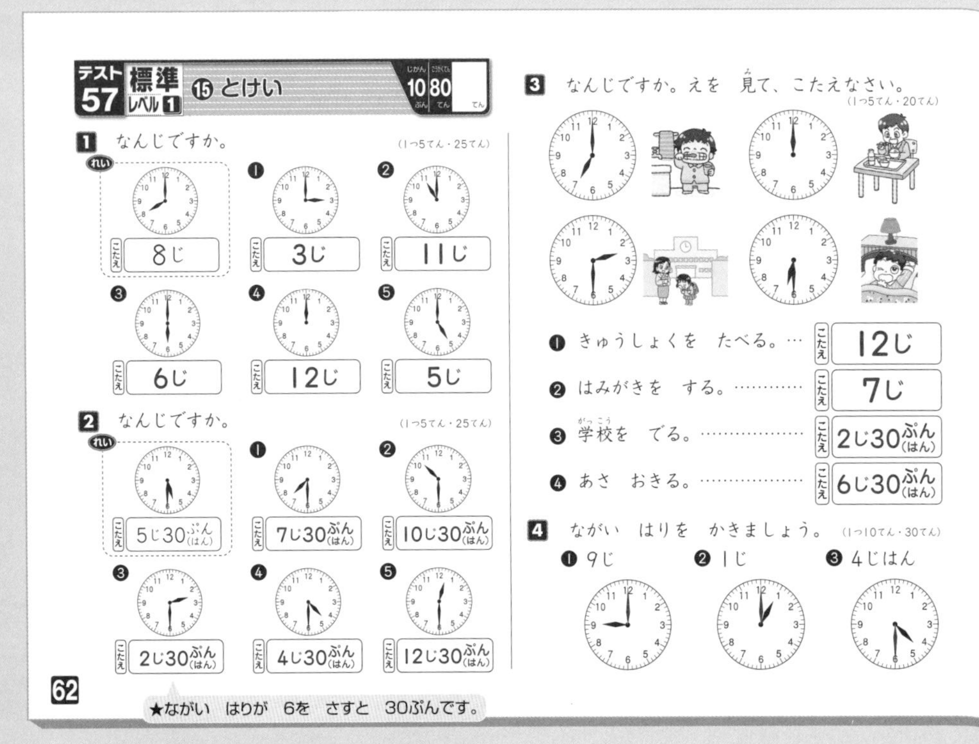
テスト57 標準 レベル1 ⑮ とけい じかん 10ぷん ごうかく 80てん

1 なんじですか。（1つ5てん・25てん）
れい 8じ ❶ 3じ ❷ 11じ ❸ 6じ ❹ 12じ ❺ 5じ

2 なんじですか。（1つ5てん・25てん）
れい 5じ30ぷん（はん） ❶ 7じ30ぷん（はん） ❷ 10じ30ぷん（はん） ❸ 2じ30ぷん（はん） ❹ 4じ30ぷん（はん） ❺ 12じ30ぷん（はん）

3 なんじですか。えを 見て、こたえなさい。（1つ5てん・20てん）
❶ きゅうしょくを たべる。…… 12じ
❷ はみがきを する。…… 7じ
❸ 学校を でる。…… 2じ30ぷん（はん）
❹ あさ おきる。…… 6じ30ぷん（はん）

4 ながい はりを かきましょう。（1つ10てん・30てん）
❶ 9じ ❷ 1じ ❸ 4じはん

62

★ながい はりが 6を さすと 30ぷんです。

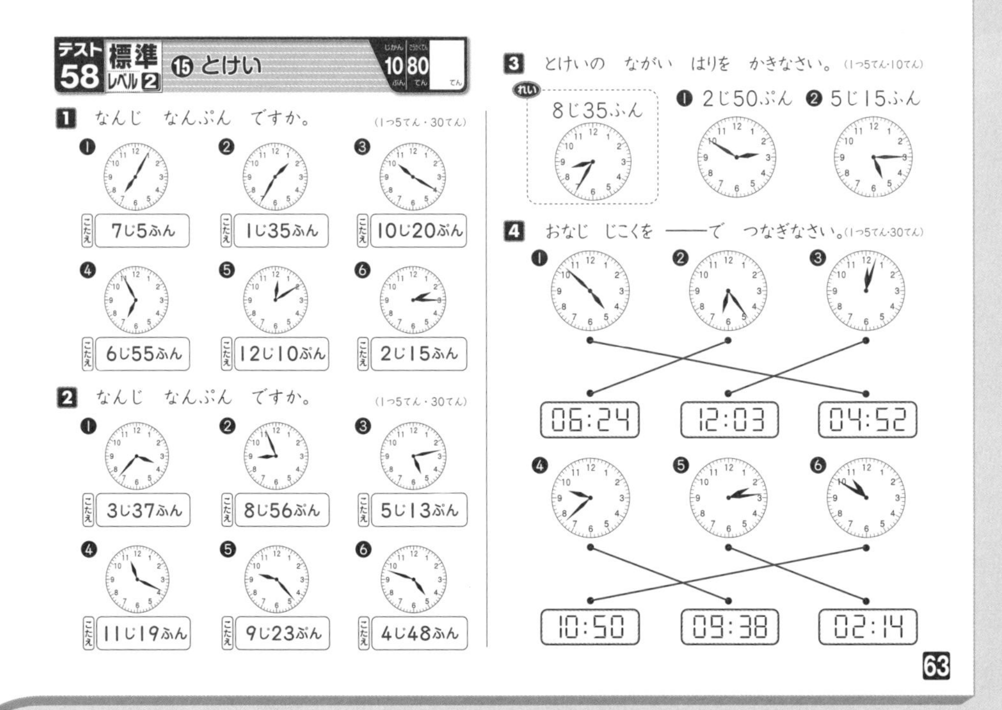
テスト58 標準 レベル2 ⑮ とけい じかん 10ぷん ごうかく 80てん

1 なんじ なんぷん ですか。（1つ5てん・30てん）
❶ 7じ5ふん ❷ 1じ35ふん ❸ 10じ20ぷん ❹ 6じ55ふん ❺ 12じ10ぷん ❻ 2じ15ふん

2 なんじ なんぷん ですか。（1つ5てん・30てん）
❶ 3じ37ふん ❷ 8じ56ぷん ❸ 5じ13ぷん ❹ 11じ19ふん ❺ 9じ23ぷん ❻ 4じ48ふん

3 とけいの ながい はりを かきなさい。（1つ5てん・10てん）
れい 8じ35ふん ❶ 2じ50ぷん ❷ 5じ15ふん

4 おなじ じこくを ――で つなぎなさい。（1つ5てん・30てん）
06:24 12:03 04:52
10:50 09:38 02:14

63

★まん中の いちばん すすんでいる とけいが 7ふんか 8ふん すすんでいると かんがえる。

テスト59 ハイレベル ⑮ とけい じかん 15ぷん ごうかく 70てん

1 なんじ なんぷんに なりますか。（1つ5てん・40てん）

❶ から 10ぷんあとは、 9じ10ぷん ／ 10ぷんまえは、 8じ50ぷん

❷ から 20ぷんあとは、 10じ30ぷん ／ 20ぷんまえは、 9じ50ぷん

❸ から 15ふんあとは、 3じ30ぷん ／ 15ふんまえは、 3じ

❹ から 25ふんあとは、 5じ35ふん ／ 25ふんまえは、 4じ45ふん

2 とけいの ながい はりを かきなさい。（1つ5てん・10てん）

れい 11じ3ぷん ❶ 4じ59ふん ❷ 12じ32ふん

3 下の ときは、なんじに なりますか。（1つ5てん・15てん）

❶ から ながい はりが 2かい まわると、 6じ

★1かい(5じ)→2かい(6じ)

❷ から ながい はりが 1かいはん まわると、 10じ

★1かい(9じ30ぷん)→30ぷん(10じ)

❸ から ながい はりが 2かいはん まわると、 3じ15ふん

★1かい(1じ45ふん)→2かい(2じ45ふん)→30ぷん(3じ15ふん)

64

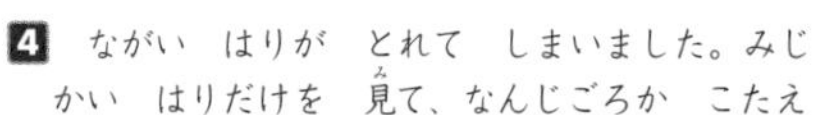
4 ながい はりが とれて しまいました。みじかい はりだけを 見て、なんじごろか こたえなさい。

★みじかい はりが 2と 3の まん中 ★6と 7の まん中 ★11と 12の まん中

❶ 2じ30ぷん（はん）ごろ ❷ 6じ30ぷん（はん）ごろ ❸ 11じ30ぷん（はん）ごろ

5 ❶ くみさんは、あさ 7じはんに 学校へ いきます。おとうとは、そのあと とけいの ながい はりが 1かいはん まわってから ようちえんへ いきます。おとうとが、ようちえんに いくのは、なんじですか。右の とけいに はりを かきなさい。（10てん）

❷ とおるさんは、3じに 学校から かえってきました。おとうさんは、そのあと とけいの ながい はりが 3かいはん まわってから かいしゃから かえって きました。おとうさんが、かえって きたのは、なんじですか。とけいに はりを かきなさい。（10てん）

テスト60 最高レベル 最高レベルにチャレンジ!! ⑮ とけい じかん 10ぷん ごうかく 50てん

1 3つの とけいを 見て、こたえなさい。

★7ふん おくれている ★8ふん すすんでいる ★2ふん すすんでいる

上の 3つの とけいは、正しい じこくから 8ふん・7ふん・2ふん おくれたり すすんだり して います。どの とけいが、なんぷん おくれたり すすんだり しているかを うまく あてはめて、正しい じこくを もとめなさい。（50てん） 3じ3ぷん

2 下の 3つの とけいは、正しい じこくから 2ふん・13ぷん・16ぷん おくれたり すすんだり して います。上の もんだいと おなじように して、正しい じこくを もとめなさい。（50てん）

★2ふん おくれている

★13ぷん すすんでいる

★16ぷん おくれている

7じ11ぷん

65

★まん中の いちばん すすんでいる とけいが 13ぷんか 16ぷん すすんでいると かんがえる。

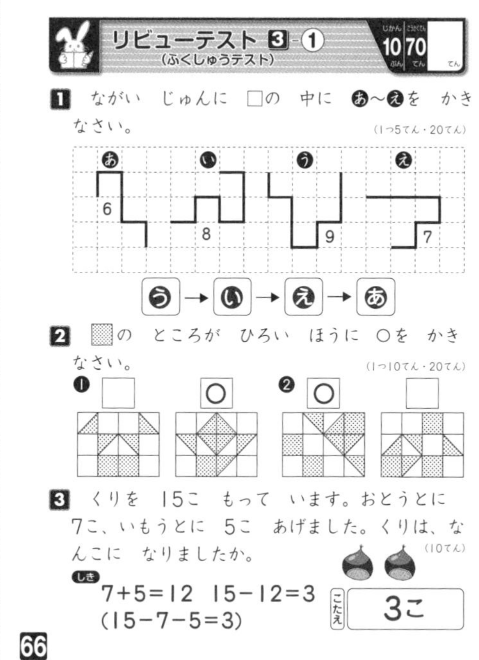

リビューテスト 3 ① (ふくしゅうテスト)

じかん 10ぷん　ごうかく 70てん　てん

1 ながい じゅんに □の 中に あ～えを かき なさい。(1つ5てん・20てん)

あ　い　う　え

6　8　9　7

う → い → え → あ

2 ▒の ところが ひろい ほうに ○を かき なさい。(1つ10てん・20てん)

❶ □ ○　❷ ○ □

3 くりを 15こ もって います。おとうとに 7こ、いもうとに 5こ あげました。くりは、なんこに なりましたか。(10てん)

しき 7+5=12　15−12=3
(15−7−5=3)

こたえ 3こ

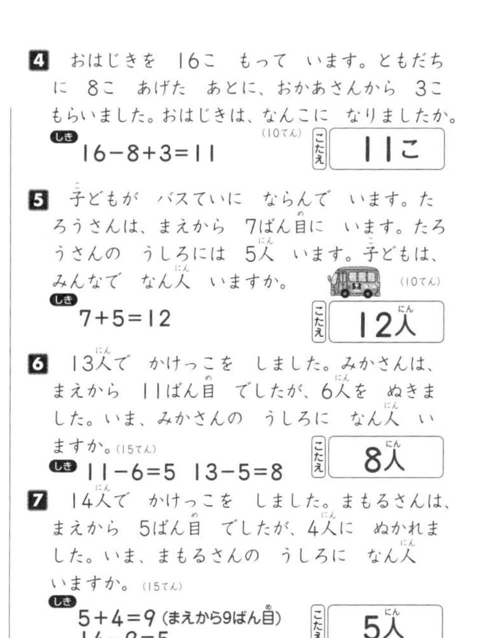

4 おはじきを 16こ もって います。ともだちに 8こ あげた あとに、おかあさんから 3こ もらいました。おはじきは、なんこに なりましたか。(10てん)

しき 16−8+3=11

こたえ 11こ

5 子どもが バスていに ならんで います。たろうさんは、まえから 7ばん目に います。たろうさんの うしろには 5人 います。子どもは、みんなで なん人 いますか。(10てん)

しき 7+5=12

こたえ 12人

6 13人で かけっこを しました。みかさんは、まえから 11ばん目 でしたが、6人を ぬきました。いま、みかさんの うしろに なん人 いますか。(15てん)

しき 11−6=5　13−5=8

こたえ 8人

7 14人で かけっこを しました。まもるさんは、まえから 5ばん目 でしたが、4人に ぬかれました。いま、まもるさんの うしろに なん人 いますか。(15てん)

しき 5+4=9 (まえから9ばん目)
14−9=5

こたえ 5人

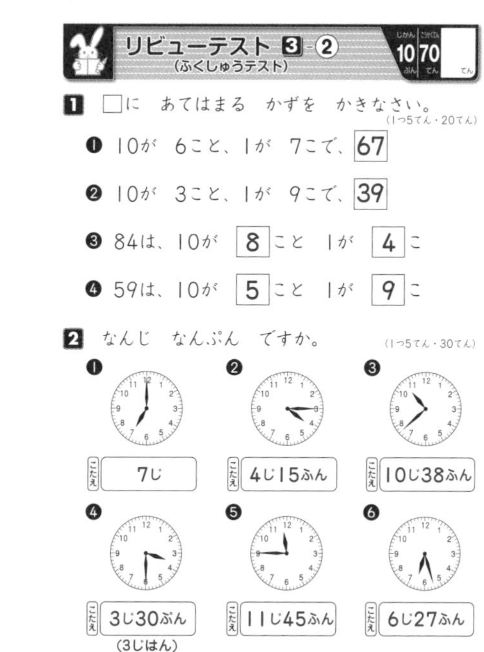

リビューテスト 3 ② (ふくしゅうテスト)

じかん 10ぷん　ごうかく 70てん　てん

1 □に あてはまる かずを かきなさい。(1つ5てん・20てん)

❶ 10が 6こと、1が 7こで、67

❷ 10が 3こと、1が 9こで、39

❸ 84は、10が 8こと 1が 4こ

❹ 59は、10が 5こと 1が 9こ

2 なんじ なんぷん ですか。(1つ5てん・30てん)

❶ こたえ 7じ　❷ こたえ 4じ15ふん　❸ こたえ 10じ38ふん

❹ こたえ 3じ30ぷん (3じはん)　❺ こたえ 11じ45ふん　❻ こたえ 6じ27ふん

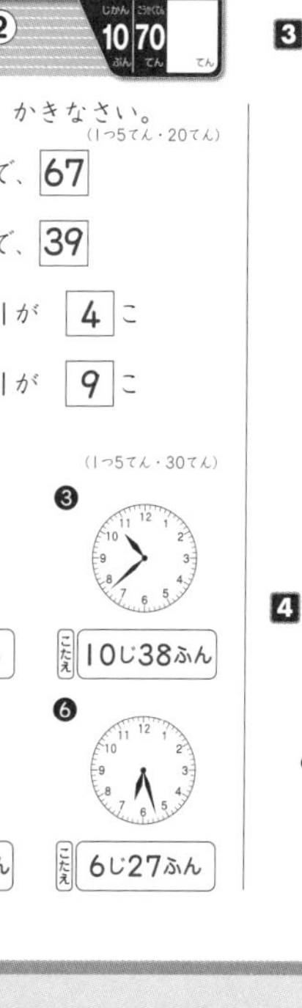

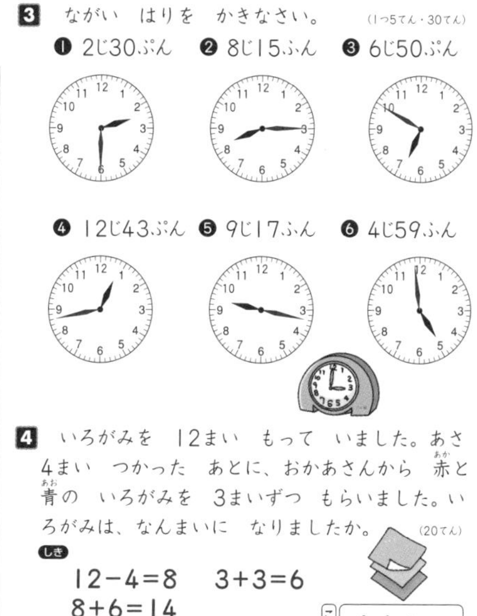

3 ながい はりを かきなさい。(1つ5てん・30てん)

❶ 2じ30ぷん　❷ 8じ15ふん　❸ 6じ50ぷん

❹ 12じ43ぷん　❺ 9じ17ふん　❻ 4じ59ふん

4 いろがみを 12まい もって いました。あさ 4まい つかった あとに、おかあさんから 赤と 青の いろがみを 3まいずつ もらいました。いろがみは、なんまいに なりましたか。(20てん)

しき 12−4=8　3+3=6
8+6=14
(12−4+3+3=14)

こたえ 14まい

テスト61 標準 レベル1 ⑯ かずの ならびかた（じかん 10ぷん　ごうかく 80てん）

1 ふくろの 中の かずを 大きい じゅんに ならべなさい。（1つ10てん・20てん）　★気をつけて!!

❶ 51 → 42 → 35 → 27 → 19

❷ 92 → 89 → 74 → 66 → 58

2 ずを 見て、□に かずを かきなさい。（1つ10てん・30てん）

20　30　40　50　60

❶ 1ずつ ふえる。
18－19－**20**－**21**－**22**－23

❷ 2ずつ ふえる。
36－38－**40**－**42**－**44**－46

❸ 5ずつ ふえる。
35－40－**45**－**50**－**55**－60

3 30から 50までの かずの 中で、つぎの かずを（ ）に かきなさい。（1つ10てん・30てん）

れい　42から 2ずつ 大きい かず
42－（ 44, 46, 48, 50 ）

★もんだいを よく よみましょう。

❶ 38から 2ずつ 小さい かず
38－（ 36, 34, 32, 30 ）

❷ 30から 5ずつ 大きい かず
30－（ 35, 40, 45, 50 ）

❸ 50から 5ずつ 小さい かず
50－（ 45, 40, 35, 30 ）

4 □に あてはまる かずを かきなさい。（1つ5てん・20てん）

❶ 24－26－**28**－**30**－32－**34**

❷ 38－**40**－42－**44**－46－**48**

❸ 50－48－**46**－44－**42**－**40**

❹ 45－**43**－41－39－**37**－**35**

68

テスト62 標準 レベル2 ⑯ かずの ならびかた（じかん 10ぷん　ごうかく 80てん）

1 ふくろの 中の かずを 小さい じゅんに ならべなさい。（1つ10てん・20てん）　★気をつけて!!

❶ 18 → 22 → 47 → 55 → 71

❷ 39 → 52 → 66 → 87 → 91

2 □に あてはまる かずを かきなさい。（1つ10てん・30てん）

60　70　80　90　100

❶ 1ずつ へる。
91－90－**89**－**88**－**87**－86

❷ 2ずつ へる。
84－82－**80**－**78**－**76**－74

❸ 5ずつ へる。
95－90－**85**－**80**－**75**－70

3 80から 100までの かずの 中で、つぎの かずを（ ）に かきなさい。（1つ10てん・30てん）

れい　92から 2ずつ 大きい かず
92－（ 94, 96, 98, 100 ）

★もんだいを よく よみましょう。

❶ 88から 2ずつ 小さい かず
88－（ 86, 84, 82, 80 ）

❷ 80から 5ずつ 大きい かず
80－（ 85, 90, 95, 100 ）

❸ 100から 5ずつ 小さい かず
100－（ 95, 90, 85, 80 ）

4 □に かずを かきなさい。（1つ5てん・20てん）

❶ 80－82－**84**－**86**－88－**90**

❷ 76－**78**－80－**82**－84－**86**

❸ 100－98－**96**－**94**－92－**90**

❹ 85－83－**81**－**79**－77－**75**

69

テスト63 ハイレベ ハイレベル ⑯ かずの ならびかた（じかん 15ぷん　ごうかく 70てん）

1 きまりを 見つけて、□に かずを かきなさい。（1つ5てん・20てん）

❶ 1－2－3－1－**2**－**3**－1

❷ 20－20－30－**30**－40－**40**－50

❸ 7－3－1－**7**－**3**－1－7

❹ 30－**20**－50－30－20－**50**－30

2 きまりを 見つけて、□に かずを かきなさい。（1つ5てん・20てん）

❶ 1－2－4－**7**－11－16－**22**
（+1 +2 +3 +4 +5 +6）

❷ 5－8－6－**9**－7－**10**－**8**
（+3 −2 +3 −2 +3 −2）

❸ 3－5－4－6－**5**－**7**－**6**
（+2 −1 +2 −1 +2 −1）

❹ 11－16－**12**－17－**13**－18－**14**
（+5 −4 +5 −4 +5 −4）

3 カードが、10まい ならんで います。

ひだり　3 5 6 7 3 5 あ 7 3 い　みぎ

❶ あの カードの かずを かきなさい。（10てん）
こたえ **6**

❷ いの カードの かずを かきなさい。（10てん）
こたえ **5**

❸ 左はしから かぞえて 2ばん目の 3の カードは、右から かぞえて なんばん目 ですか。（10てん）
こたえ **6ばん目**

❹ 右から かぞえて 2ばん目の 3と、3ばん目の 3の あいだに、カードは なんまい ありますか。（10てん）
こたえ **3まい**

70

4 かずを かいた カードが、あります。

❶ 十の くらいが 3の カードだけを、小さい じゅんに 左から 右へ ならべます。まん中の カードの かずを かきなさい。（10てん）

31, 35, 36, 37, 39

こたえ **36**

❷ 一の くらいの かずが 小さい じゅんに、左から 右へ ならべます。まん中の カードの かずを かきなさい。（10てん）

31, 92, 83, 84, 35, 36, 37, 68, 39

こたえ **35**

★もんだいを よく よみましょう。

テスト64 最レベ 最高レベルにチャレンジ!! ⑯ かずの ならびかた（じかん 10ぷん　ごうかく 50てん）

● 下の ような 7まいの カードが あります。この カードを いちばん おおくて 3まいまで つかって、ならべて できた かずが、2けたの かずに なるように します。

たとえば 三十八と 3まいの カードを ならべた とき、38と こたえます。十を 1まい つかうと、10と こたえます

❶ いちばん 大きい かずを すう字で かきなさい。（50てん）

こたえ **98**
九十八

❷ 一の くらいが 4の かずを 小さい じゅんに すう字で かきなさい。（50てん）

こたえ **14, 24, 34, 64, 84, 94**

十四, 二十四, 三十四, 六十四, 八十四, 九十四

★もんだいを よく よみましょう。

71

テスト65 標準レベル1 ⑰ たしざん (3)

1 こうえんに 男の子が 20人、女の子が 30人 います。みんなで なん人 いますか。(10てん)

しき $20+30=50$

こたえ 50人

2 赤い いろがみが 40まい、白い いろがみが 10まい あります。いろがみは、ぜんぶで なんまい ありますか。(10てん)

しき $40+10=50$

こたえ 50まい

3 60円の のりと 30円の けしごむを 1こずつ かいました。あわせて なん円に なりますか。(10てん)

しき $60+30=90$

こたえ 90円

4 あゆみさんは おりがみを 32まい もっています。おかあさんから 5まい もらいました。おりがみは、なんまいに なりましたか。(15てん)

しき $32+5=37$

こたえ 37まい

5 こどもの かさが 62本、おとなの かさが 3本 あります。かさは、あわせて なん本 ありますか。(15てん)

しき $62+3=65$

こたえ 65本

6 赤い おはじきが 40こ、青い おはじきが 30こ、白い おはじきが 20こ あります。

❶ 赤い おはじきと 青い おはじきを あわせると、なんこに なりますか。(20てん)

しき $40+30=70$

こたえ 70こ

❷ おはじきは、ぜんぶで なんこ ありますか。(20てん)

しき $70+20=90$

こたえ 90こ

テスト66 標準レベル2 ⑰ たしざん (3)

1 50円の みかんを 1こ かうと、40円 のこりました。はじめに お金を いくら もって いましたか。(10てん)

しき $50+40=90$

こたえ 90円

2 ももかさんは 本を はじめから 73ページまで よみました。あと 4ページ のこって います。この 本は、ぜんぶで なんページ ありますか。(10てん)

しき $73+4=77$

こたえ 77ページ

3 わたしは どんぐりを 30こ ひろいました。いもうとは 20こ、おとうとは 10こ ひろいました。3人で どんぐりを なんこ ひろいましたか。(15てん)

しき $30+20+10=60$（30+20＝50）

こたえ 60こ

べつの とき方 ★まえから じゅんに けいさん しましょう。

4 わたしの おかあさんは 33さいで、おとうさんより 4さい 年下です。わたしの おとうさんは、なんさい ですか。(15てん)

しき $33+4=37$

こたえ 37さい

5 1くみには、本が 30さつ あります。2くみの 本は、1くみより 10さつ おおいです。

❶ 2くみの 本は、なんさつ ですか。(15てん)

しき $30+10=40$

こたえ 40さつ

❷ 1くみと 2くみの 本を あわせると、なんさつ ありますか。(15てん)

しき $30+40=70$

こたえ 70さつ

6 子どもが、こうえんで 50人 あそんで います。あとから 男の子が 10人と 女の子が 20人 きました。みんなで なん人に なりましたか。(20てん)

しき $50+10+20=80$（50+10＝60）

こたえ 80人

★まえから じゅんに けいさん しましょう。

テスト67 ハイレベル ⑰ たしざん (3)

1 おとうとと いもうとに おはじきを 10こずつ あげると、40こ のこりました。おはじきは、はじめに なんこ ありましたか。(10てん)

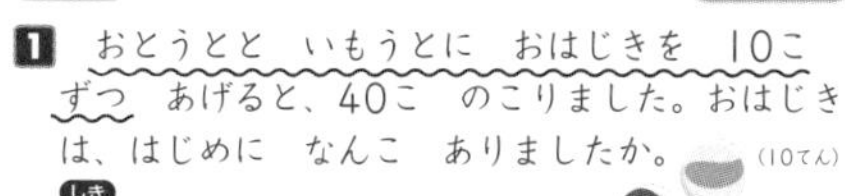

しき $10+10+40=60$
（おとうと）（いもうと）（のこり）

こたえ 60こ

2 つばささんは、がようしを 30まい もっています。きょう、おとうさんと おかあさんから 20まいずつ もらいました。つばささんの がようしは、なんまいに なりましたか。(10てん)

しき $30+20+20=70$
（おとうさん）（おかあさん）

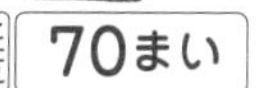

こたえ 70まい

3 みどりさんの おかあさんは 30さいで、おばあさんより 30さい 年下です。おかあさんと おばあさんの 年を あわせると、なんさいに なりますか。(10てん)

しき
おばあさんの とし…30+30=60
あわせると…30+60=90
(30+30+30=90)

こたえ 90さい

4 ゆりさんは、りんごと みかんを 1こずつ かいました。みかんは 30円でしたが、りんごは みかんより 20円 たかい そうです。ゆりさんは、ぜんぶで なん円 はらいましたか。(10てん)

しき
りんごは…30+20=50
ぜんぶで…30+50=80
(30+30+20=80)

こたえ 80円

5 ゆうじさんは、30円の おかしを 2こ かったので、のこりの お金は 6円に なりました。ゆうじさんは、はじめに いくら もって いましたか。(10てん)

しき
つかった お金…30+30=60
はじめ…60+6=66
(30+30+6=66)

こたえ 66円

6 赤と 白と 青の はたが あります。赤い はたは、20本 あります。白い はたは 赤い はたより 30本 おおく、青い はたは 白い はたより 8本 おおいです。では、青い はたは、なん本 ありますか。(10てん)

しき
白いはたは…20+30=50
青いはたは…50+8=58

こたえ 58本

★かずおさんは まえから 10+1=11ばんめ
うしろに 20人 11+20=31

7 かずおさんの くみで かけっこを して います。かずおさんの まえに 10人、うしろに 20人 はしって います。かけっこは、みんなで なん人で して いますか。(10てん)

しき

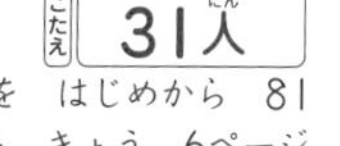

$10+1+20=31$

こたえ 31人

8 さくらさんは、きのう 本を はじめから 81ページまで よみおわりました。きょう、6ページ よむと、あしたは なんページ目から よみはじめますか。(15てん)

★きょう よみおわった つぎの ページから

しき $81+6=87$
あしたは $87+1=88$

こたえ 88ページ目

9 おとうとと いもうとは あめを 10こずつ、おにいさんと おねえさんは あめを 20こずつ もって います。あめを ぜんぶで なんこ もって いますか。(15てん)

しき
おとうとと いもうと 10+10=20
おにいさんと おねえさん 20+20=40
みんなで 20+40=60
(10+10+20+20=60)

こたえ 60こ

テスト68 最レベ 最高レベルにチャレンジ!! ⑰ たしざん (3)

● はやとさんは、クラス 20人の けいさんテストの けっかを いいました。(1つ25てん・100てん)

10てん まんてんの 人は、3人です。9てんの 人は、1人です。8てんの 人は、2人です。7てんの 人は、3人です。ぼくは、6てんでした。のこりの 人は、みんな 5てんでした。よしこさんは 9てんで、まさしさんは 7てんでした。

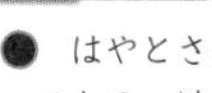

❶ よしこさんは、よい ほうから なんばん目 ですか。

しき $3+1=4$

こたえ 4ばん目

★10てんの 人は 3人とも 1ばんです。

❷ まさしさんは、よい ほうから なんばん目 ですか。

しき $3+1+2+1=7$

こたえ 7ばん目

★7てんの 人は 3人とも 7ばんです。

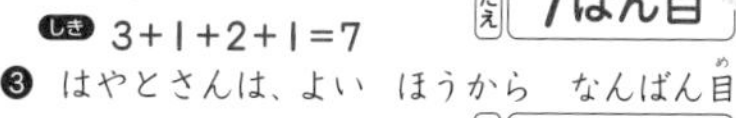

❸ はやとさんは、よい ほうから なんばん目 ですか。

しき $3+1+2+3+1=10$

こたえ 10ばん目

❹ 7てんより わるい てんすうの 人は、なん人 いますか。

しき $3+1+2+3=9$
$20-9=11$

こたえ 11人

テスト69 標準 レベル1 ⑱ ひきざん (3)

じかん 10ぷん ごうかく 80てん

1 50円 もって いましたが、20円 つかいました。のこりは、なん円に なりましたか。(10てん)

しき $50-20=30$

こたえ **30円**

2 赤い おりがみが 70まい、白い おりがみが 60まい あります。ちがいは、なんまい ですか。(10てん)

しき $70-60=10$

こたえ **10まい**

3 こうえんに こどもが 80人 います。そのうち 男の子は、30人 います。女の子は、なん人 いますか。(10てん)

しき $80-30=50$

こたえ **50人**

4 犬が 30ぴき、ねこが 20ぴき います。犬は ねこより なんびき おおいですか。(10てん)

しき $30-20=10$

こたえ **10ぴき**

5 子どもが、バスに 28人 のって いました。そのあと 5人 おりました。いま、なん人 のって いますか。(15てん)

しき $28-5=23$

こたえ **23人**

6 どんぐりを 37こ ひろいました。ともだちに 6こ あげました。どんぐりは、なんこ のこって いますか。(15てん)

しき $37-6=31$

こたえ **31こ**

7 みどりさんは、がようしを 48まい もって います。おとうとに 3まい、いもうとに 2まい あげました。みどりさんの がようしは、なんまいに なりましたか。(15てん)

しき あげた かず $3+2=5$
のこりは $48-5=43$
$(48-3-2=43)$

こたえ **43まい**

8 子どもが、こうえんに 56人 います。男の子が 2人と、女の子が 4人 かえりました。いま、こうえんに 子どもは、なん人 いますか。(15てん)

しき かえった かず $2+4=6$
のこりは $56-6=50$
$(56-2-4=50)$

こたえ **50人**

テスト70 標準 レベル2 ⑱ ひきざん (3)

じかん 10ぷん ごうかく 80てん

1 すずめが、やねに 60わ とまって います。40わが、とんで いきました。いま、やねに すずめは、なんわ いますか。(10てん)

しき $60-40=20$

こたえ **20わ**

2 わたしは、きって 29まい もって います。いもうとは、7まい もって います。わたしは、いもうとより なんまい おおく もって いますか。(10てん)

しき $29-7=22$

こたえ **22まい**

3 わたしは、えんぴつを 37本 もって います。おとうとに 4本 あげると、のこりは なん本に なりますか。(10てん)

しき $37-4=33$

こたえ **33本**

4 はるかさんは、おはじきを 59こ もって います。いもうとに 4こ、おとうとに 2こ あげました。はるかさんの おはじきは、なんこに なりましたか。(15てん)

しき あげた かず $4+2=6$
のこりは $59-6=53$
$(59-4-2=53)$

こたえ **53こ**

5 おねえさんは、あめを 48こ もって います。あさに 3こ、ひるに 4こ たべました。あめは、なんこに なりましたか。(15てん)

しき たべた かず $3+4=7$
のこりは $48-7=41$
$(48-3-4=41)$

こたえ **41こ**

6 まさしさんの くみの 子どもたちは、28人 います。きょう、男の子が 2人と 女の子が 1人 休んで います。きょう、学校に きたのは なん人 ですか。(20てん)

しき 休んだ かず $2+1=3$
きた人は $28-3=25$
$(28-2-1=25)$

こたえ **25人**

7 きょう、かずこさんは 貝がらを おとうさんから 20こ、おかあさんから 10こ もらったので、60こに なりました。きのうまでに かずこさんは、なんこ 貝がらを もって いましたか。(20てん)

しき もらった かず $20+10=30$
きのう までの かず $60-30=30$
$(60-20-10=30)$

こたえ **30こ**

テスト71 ハイレベ ハイレベル ⑱ ひきざん (3)

じかん 15ぷん ごうかく 70てん

1 まゆみさんは、どんぐりを 59こ もって います。2人の ともだちに 3こずつ あげました。まゆみさんの どんぐりは、なんこに なりましたか。(10てん)

しき あげた かず $3+3=6$
どんぐりの かずは $59-6=53$
$(59-3-3=53)$

こたえ **53こ**

2 たろうさんは、95円 もって います。おとうとと いもうとに 40円の けしゴムを 1こずつ かいました。のこりは、なん円に なりますか。(10てん)

しき 2人の けしゴムの ねだん $40+40=80$
のこりは $95-80=15$
$(95-40-40=15)$

こたえ **15円**

3 おはじきが、60こ あります。そのうち ぼくが 20こ もらい、おねえさんが ぼくより 10こ おおく もらいます。そして、のこりを ぜんぶ おにいさんが もらいます。おにいさんは、おはじきを なんこ もらいますか。(10てん)

しき おねえさんが もらった かずは $20+10=30$
おにいさんが もらった かずは
$60-20-30=10$

こたえ **10こ**

★ぼくが もらった かずは 20

4 子どもが、50人 よこに 1れつに ならんで います。のぞみさんの 左に 19人 います。のぞみさんの 右に なん人 いますか。(10てん)

しき (図: 50人、19人、のぞみ)

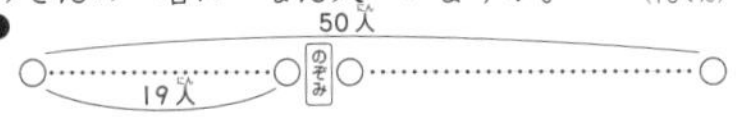

のぞみさんは 左から $19+1=20$(ばん目)
のぞみさんの 右に $50-20=30$

こたえ **30人**

5 子どもが、バスていに 29人 ならんで います。たけしさんの まえには 6人 います。たけしさんの うしろには なん人 いますか。(10てん)

しき たけしさんは まえから $6+1=7$(ばん目)
たけしさんの うしろには $29-7=22$

こたえ **22人**

6 本が、30さつ よこに ならんで います。さちこさんの すきな 花の 本は、左から 10ばん目です。右から かぞえると なんばん目ですか。(10てん)

しき 花の本の 右には $30-10=20$
花の本は 20さつの 左どなり $20+1=21$

こたえ **21ばん目**

7 60まいの がようしを、30人の 男の子に 1まいずつ くばりました。そのあと 40人の 女の子に 1まいずつ くばります。がようしは、なんまい たりないですか。(10てん)

しき $60-30=30$
$40-30=10$

こたえ **10まい**

8 犬と ねこと ねずみが、あわせて 60ぴき います。そのうち 犬は 30ぴきで、ねこは 犬より 10ぴき すくないです。ねずみは、なんびき いますか。(15てん)

しき ねこの かず $30-10=20$
犬と ねこの かずを あわせると
$30+20=50$
ねずみの かずは $60-50=10$

こたえ **10ぴき**

9 りんごが 2こと、みかんが 1こで 80円です。りんごが 1こと みかんが 1こで、50円です。みかん 1こは、なん円ですか。(15てん)

しき 80円と 50円の ちがいは
りんご 1こ の ねだん
りんご 1こ の ねだん $80-50=30$
みかん 1こ の ねだん $50-30=20$

こたえ **20円**

テスト72 最レベ 最高レベルにチャレンジ!! ⑱ ひきざん (3)

じかん 10ぷん ごうかく 50てん

1 まりこさんは、おはじきを 20こ もって います。ゆみこさんに 8こ わたすと、まりこさんと ゆみこさんの おはじきの かずが おなじに なりました。ゆみこさんは、はじめに おはじきを なんこ もって いましたか。(50てん)

しき $20-8-8=4$

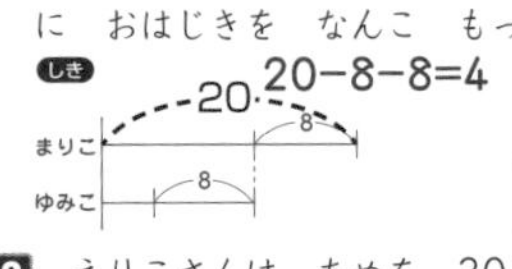

こたえ **4こ**

2 えりこさんは、あめを 30こ もって います。ももかさんに 7こ わたすと、ももかさんの もって いる あめの かずは、えりこさんの もって いる あめの かずより 5こ おおく なりました。ももかさんは、はじめに あめを なんこ もって いましたか。(50てん)

しき $7-5=2$
$30-2-5-2=21$

べつの ときかた
$30-7=23$ (えりこさんの いまの かず)
$23+5=28$ (ももかさんの いまの かず)
$28-7=21$ (ももかさんの はじめの かず)

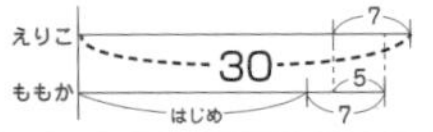

(図: えりこ 30、ももか はじめ 7、5、7)

こたえ **21こ**

きりとり線

テスト73 標準レベル1 ⑲ たしざんと ひきざん(3) じかん10ぷん ごうかく80てん

れい こどもが、こうえんに 38人 いました。そのうち 6人 かえりましたが、また 5人 きました。こどもは、なん人に なりましたか。

はじめの かず…38人　へった かず…6人　ふえた かず…5人

しき 6人 かえった。…38−6=32　また 5人 きた。…32+5=37

1つの しきで… 38−6+5=37　こたえ 37人

1 くりが、26こ あります。4こ たべました。そのあと 7こ もらいました。くりは、なんこに なりましたか。(25てん)

はじめの かず…26こ　へった かず…4こ　ふえた かず…7こ

しき 4こ たべた。…26−4=22　7こ もらった。…22+7=29

1つの しきで… 26−4+7=29　こたえ 29こ

2 いろがみが、84まい あります。5まい もらったあと 6まい つかいました。いろがみは、なんまいに なりましたか。(25てん)

しき 5まい もらった。…84+5=89　6まい つかった。…89−6=83

1つの しきで、84+5−6=83　こたえ 83まい

れい 1こ 20円の あめを 2こ かって 100円 はらいました。おつりは、いくらですか。

はらった お金…100円　つかった お金…20円と20円

しき 20円の あめを 2こかう。…20+20=40　100円はらう。おつりは…100−40=60

1つの しきで… 100−20−20=60　こたえ 60円

3 1こ 30円の けしゴムを 2こ かって 100円 はらいました。おつりは、いくらですか。(25てん)

しき 30円の けしゴムを 2こかう。30+30=60　100円はらう。おつりは、100−60=40

1つの しきで、100−30−30=40　こたえ 40円

4 30円の けしゴムと 40円の けしゴムを 1こずつ かって 100円 はらいました。おつりは、いくらですか。(25てん)

しき かった ものの ねだん 30+40=70　100円はらう。おつりは、100−70=30

1つの しきで、100−30−40=30　こたえ 30円

テスト74 標準レベル2 ⑲ たしざんと ひきざん(3) じかん10ぷん ごうかく80てん

れい きっ手が、72まい あります。いろがみは きっ手より 5まい おおく、がようしは いろがみより 3まい すくないです。がようしは、なんまい ありますか。

しき いろがみの かず… 72+5=77　がようしの かず… 77−3=74　こたえ 74まい

1 みかんと りんごと かきを 1こずつ かいました。みかんは、83円です。りんごは みかんより 5円たかく、かきは りんごより 3円やすいです。かきは、いくらですか。(25てん)

しき りんごの ねだん 83+5=88　かきの ねだん 88−3=85　こたえ 85円

2 ケーキと パンと ドーナツを 1こずつ かいました。ケーキは 70円で、パンは ケーキより 20円やすく、ドーナツは パンより 10円たかいです。ドーナツは、いくらですか。(25てん)

しき パンの ねだん 70−20=50　ドーナツの ねだん 50+10=60　こたえ 60円

れい 50円 もって います。30円で あめを かいました。そのあと おかあさんから 40円 もらいました。のこりの お金は、なん円ですか。

しき あめを かったので…50−30=20　おかあさんから 40円もらったので…20+40=60

1つの しきで… 50−30+40=60　こたえ 60円

3 80円 もって います。50円で ガムを かいました。そのあと おとうさんから 60円 もらいました。のこりの お金は、なん円ですか。(25てん)

しき ガムを かったので 80−50=30　おとうさんから 60円 もらったので 30+60=90

1つの しきで、80−50+60=90　こたえ 90円

4 100円 もって います。50円で チョコレートを、30円で あめを かいました。のこりの お金は、なん円ですか。(25てん)

しき つかった お金 50+30=80　のこり 100−80=20

1つの しきで、100−50−30=20　こたえ 20円

テスト75 ハイレベ ハイレベル ⑲ たしざんと ひきざん(3) じかん15ぷん ごうかく70てん

れい 27人で かけっこを しました。ゆかりさんは はじめ まえから 3ばん目 でしたが、男の子 1人と 女の子 2人に ぬかされました。いま、ゆかりさんの うしろには なん人 いますか。

しき (男の子)1+(女の子)2=3 3人に ぬかされたから、いまは まえから、3+3=6ばん目

ゆかりさんの うしろには、27−6=21　こたえ 21人

1 39人で かけっこを しました。だいすけさんは はじめ まえから 5ばん目でしたが、男の子と 女の子の 2人ずつに ぬかされました。いま、だいすけさんの うしろには なん人 いますか。(20てん)

しき いまは まえから 5+2+2=9　うしろには、39−9=30　こたえ 30人

れい みかんと かきと りんごの じゅんに 1この ねだんが 10円ずつ たかい そうです。かきは、20円です。1こずつ ぜんぶ かうと いくらですか。

しき みかん 1この ねだんは、20−10=10円　りんご 1この ねだんは、20+10=30円

ぜんぶ かうと、10+20+30=60　こたえ 60円

2 さくらさんは 6さいで、おねえさんと おとうととは としが 3さいずつ ちがいます。3人の としを あわせると なんさいですか。(20てん)

しき おねえさんの とし 6+3=9さい　おとうとの とし 6−3=3さい

3人の としを あわせると、3+6+9=18　こたえ 18さい

3 パンと ドーナツと ケーキの じゅんに 1この ねだんが 10円ずつ たかい そうです。ケーキは 40円です。パンと ドーナツと ケーキを 1こずつ かうと いくらですか。(20てん)

しき ドーナツ 40−10=30円　パン 30−10=20円

ぜんぶ かうと、20+30+40=90　こたえ 90円

れい 子どもが、1れつに ならんで います。つよしさんの まえに 20人 います。つよしさんの うしろに 30人 います。みんなで なん人 ならんで いますか。

しき つよしさん 20+1+30=51　こたえ 51人

べつの とき方 つよしさんは まえから 20+1=21　21+30=51　こたえ 51人

4 子どもが、こうえんで 1れつに ならんで います。すみれさんの まえに 25人 います。すみれさんの うしろに 3人 います。みんなで なん人 ならんで いますか。(20てん)

しき 25+1+3=29　こたえ 29人

べつの とき方 すみれさんは まえから 25+1=26　26+3=29　こたえ 29人

5 子どもが、バスていで 1れつに ならんで います。たかしさんの まえに 男の子と 女の子が 10人ずつ ならんで います。たかしさんの うしろに 5人 います。みんなで なん人 ならんで いますか。(20てん)

しき たかしさんの まえ 10+10=20　20+1+5=26　こたえ 26人

べつの とき方 たかしさんは まえから 10+10+1=21(ばんめ)　21+5=26　こたえ 26人

テスト76 最レベ 最高レベルにチャレンジ!! ⑲ たしざんと ひきざん(3)(ふくしゅう) じかん10ぷん ごうかく60てん

● 15人まで のれる バスが あります。

❶ しゅっぱつ するとき なん人かが のっていましたが、まだ 8人 のれます。いま、バスに のって いる 人は、なん人 ですか。(30てん)

しき 15−8=7　こたえ 7人

❷ 1つ目の バスていでは、おりた 人より のって きた 人の ほうが、4人 おおかったそうです。この バスに のって いる 人は、なん人に なりましたか。(30てん)

しき 4人 ふえるから 7+4=11　こたえ 11人

❸ 2つ目の バスていでは、13人が まって いましたが、そのうち 4人が のれませんでした。2つ目の バスていで バスを おりた 人は、なん人ですか。(40てん)

しき バスには 11人 のっていた　バスに のれた人 13−4=9　だれも おりなくても 4人は のれる 9−4=5

べつの とき方 だれも おりなかったら 11+9=20に なってしまう　15人 のりの バスだから 20−15=5

こたえ 5人

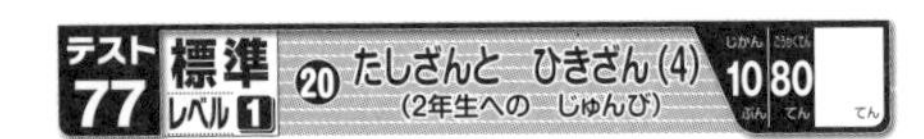

じかん 10ぷん　ごうかく 80てん

れい 赤い いろがみが 32まい、青い いろがみが 46まい あります。いろがみは、あわせて なんまい ありますか。

しき 32+46=78　こたえ 78まい

1 うんどうじょうに 男の子が 56人、女の子が 23人 います。うんどうじょうに みんなで なん人 いますか。(20てん)

しき 56+23=79　こたえ 79人

2 小学校で 花を うえました。1くみは 22本 うえました。2くみは 31本、3くみは 15本 うえました。あわせて 花を なん本 うえましたか。(20てん)

しき 22+31+15=68（22+31=53）　こたえ 68本

★まえから じゅんに たしざんを しましょう。

れい きっ手が、76まい あります。そのうち 44まい つかいました。きっ手は、なんまいに なりましたか。

しき 76−44=32　こたえ 32まい

3 こうえんに 子どもが 89人 います。そのうち 男の子は、42人 います。女の子は、なん人 いますか。(20てん)

しき 89−42=47　こたえ 47人

4 犬が 39ひき います。ねこは、犬より 17ひき すくないです。ねこは、なんびき いますか。(20てん)

しき 39−17=22　こたえ 22ひき

5 お金を 67円 もって いましたが、13円の けしゴムと 42円の じしゃくを 1こずつ かいました。お金は、あと いくら のこって いますか。(20てん)

しき 67−13−42=12（67−13=54）　こたえ 12円

★まえから じゅんに ひきざんを しましょう。

テスト78 標準 レベル2　20 たしざんと ひきざん(4)（2年生への じゅんび）

じかん 10ぷん　ごうかく 80てん

れい はるこさんは 7さいです。おかあさんは はるこさんより 31さい 年上で、おばあさんは おかあさんより 30さい 年上です。おばあさんは、なんさいですか。

しき おかあさんの とし 7+31=38
おばあさんの とし 38+30=68
こたえ 68さい

1 まさるさんは 6さいです。おとうさんは まさるさんより 31さい 年上で、おじいさんは おとうさんより 32さい 年上です。おじいさんは、なんさいですか。(25てん)

しき 6+31=37
37+32=69
(6+31+32=69)
こたえ 69さい

2 赤い かみが 23まい あります。白い かみは、赤い かみより 12まい おおく、青い かみは、白い かみより 44まい おおいです。青い かみは、なんまい ありますか。(25てん)

しき 23+12=35
35+44=79
こたえ 79まい

れい くりを 67こ もって います。おとうとと いもうとに 12こずつ あげました。くりは、なんこに なりましたか。

しき くりを あげた かず……12+12=24
のこりの かず……67−24=43
1つの しきで 67−12−12=43
こたえ 43こ

3 まめが 56こ あります。赤い とりと 青い とりに 11こずつ あげると、のこりの まめは、なんこに なりますか。(25てん)

しき とりに あげる まめの かず 11+11=22
のこりの まめの かず 56−22=34
1つの しきで 56−11−11=34
こたえ 34こ

4 男の子が 21人と 女の子が 32人 います。男の子が、15人 きました。子どもは、みんなで なん人に なりましたか。(25てん)

しき はじめに いた 子どもの かず 21+32=53
子どもは ぜんぶで 53+15=68
1つの しきで 21+32+15=68
こたえ 68人

テスト79 ハイレベル　20 たしざんと ひきざん(4)（2年生への じゅんび）

じかん 15ぷん　ごうかく 70てん

れい 50円玉が 1こと 10円玉が 3こと 5円玉が 1こと 1円玉が なんこか あって、あわせて 87円 あります。1円玉は、なんこ ありますか。

50円玉 1こ……50円　10円玉 3こ……30円
5円玉 1こ……5円　50+30+5=85
しき 1円玉は 87−85=2　こたえ 2こ

1 50円玉が 1こと 10円玉が 2こと 5円玉が 4こと 1円玉が なんこか あって、あわせて 94円 あります。1円玉は、なんこ ありますか。(20てん)

50円玉 1こ……50円　10円玉 2こ……20円
5円玉 4こ……20円　50+20+20=90
しき 1円玉は、94−90=4　こたえ 4こ

2 50円玉が 1こと 5円玉が 3こと 1円玉が 4こと 10円玉が なんこか あって、あわせて 89円 あります。10円玉は、なんこ ありますか。(20てん)

50+15+4=69
しき 10円玉は、89−69=20　こたえ 2こ

れい りんごと みかんと かきが あわせて 67こ あります。みかんと かきを あわせると 55こで、みかんは りんごより 11こ おおいです。かきは、なんこ ありますか。

しき りんごは、67−55=12　みかんは、12+11=23
かきは、55−23=32　こたえ 32こ

3 赤い 玉と 白い 玉と 青い 玉が あわせて 47こ あります。赤い 玉と 青い 玉を あわせると 25こで、赤い 玉は 白い 玉より 10こ すくないです。青い 玉は、なんこ ありますか。(20てん)

しき 白い玉は、47−25=22　赤い玉は、22−10=12
青い玉は、25−12=13
(47−22−12=13)
こたえ 13こ

4 子どもが、1くみと 2くみと 3くみで あわせて 99人 います。1くみと 3くみを あわせると 67人で、1くみの 子どもは 2くみより 3人 おおいです。3くみの 子どもは、なん人ですか。(20てん)

しき 2くみの かず 99−67=32　1くみの かず 32+3=35
3くみの かず 67−35=32
(99−35−32=32)
こたえ 32人

★ていねいに もんだいを よみましょう。

れい おにいさんは、もって いる くりの はんぶんを おねえさんに あげました。おねえさんは もらった くりの はんぶんを おとうとに、おとうとは もらった くりの はんぶんを いもうとに あげたので、いもうとは くりを 5こ もらいました。おにいさんは、はじめに くりを なんこ もって いましたか。

おとうと 10こ　おねえさん 20こ　いもうと 5こ　おにいさん 40こ

しき いもうと…5こ　おとうと…5+5=10
おねえさん…10+10=20
おにいさん…20+20=40
こたえ 40こ

5 犬は、もって いる まめの はんぶんを ねこに あげました。ねこは もらった まめの はんぶんを りすに あげて、りすは もらった まめの はんぶんを かめに あげたので、かめは 11こ もらいました。犬は、はじめに まめを なんこ もって いましたか。(20てん)

しき かめ…11　りす…11+11=22
ねこ…22+22=44
いぬ…44+44=88
こたえ 88こ

テスト80 最レベ　最高レベルにチャレンジ!!　20 たしざんと ひきざん(4)（2年生への じゅんび）

じかん 10ぷん　ごうかく 50てん

● おかあさんは、いろがみを 40まい もって いて、その はんぶんを わたしが もらいました。そのあと わたしは、もらった いろがみの はんぶんを おとうとに あげました。そして、おとうとは、もらった いろがみの はんぶんを いもうとに あげました。

1 おとうとの いろがみは、いもうとの いろがみより なんまい おおく なりましたか。(50てん)

しき 40=20+20
20=10+10
10=5+5
10−5=5
こたえ 5まい

2 わたしと おとうとと いもうとの いろがみを ぜんぶ あわせると、なんまいに なりますか。(50てん)

しき 20+10+5=35
こたえ 35まい

リビューテスト 4-1（ふくしゅうテスト）

じかん 10ぷん　ごうかく 70てん

1 □に あてはまる かずを かきなさい。（1つ5てん・20てん）

❶ 28－30－32－34－36－38

❷ 35－37－39－41－43－45

❸ 34－32－30－28－26－24

❹ 49－47－45－43－41－39

★もんだいを よく よみましょう。

2 20から 50までの かずの 中で、つぎの かずを □に かきなさい。（1つ5てん・20てん）

❶ 41から 2つずつ 大きい かず
41－ 43, 45, 47, 49

❷ 28から 2ずつ 小さい かず
28－ 26, 24, 22, 20

❸ 20から 5つずつ 大きい かず
20－ 25, 30, 35, 40, 45, 50

❹ 40から 5ずつ 小さい かず
40－ 35, 30, 25, 20

3 わたしの おかあさんは 32さいで、おとうさんより 3さい 年下です。わたしの おとうさんは、なんさい ですか。（10てん）

しき 32＋3＝35

こたえ 35さい

4 犬が 40ぴきと ねこが 30ぴき います。犬は、ねこより なんびき おおい ですか。（10てん）

しき 40－30＝10

こたえ 10ぴき

5 1こ 40円の けしゴムと 1こ 50円の けしゴムを 1こずつ かって、100円 はらい ました。おつりは、いくらですか。（20てん）

しき 40＋50＝90　100－90＝10
（100－40－50＝10）

こたえ 10円

6 みかんと かきと りんごの じゅんに 1この ねだんが 10円ずつ たかい そうです。りんごは いちばん たかくて 40円です。みかんと かきと りんごを 1こずつ かうと いくらですか。（20てん）

しき かき……40－10＝30
みかん…30－10＝20
ぜんぶで 20＋30＋40＝90

こたえ 90円

リビューテスト 4-2（ふくしゅうテスト）

じかん 10ぷん　ごうかく 70てん

1 □に あてはまる かずを かきなさい。（1つ5てん・20てん）

❶ 60－62－64－66－68－70

❷ 71－73－75－77－79－81

❸ 84－82－80－78－76－74

❹ 99－97－95－93－91－89

★もんだいを よく よみましょう。

2 70から 100までの かずの 中で、つぎの かずを □に かきなさい。（1つ5てん・20てん）

❶ 87から 2つずつ 大きい かず
87－ 89, 91, 93, 95, 97, 99

❷ 82から 2ずつ 小さい かず
82－ 80, 78, 76, 74, 72, 70

❸ 70から 5つずつ 大きい かず
70－ 75, 80, 85, 90, 95, 100

❹ 90から 5ずつ 小さい かず
90－ 85, 80, 75, 70

3 はとが、37わ います。すずめは、24わ います。はとは すずめより なんわ おおいですか。（10てん）

しき 37－24＝13

こたえ 13わ

4 えんぴつが、82本 あります。おかあさんから 17本 もらいました。えんぴつは、ぜんぶで なん本に なりましたか。（10てん）

しき 82＋17＝99

こたえ 99本

5 70円 もって います。60円で ガムを かいました。そのあと おかあさんから 30円 もらいました。のこりの お金は、なん円ですか。（20てん）

しき 70－60＝10　10＋30＝40
（70－60＋30＝40）

こたえ 40円

6 やすこさんは 6さいで、おにいさんと いもうとと 年が 2さいずつ ちがいます。3人の 年を あわせると なんさいですか。（20てん）

しき おにいさん…6＋2＝8
いもうと…6－2＝4
あわせると 8＋6＋4＝18

こたえ 18さい

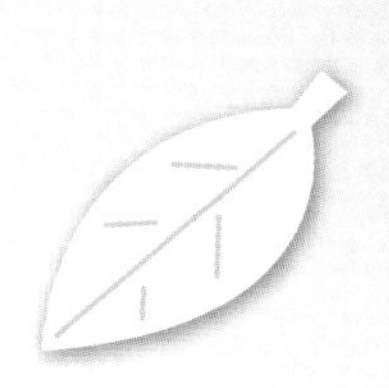

〈きりとり線〉

テスト81 標準レベル1 ㉑ 三角形と 四角形の かず（もれなく かぞえる特訓） 10ぷん 80てん

れい 下の ずの 中に、三かくけいは なんこ ありますか。

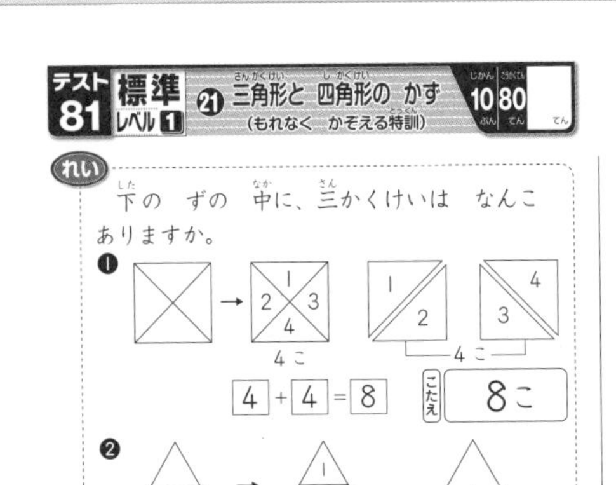

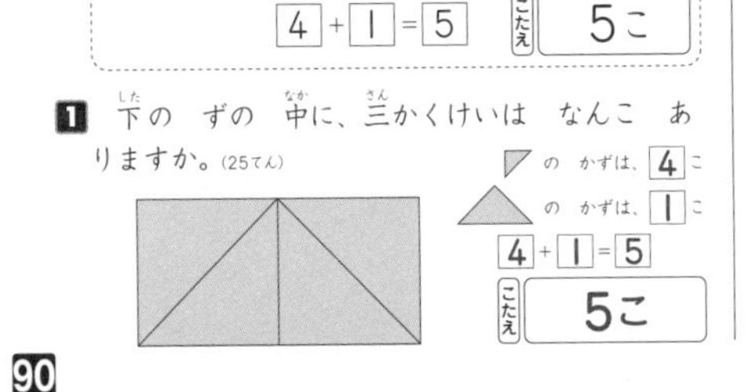

1 下の ずの 中に、三かくけいは なんこ ありますか。（25てん）

の かずは、4こ
の かずは、1こ
4＋1＝5
こたえ 5こ

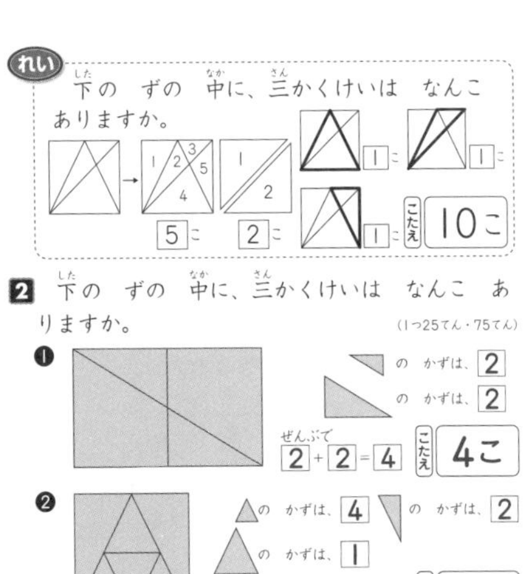

れい 下の ずの 中に、三かくけいは なんこ ありますか。
5こ 2こ 1こ 1こ 1こ
こたえ 10こ

2 下の ずの 中に、三かくけいは なんこ ありますか。（1つ25てん・75てん）

❶ の かずは、2
の かずは、2
ぜんぶで 2＋2＝4 こたえ 4こ

❷ の かずは、4　の かずは、2
の かずは、1
ぜんぶで 4＋2＋1＝7 こたえ 7こ

❸ の かずは、4　の かずは、2
の かずは、4　の かずは、2
ぜんぶで 4＋2＋4＋2＝12 こたえ 12こ

★もれが ないように かぞえましょう。

テスト82 標準レベル2 ㉑ 三角形と 四角形の かず（もれなく かぞえる特訓） 10ぷん 80てん

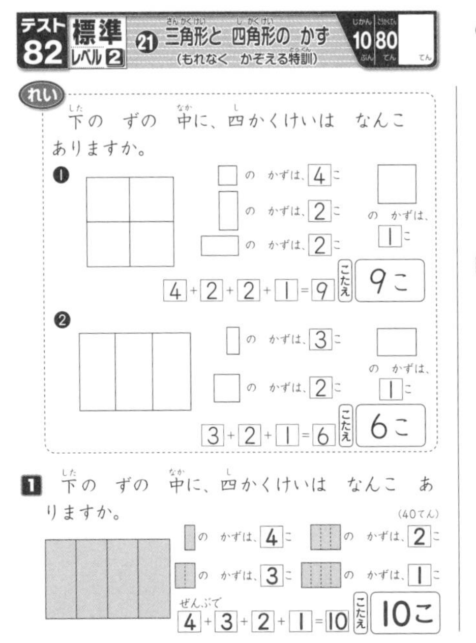

1 下の ずの 中に、四かくけいは なんこ ありますか。（40てん）

の かずは、4こ　の かずは、2こ
の かずは、3こ　の かずは、1こ
ぜんぶで 4＋3＋2＋1＝10 こたえ 10こ

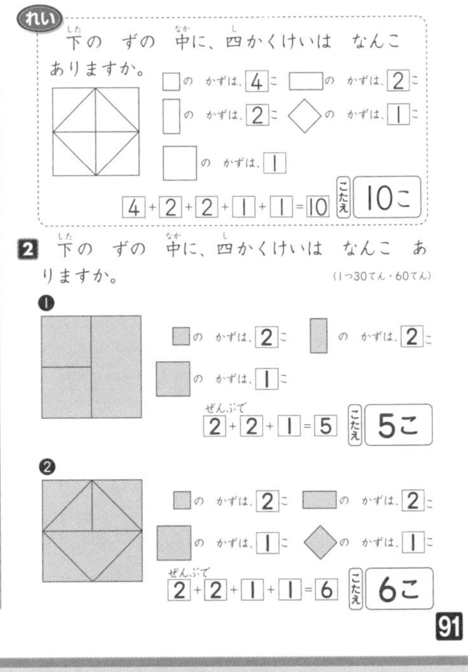

テスト83 ハイレベル ㉑ 三角形と 四角形の かず（もれなく かぞえる特訓） 15ぷん 70てん

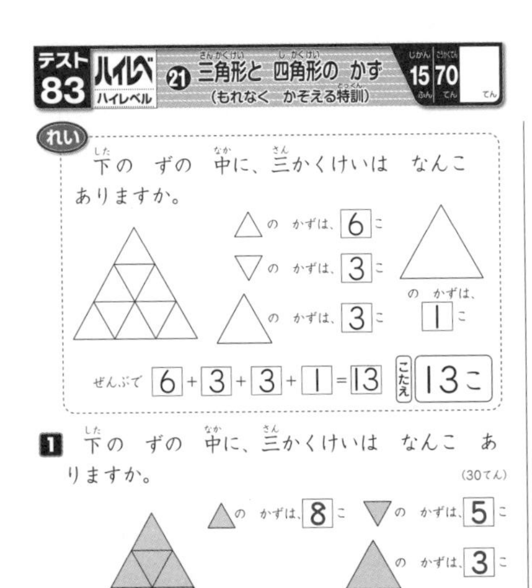

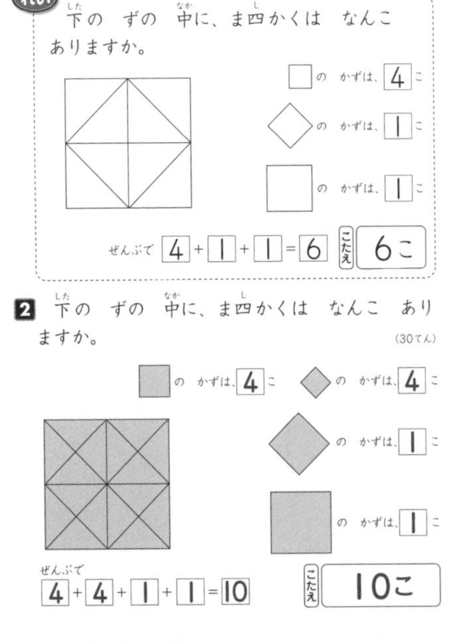

れい 下の ずの 中に、ま四かくは なんこ ありますか。
の かずは、4こ の かずは、1こ の かずは、1こ
ぜんぶで 4＋1＋1＝6 こたえ 6こ
2 下の ずの 中に、ま四かくは なんこ ありますか。（30てん）
の かずは、4こ の かずは、4こ の かずは、1こ の かずは、1こ
ぜんぶで 4＋4＋1＋1＝10 こたえ 10こ

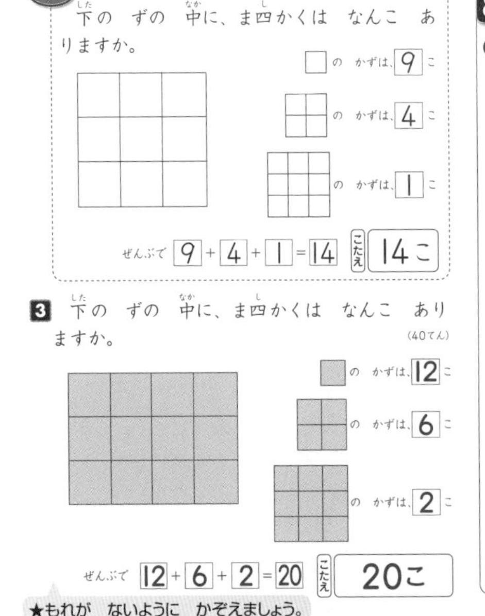

れい 下の ずの 中に、ま四かくは なんこ ありますか。
の かずは、9こ の かずは、4こ の かずは、1こ
ぜんぶで 9＋4＋1＝14 こたえ 14こ
3 下の ずの 中に、ま四かくは なんこ ありますか。（40てん）
の かずは、12こ の かずは、6こ の かずは、2こ
ぜんぶで 12＋6＋2＝20 こたえ 20こ

★もれが ないように かぞえましょう。

テスト84 最レベ ㉑ 三角形と 四角形の かず（もれなく かぞえる特訓） 最高レベルにチャレンジ!! 10ぷん 50てん

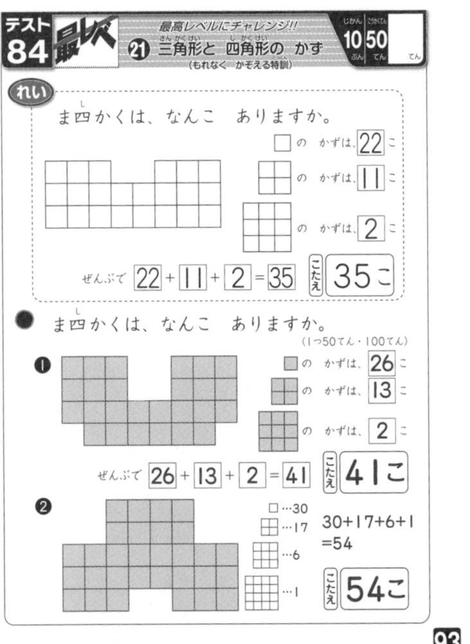

れい ま四かくは、なんこ ありますか。
の かずは、22こ の かずは、11こ の かずは、2こ
ぜんぶで 22＋11＋2＝35 こたえ 35こ
● ま四かくは、なんこ ありますか。（1つ50てん・100てん）
❶ の かずは、26こ の かずは、13こ の かずは、2こ
ぜんぶで 26＋13＋2＝41 こたえ 41こ
❷ …30 …17 …6 …1
30+17+6+1 =54
こたえ 54こ

テスト85 標準 レベル1 22 つみ木の　かず（もれなく　かぞえる特訓）

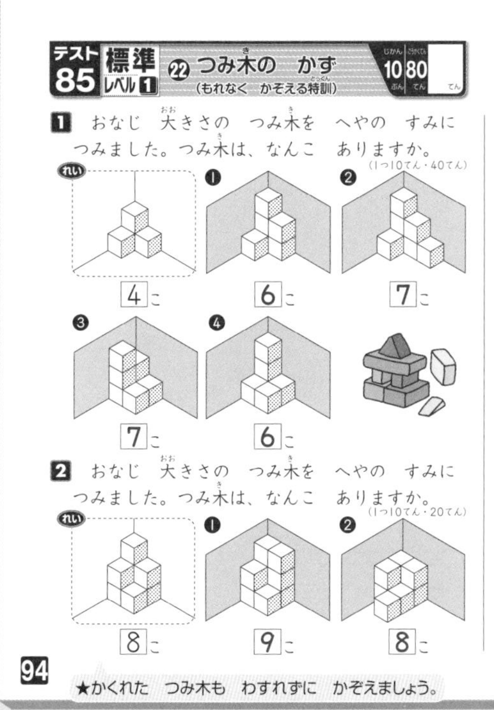

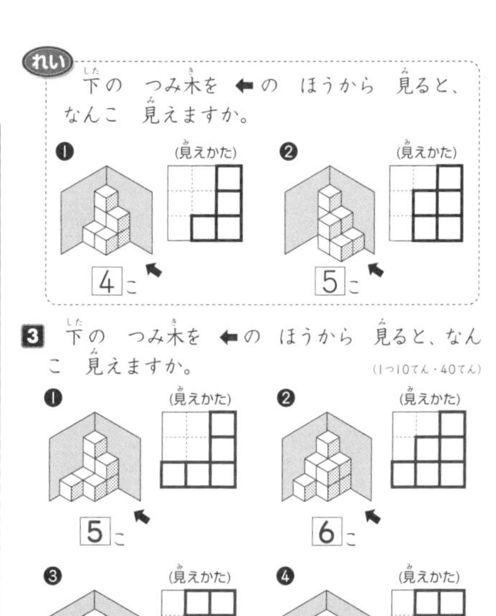

★かくれた　つみ木も　わすれずに　かぞえましょう。

テスト86 標準 レベル2 22 つみ木の　かず（もれなく　かぞえる特訓）

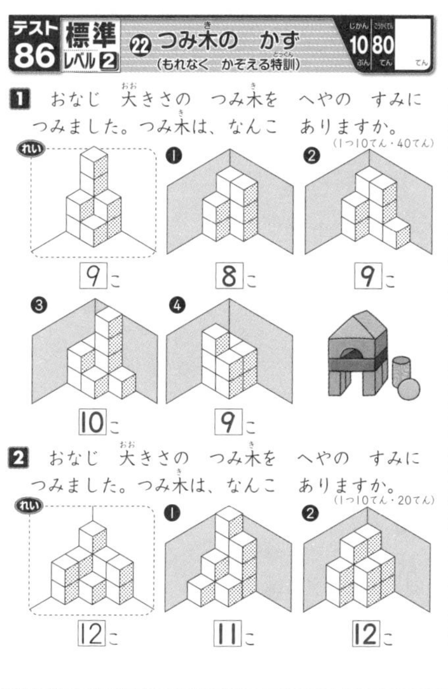

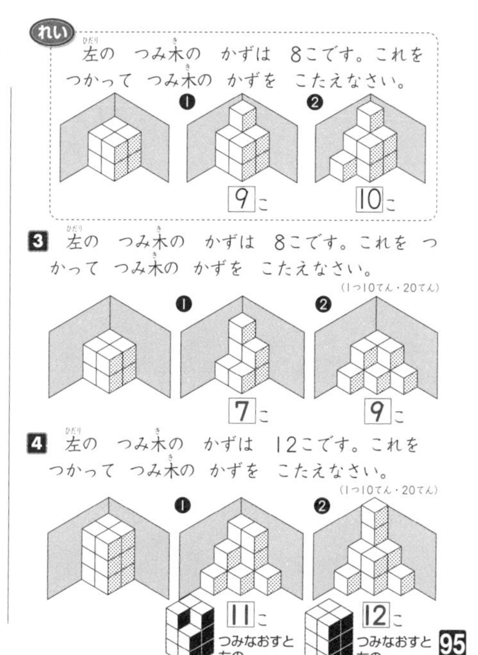

テスト87 ハイレベ 22 つみ木の　かず（もれなく　かぞえる特訓）

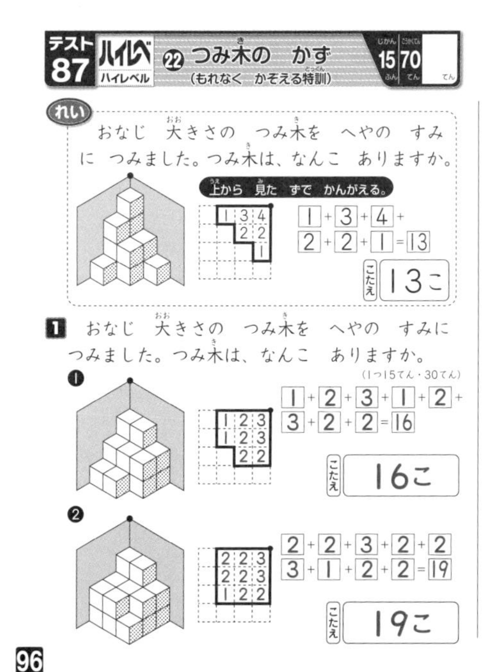

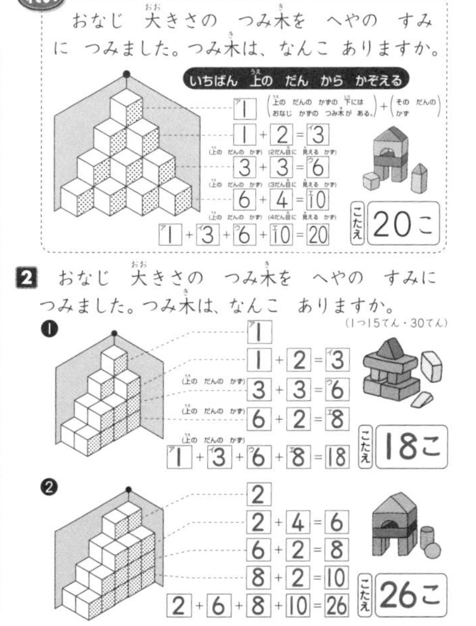

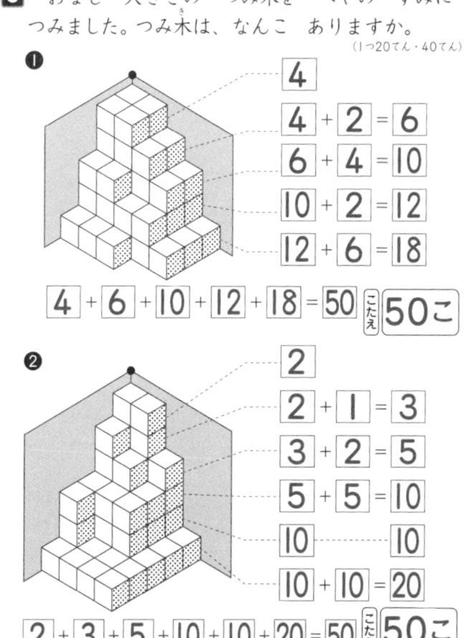

★この　かぞえかたで　100この　つみ木も　かぞえることが　できるよ。

テスト88 最レベ 最高レベルにチャレンジ!! 22 つみ木の　かず（もれなく　かぞえる特訓）

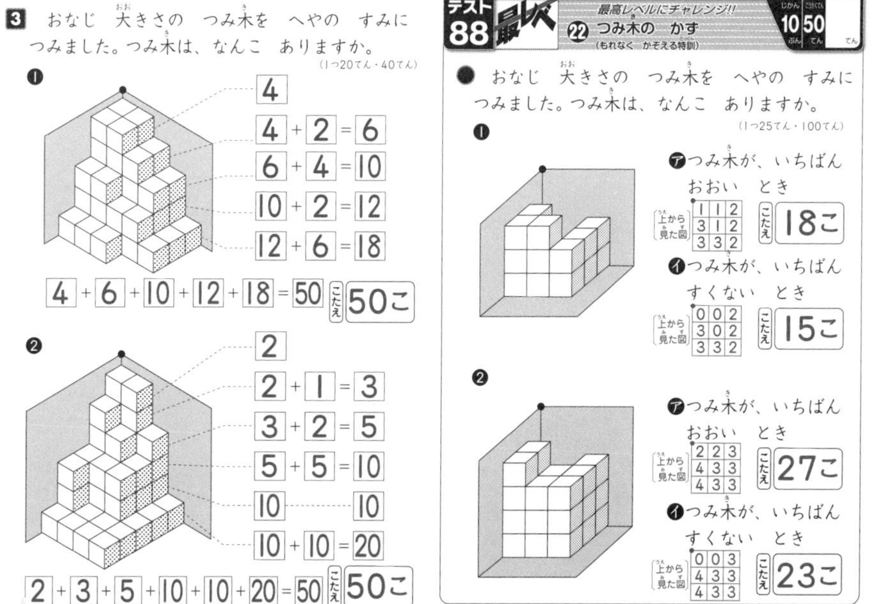

● おなじ　大きさの　つみ木を　へやの　すみに　つみました。つみ木は、なんこ　ありますか。（1つ25てん・100てん）
㋐つみ木が、いちばん　おおい　とき　こたえ 18こ
㋑つみ木が、いちばん　すくない　とき　こたえ 15こ
㋐つみ木が、いちばん　おおい　とき　こたえ 27こ
㋑つみ木が、いちばん　すくない　とき　こたえ 23こ
上から　見た図

テスト89 標準 レベル1 ㉓ さいころもんだい じかん 10ぷん ごうかく 80てん

おぼえよう
さいころは、むかい あわせの 目の かずを たすと 7に なります。

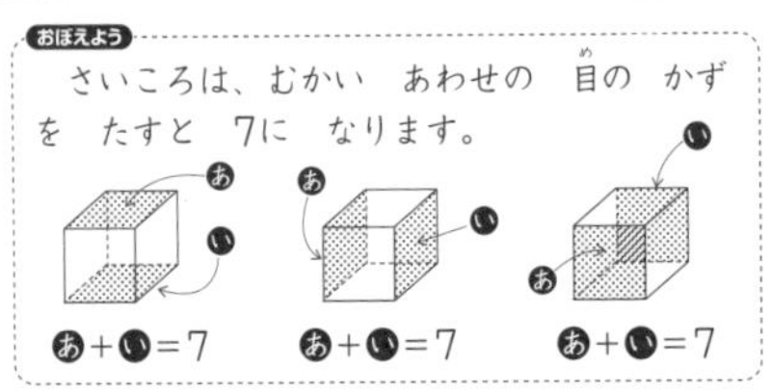

れい
2つの さいころを 下の ように かさねました。あと いの 目の かずを たすと、5に なります。あいうの 目の かずを □に かきなさい。

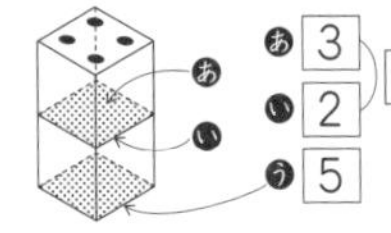

あわせた 目の かずが 7だから、
あは、7−4=3
あ+いは 5だから、
いは、5−3=2
いと うは、むかいあわせだから、うは、7−2=5

1 あと いと うの 目の かずを □に かきなさい。(1つ10てん・30てん)

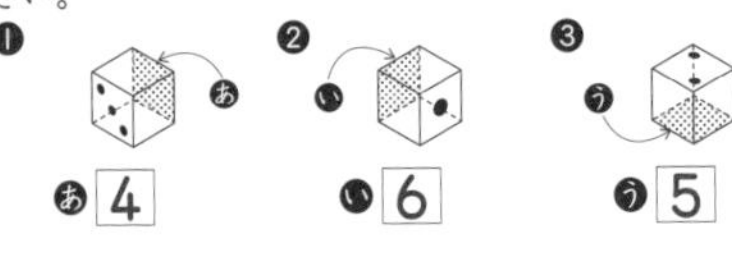

❶ あ 4　❷ い 6　❸ う 5

2 目の かずを あわせて、□に かきなさい。(1つ10てん・30てん)

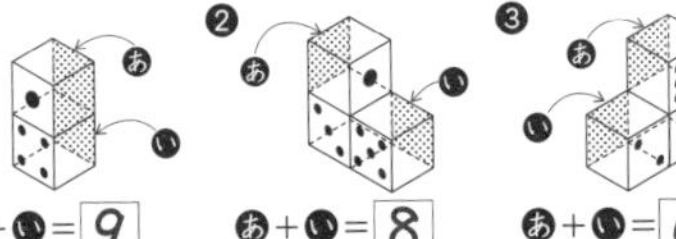

❶ あ+い=9　❷ あ+い=8　❸ あ+い=6

3 さいころを 2つ つなぎました。あいうの 目の かずを □に かきなさい。(1つ10てん・40てん)

❶ あ+い=9

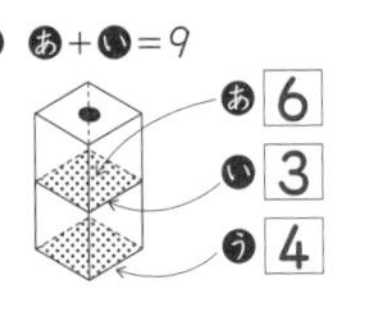

あ 6　い 3　う 4

❷ あ+い=5

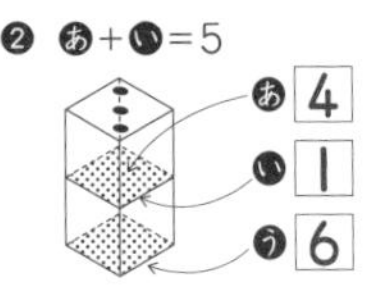

あ 4　い 1　う 6

❸ あ+い=7

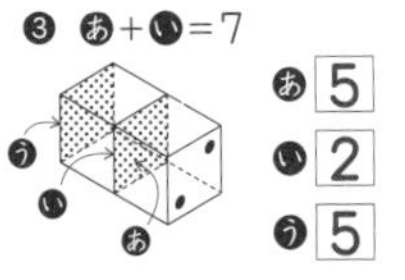

あ 5　い 2　う 5

❹ あ+い=6

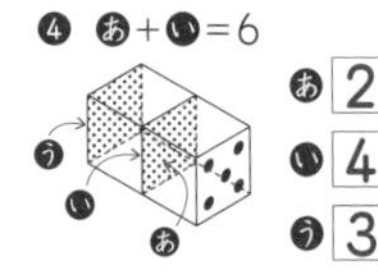

あ 2　い 4　う 3

98

テスト90 標準 レベル2 ㉓ さいころもんだい じかん 10ぷん ごうかく 80てん

れい
さいころを 1の目を 上に して、右に たおしながら ころがします。ころがった あとの さいころの 下の 目は、いくつですか。

1かい ころがす。下の 目は、3　2かい ころがす。下の 目は、1

3かい ころがす。下の 目は、4　4かい ころがす。下の 目は、6

☆ころがった あとの さいころの 下の 目の かずは、3→1→4→6 に なります。

1 さいころの 下の 目の かずを かきなさい。(1つ10てん・40てん)

❶(1かい ころがす。) こたえ 4　❷(2かい ころがす。) こたえ 2

❸(3かい ころがす。) こたえ 3　❹(4かい ころがす。) こたえ 5

れい
つぎの とき さいころの 下の 目の かずを かきなさい。

☆下の 目の かずは、4-6-3-1-4-6-3-1-4-6

こたえ 下の 目…6

2 つぎの とき さいころの 下の 目の かずを かきなさい。(1つ15てん・60てん)

❶(12かい ころがす。) こたえ 下の 目…3

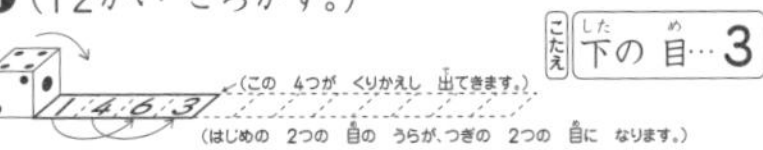

❷(15かい ころがす。) こたえ 下の 目…6

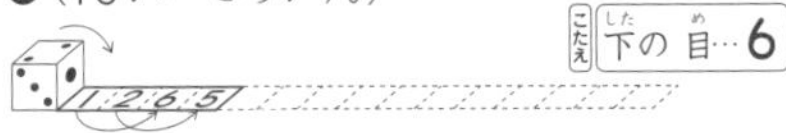

❸(18かい ころがす。) こたえ 下の 目…3

❹(21かい ころがす。) こたえ 下の 目…3

99

テスト91 ハイレベ ハイレベル ㉓ さいころもんだい じかん 15ぷん ごうかく 70てん

れい
さいころが 3つ ならんで います。あと いと うと えの 目の かずを ぜんぶ たすと 12に なります。おの 目の かずは、いくつ ですか。

あは ⚂と むかいあわせだから、7−5=2
いと うも むかいあわせだから、い+う=7
あ+い+う+えは、2+7+え=12
えは、12−9=3　おは 7−3=4

こたえ 4

1 さいころが 3つ ならんで います。あと いと うと えの 目の かずを ぜんぶ たすと、❶も ❷も 14に なります。おの 目の かずは、いくつですか。(1つ20てん・40てん)

❶

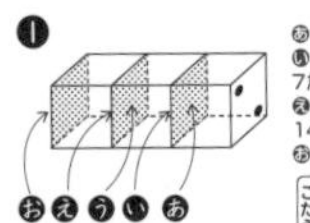

あは 5
い+うは 7だから
えは 14−5−7=2
おは 7−2=5

こたえ 5

❷

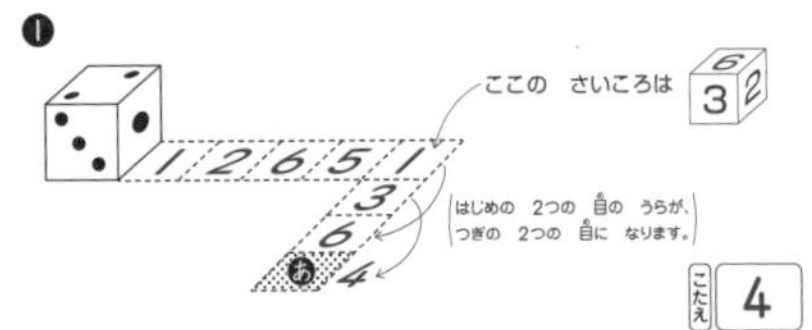

あは 3
い+うは 7だから
えは 14−3−7=4
おは 7−4=3

こたえ 3

れい
下の えの ように 4の 目を 上に して 右に 4かい たおしながら ころがして、つぎに 手まえに 2かい ころがします。とまった ときの 下の 目を かきなさい。

あと ⚀は、むかいあわせだから、あは 6
いと ⚂も、むかいあわせだから、いは 3
おなじ ように して うは 5
1→4→6→3と ころがり、手まえに 2→4と ころがります。

こたえ 4

2 つぎの ように さいころを たおしながら ころがします。あに とまった ときの 下の 目を かきなさい。(1つ15てん・60てん)

❶ ここの さいころは
1 2 6 5 1 / 3 6 4
(はじめの 2つの 目の うらが、つぎの 2つの 目に なります。)

こたえ 4

100

★まがりかどの ときの さいころを よく かんがえましょう。

❷

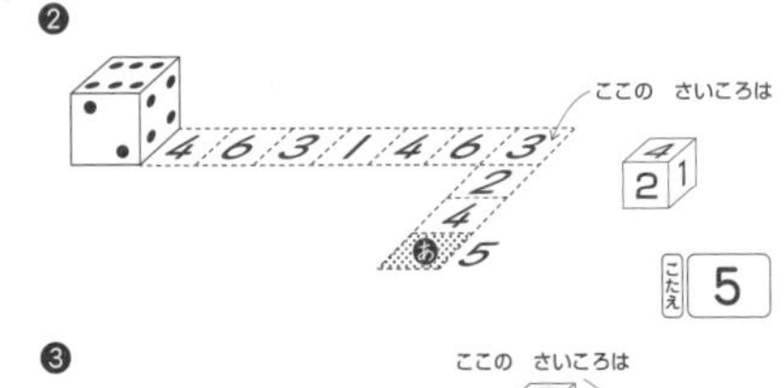

こたえ 5

❸

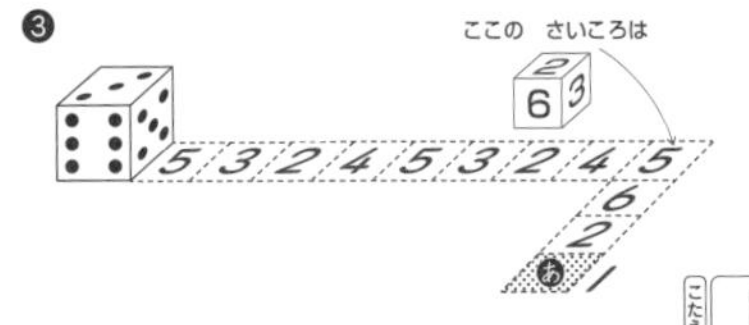

こたえ 1

❹

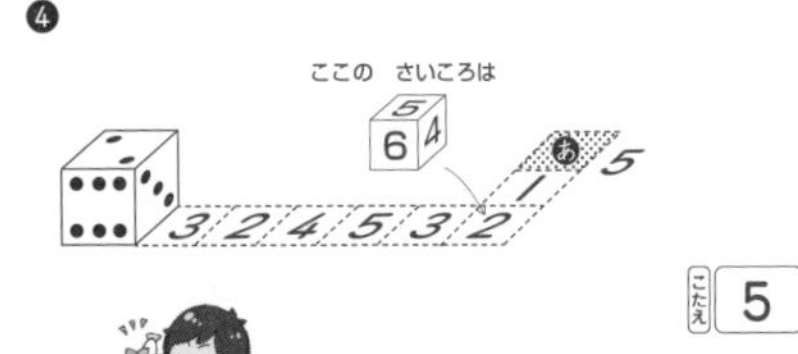

こたえ 5

テスト92 最レベ 最高レベルにチャレンジ!! ㉓ さいころのもんだい じかん 10ぷん ごうかく 50てん

● 下の ように さいころを たおしながら ころがします。あに とまった ときの 下の 目を かきなさい。(1つ50てん・100てん)

❶ ここの さいころは
4 2 3 5 4 / 1 3 6 / 4 2 3 5 4 2
ここの さいころは

こたえ 2

❷ ここの さいころは
2 1 5 6 2 1 5 6 2 / 4 5 3 / 6 2 5
ここの さいころは

こたえ 5

101

テスト93 標準 レベル1 ㉔ 算術特訓 まほうじん（魔方陣） じかん20ぷん ごうかく80てん

魔方陣とは、下のように ま四かくの 中に すうじが かいて あり、たてと よこと ななめ の どの れつの 3つの かずを たしても、どれも おなじ かずに なる もの です。

1 6 5 / 8 4 0 / 3 2 7

たて	よこ	ななめ
1+8+3=12	1+6+5=12	1+4+7=12
6+4+2=12	8+4+0=12	5+4+3=12
5+0+7=12	3+2+7=12	

★ はじめから たてと よこと ななめの 3つの かずを たした かずが わかっている とき。

れい つぎの □に 1から 9までの かずを 1つずつ 入れて、たてと よこと ななめの 3つの かずを たして、どれも 15に なるように しなさい。

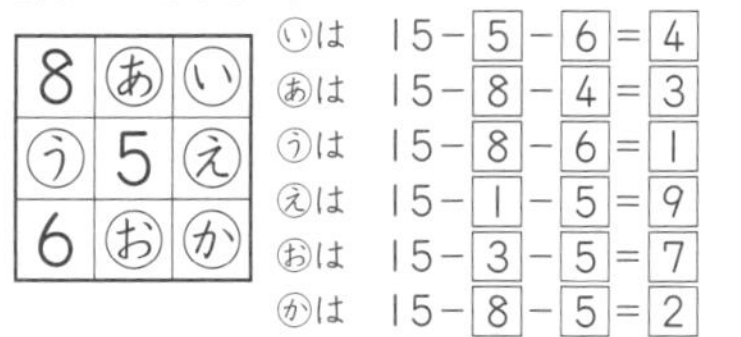

8 あ い / う 5 え / 6 お か

いは 15−5−6=4
あは 15−8−4=3
うは 15−8−6=1
えは 15−1−5=9
おは 15−3−5=7
かは 15−8−5=2

1 つぎの □に 1から 9までの かずを 1つずつ 入れて、たてと よこと ななめの 3つの かずを たして、どれも 15に なるように しなさい。(40てん)

あ い う / 3 え 7 / お か 2

うは、15−7−2=6
えは、15−3−7=5
あは、15−5−2=8
いは、15−8−6=1
おは、15−8−3=4
かは、15−4−2=9

2 たてと よこと ななめの 3つの かずを たすと、どれも おなじ かずに なるように します。あいて いる ところに かずや しきを かきなさい。

❶ 3 あ い / う 6 え / 5 お 9 (30てん)

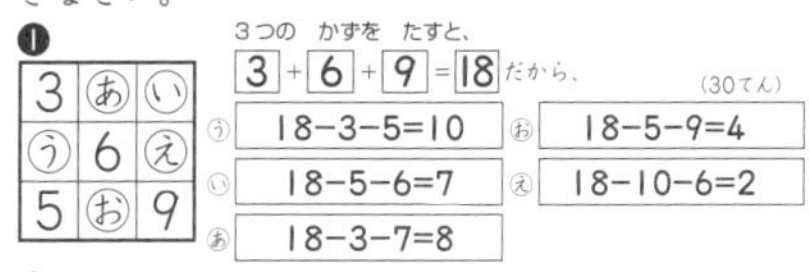

3つの かずを たすと、3+6+9=18 だから、
う 18−3−5=10　お 18−5−9=4
い 18−5−6=7　え 18−10−6=2
あ 18−3−7=8

❷ 14 11 あ / い 13 う / え 15 お (30てん)

11+13+15=39 だから、
あ 39−14−11=14　お 39−14−13=12
う 39−14−12=13　い 39−13−13=13
え 39−14−13=12

テスト94 標準 レベル2 ㉔ 算術特訓 まほうじん（魔方陣） じかん30ぷん ごうかく80てん

★ たて よこ ななめの 3つの かずを たした かずが わからない とき。

れい たてと よこと ななめの 3つの かずを たすと、どれも おなじ かずに なるように します。あ〜かに あてはまる かずを かきなさい。

あ い う / え 5 お / 4 か 2

まほうじんでは まん中の 5を とおる たてと よこと ななめの 3つの かずを たすと、どれも まん中の かずの 5を 3かい たした かずに なります。

3つの かずを たした かずは 5+5+5=15

あ 15−5−2=8　う 15−5−4=6
か 15−4−2=9　え 15−8−4=3
お 15−3−5=7　い 15−5−9=1

あ8 い1 う6 え3 お7 か9

● たてと よこと ななめの 3つの かずを たすと、どれも おなじ かずに なるように します。あてはまる かずや しきを かきなさい。

❶ 7 あ 3 / い 6 う / え お か (25てん)

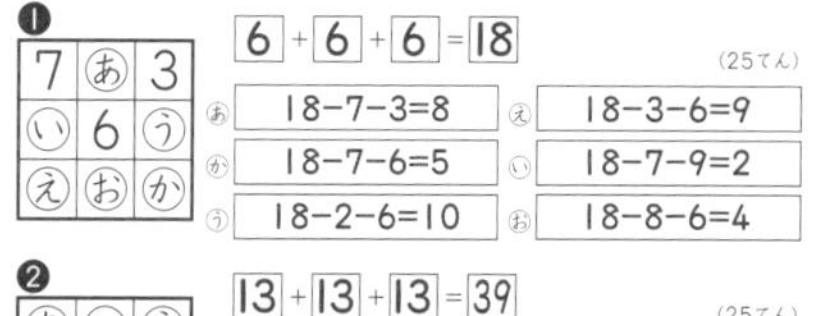

6+6+6=18
あ 18−7−3=8　え 18−3−6=9
か 18−7−6=5　い 18−7−9=2
う 18−2−6=10　お 18−8−6=4

❷ あ い う / え 13 お / か 11 14 (25てん)

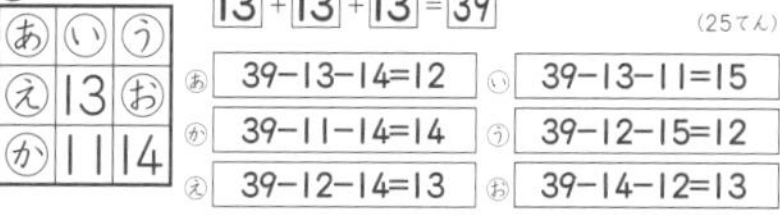

13+13+13=39
あ 39−13−14=12　い 39−13−11=15
か 39−11−14=14　う 39−12−15=12
え 39−12−14=13　お 39−14−12=13

❸ あ い 24 / 25 23 う / え お か (25てん)

23+23+23=69
う 69−25−23=21　え 69−23−24=22
あ 69−25−22=22　い 69−22−24=23
お 69−23−23=23　か 69−22−23=24

❹ 34 あ い / う 33 え / 32 お か (25てん)

33+33+33=99
い 99−33−32=34　か 99−34−33=32
う 99−34−32=33　あ 99−34−34=31
え 99−33−33=33　お 99−31−33=35

テスト95 ハイレベル ㉔ 算術特訓 まほうじん（魔方陣） じかん15ぷん ごうかく70てん

れい たてと よこと ななめの 3つの かずを たすと、どれも おなじ かずに なるように します。あの かずを かきなさい。

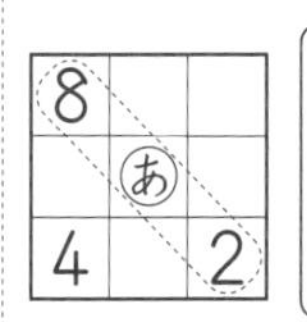

8 □ □ / □ あ □ / 4 □ 2

まほうじんでは まん中の かず あを 3かい たすと、あを とおる 1れつの 3つの かずを たした かずと、おなじ かずに なります。
あ+あ+あ=8+あ+2
あ+あ=8+2　あ=5

★ まん中の かず あは、その りょうはしの 2つの かずを たした かずの はんぶん です。

1 たてと よこと ななめの 3つの かずを たすと、どれも おなじ かずに なるように します。あの かずと、1れつの 3つの かずを たした かずを かきなさい。(20てん)

9 □ 5 / □ あ □ / 7 □ □

あ+あ+あ=5+あ+7
あ+あ=5+7
あ=6
3つの かずを たすと、6+6+6=18

れい たてと よこと ななめの 3つの かずを たすと、どれも おなじ かずに なるように します。1れつの 3つの かずを たした かずを かきなさい。

7 □ □ / い あ 8 / 5 □ □

1れつの 3つの かずを たすと、どれも おなじ かずです。だから、い+あ+8=7+い+5
いは、どちらにも あるので、
あ+8=7+5
あ+8=12　あ=4 まん中の かずです。
1れつの かずを たした かずは、4+4+4=12

2 たてと よこと ななめの 3つの かずを たすと、どれも おなじ かずに なるように します。1れつの かずを たした かずを かきなさい。(1つ20てん・40てん)

❶ □ □ 9 / 10 あ い / □ □ 7

10+あ+い=9+い+7
10+あ=16　あ=6
1れつを たした かずは、
あ+あ+あ だから、6+6+6=18

❷ 34 い 32 / □ あ □ / □ 33 □

い+あ+33=34+い+32
あ+33=34+32
あ+33=66
あ=33
1れつを たした かずは、33+33+33=99

3 たてと よこと ななめの 3つの かずを たすと、どれも おなじ かずに なるように します。あいて いる ところに かずや しきを かきなさい。(1つ20てん・40てん)

❶ う え 8 / 7 あ い / お か 4

7+あ+い=8+い+4
7+あ=8+4
7+あ=12　あ=5
1れつを たすと、5+5+5=15
いは、15−8−4=3
うは、15−5−4=6　えは、15−6−8=1
おは、15−6−7=2　かは、15−2−4=9

❷ う 8 え / お あ か / 9 い 5

8+あ+い=9+い+5
8+あ=9+5
8+あ=14　あ=6
1れつを たすと、6+6+6=18
いは、18−9−5=4
うは、18−6−5=7　えは、18−6−9=3
おは、18−7−9=2　かは、18−3−5=10

テスト96 最レベ 最高レベルにチャレンジ!! ㉔ 算術特訓 まほうじん（魔方陣） じかん10ぷん ごうかく50てん

● たてと よこと ななめの 3つの かずを たすと、どれも おなじ かずに なるように します。あいて いる ところに かずを かきなさい。

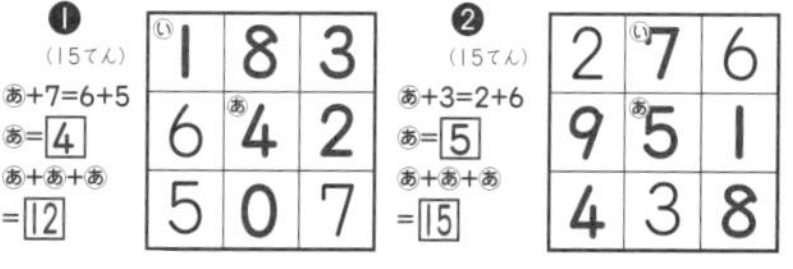

❶ (15てん) あ+7=6+5　あ=4　あ+あ+あ=12
1 8 3 / 6 4 2 / 5 0 7

❷ (15てん) あ+3=2+6　あ=5　あ+あ+あ=15
2 7 6 / 9 5 1 / 4 3 8

❸ (15てん) 2+あ=5+3　あ=6
9 2 7 / 4 6 8 / 5 10 3

❹ (15てん) 10+あ=10+20　あ=20
20 30 10 / 10 20 30 / 30 10 20

❺ (20てん) あ+14=13+13　あ+14=26　あ=12
13 12 11 / 10 12 14 / 13 12 11

❻ (20てん) あ+22=21+23　あ+22=44　あ=22
22 23 21 / 21 22 23 / 23 21 22

〈きりとり線〉

テスト97 標準 レベル1 ㉕ 算術特訓 つるかめ算（鶴亀算） じかん 10ぷん ごうかくてん 80てん てん

れい つると かめが、あわせて 3 います。足の かずは、ぜんぶで 8本です。つるは なんわ、かめは なんびき いますか。

ぜんぶ つるだと します。

つるは、足が 2 本だから、3わで、2 + 2 + 2 = 6

でも、足は 8 本だから、8 − 6 = 2 すくない。

1わの つるを かめ1ぴきに かえると、足の かずが 2ふえる。

ちがいが なくなるので、かめは、1 びき

つるは、3 − 1 = 2 わ

こたえ かめ…1ぴき つる…2わ

1 つると かめが、あわせて 7 います。足の かずは、ぜんぶで 20本です。つるは なんわ、かめは なんびき いますか。（50てん）

ぜんぶ つるだと します。

足の かずは、2 + 2 + 2 + 2 + 2 + 2 + 2 = 14

でも、足は、20 本だから、20 − 14 = 6 すくない。

つる1わを かめ1ぴきに かえると、足が、2 ふえる。

6すくないから、6 − 2 = 4 4 − 2 = 2 2 − 2 = 0

ちがいが なくなるので、かめは、3 びき つるは、7 − 3 = 4 わ

こたえ かめ…3びき つる…4わ

れい つると かめが、あわせて 4 います。足の かずは、ぜんぶで 10本です。つるは なんわ、かめは なんびき いますか。

ぜんぶ かめだと します。

かめの 足の かずは、4本だから、

4ひきでは、4 + 4 + 4 + 4 = 16 でも、足は、10 本だから

16 − 10 = 6 …おおい。かめ1ぴきを つる1わに かえると、足のかずは、

4 − 2 = 2 …2へる。足が、6本 おおいので、

6 − 2 = 4 4 − 2 = 2 2 − 2 =0 ちがいが なくなる。

3びきの かめを 3わの つるに かえた。

つるは、3 わ

かめは、4 − 3 = 1 びき

こたえ つる…3わ かめ…1ぴき

2 つると かめが、あわせて 5 います。足の かずは、ぜんぶで 14本です。つるは なんわ、かめは なんびき いますか。（50てん）

ぜんぶ かめだと します。

足の かずは、4 + 4 + 4 + 4 + 4 = 20

でも、足は、14 本だから 20 − 14 = 6 おおい。

かめ1ぴきを つる1わに かえると、足が、2 へる。足が、6 本 おおいから、

6 − 2 = 4 4 − 2 = 2 2 − 2 =0

ちがいが なくなる。つるは、3 わ かめは、5 − 3 = 2 ひき

こたえ つる…3わ かめ…2ひき

テスト98 標準 レベル2 ㉕ 算術特訓 つるかめ算（鶴亀算） じかん 10ぷん ごうかくてん 80てん てん

れい 2円の あめと 3円の あめを あわせて 7こ かって、16円 はらいました。2円の あめを なんこと 3円の あめを なんこ かいましたか。

ぜんぶ 2円の あめを かったと します。

2円の あめを 7こ かったから、

2 + 2 + 2 + 2 + 2 + 2 + 2 = 14

16 円 はらったので、ちがいは、16 − 14 = 2 たりない。

2円の あめ 1こを 3円の あめと かえると、3 − 2 = 1 ふえる。

2円 ちがうから、2 − 1 = 1 1 − 1 = 0 ちがいが なくなる。

3円の あめ 2 こ 2円の あめは、7 − 2 = 5 こ

こたえ 2円の あめ…5こ 3円の あめ…2こ

1 2円の あめと 5円の あめを あわせて 5こ かって、16円 はらいました。2円の あめを なんこと 5円の あめを なんこ かいましたか。（50てん）

ぜんぶ2円の あめを かったと します。

あわせて 5 こ かった。2 + 2 + 2 + 2 + 2 = 10

16 円 はらったので、ちがいは、16 − 10 = 6 円 たりない。

1こ 5円の あめに かえると、5 − 2 = 3 ふえる。

6 − 3 = 3 3 − 3 = 0 ちがいが なくなる。

こたえ 5円の あめ 2 こ 2円の あめは 5 − 2 = 3 こ

れい 5円玉と 10円玉を あわせると、6こで 40円 あります。5円玉と 10円玉は、それぞれ なんこずつ ありますか。

ぜんぶ 5円玉だと します。

6こ だから、5 + 5 + 5 + 5 + 5 + 5 = 30

40円 あるから、ちがいは、40 − 30 = 10 たりない。

5円玉 1こを 10円玉に かえると、10 − 5 = 5 ふえる。

2こ かえると、10 − 5 = 5、5 − 5 = 0 ちがいが なくなる。

10円玉は、2 こ

5円玉は、6 − 2 = 4

こたえ 10円玉…2こ 5円玉…4こ

2 5円玉と 10円玉を あわせると、7こで 50円あります。10円玉と 50円玉は、それぞれ なんこずつ ありますか。（50てん）

ぜんぶ 10円玉だと します。

あわせて 7こ だから、10 + 10 + 10 + 10 + 10 + 10 + 10 = 70

50 円 あるから、ちがいは、70 − 50 = 20 おおい。10 円玉 1こを 5 円玉に かえると、10 − 5 = 5 円 へる。

20 − 5 = 15、15 − 5 = 10、10 − 5 = 5、5 − 5 = 0 ちがいが なくなる。

5円玉は、4 こ

10円玉は、7 − 4 = 3

こたえ 5円玉…4こ 10円玉…3こ

テスト99 ハイレベ ハイレベル ㉕ 算術特訓 つるかめ算（鶴亀算） じかん 15ぷん ごうかくてん 70てん てん

れい おてつだいの ゲームを しました。おさらを 1まい あらうと、2てん もらえます。でも、おさらを 1まい わって しまうと、2てんは もらえず はんたいに 3てん ひかれます。はなこさんは 6まい おさらを あらって、2てん もらいま した。はなこさんは、おさらを なんまい わりましたか。

1まいも おさらを わらなかったら、6まいで、

2 + 2 + 2 + 2 + 2 + 2 = 12 てん もらえる。

でも、もらったのは 2てんだから、

ちがいは、12 − 2 = 10 で、10てん すくない。

1まい わると、2 + 3 = 5 5 てん すくなく なる。

（もらえる てん）（ひかれる てん）

1まい わると、10 − 5 = 5

2まい わると、5 − 5 = 0 この ちがいが なくなる。

こたえ おさらを わったのは、2まい です。

1 おてつだい ゲームを しました。コップを1こ あらうと、2てん もらえます。でも、コップを わって しまうと、2てんは もらえず はんたいに 3てん ひかれます。たかしさんは 8こ コップを あらって、1てん もらいました。たかしさんは、コップを なんこ わりましたか。（25てん）

1こも コップを わらなかったら

2 + 2 + 2 + 2 + 2 + 2 + 2 + 2 16 てん もらえる。

でも、もらったのは 1 てんだから、16 − 1 = 15 てん すくない。

1こ わると、2 + 3 = 5 5 てん すくなく なる。

（もらえる てん）（ひかれる てん）

ちがいが 15 てんだから、

15 − 5 = 10 10 − 5 = 5

5 − 5 = 0

こたえ 3こ

2 コップを 1こ あらうと 2てん もらえますが、わったら 4てん ひかれます。はなこさんは 10こ コップを あらって、2てん もらいました。はなこさんは、コップを なんこ わりましたか。（25てん）

1こも コップを わらなかったら

2+2+2+2+2+2+2+2+2+2=20

もらった てんすうの ちがいは、20−2=18

1こ わると、2+4=6 すくなく なる。

18−6=12, 12−6=6, 6−6=0

こたえ 3こ

3 たろうさんは、ふくろから 赤い カードを ひくと 3てん もらえて、青い カードを ひくと 4てん ひかれる ゲームを しました。たろうさんは、5かい カードを ひいて、1てんに なりました。たろうさんは、青い カードを なんまい ひきましたか。（25てん）

ひいた カードが ぜんぶ 赤だったら

3 + 3 + 3 + 3 + 3 = 15 でも、1てん だったから、

15 − 1 = 14 すくない。1まい 赤の カードが 青だったら、

3 + 4 = 7 てん すくなく なる。14 てん すくないから、

14 − 7 = 7、7 − 7 = 0

こたえ 2まい

4 赤い 玉が 出ると 2てん もらえて、白い 玉が 出ると 4てん ひかれる ゲームを しました。ゆりさんは、7かい ゲームを して 2てんに なりました。ゆりさんは、白い 玉を なんこ 出しましたか。（25てん）

出した 玉が ぜんぶ 赤だったら

2+2+2+2+2+2+2=14

14−2=12

2+4=6

12−6=6, 6−6=0

こたえ 2こ

テスト100 最レベ 最高レベルにチャレンジ!! ㉕ 算術特訓 つるかめ算（鶴亀算） じかん 10ぷん ごうかくてん 60てん てん

1 つると かめが あわせて 8 います。足の かずは、ぜんぶで 26本です。つるは なんわ、かめは なんびき いますか。（30てん）

ぜんぶ つるだとすると

2+2+2+2+2+2+2+2=16

足は 26本だから 26−16=10 たりない

つる 1わを かめ 1ぴきと こうかんすると

4−2=2…ふえる

10−2=8, 8−2=6, 6−2=4, 4−2=2, 2−2=0

かめは 5ひき, つるは 8−5=3

こたえ つる… 3わ かめ… 5ひき

2 5円玉と 10円玉が あわせて 10こで 60円 あります。5円玉と 10円玉は、それぞれ なんこずつ ありますか。（30てん）

ぜんぶ 5円玉とすると

5+5+5+5+5+5+5+5+5+5=50

60−50=10…たりない

5円玉 1こを 10円玉 1こに かえる

10−5=5, 5−5=0 10円玉 2こ

5円玉は 10−2=8

こたえ 5円玉… 8こ 10円玉… 2こ

3 コップを 1こ あらうと 2てん もらえますが、わったら 5てん ひかれます。みどりさんは 9こ コップを あらって、4てん もらいました。みどりさんは、コップを なんこ わりましたか。（40てん）

1つも わらなかったら

2+2+2+2+2+2+2+2+2=18

4てん もらったから 18−4=14…たりない

1こ わると 2+5=7…へる

14−7=7, 7−7=0…2こわった

こたえ 2こ

〈きりとり線〉

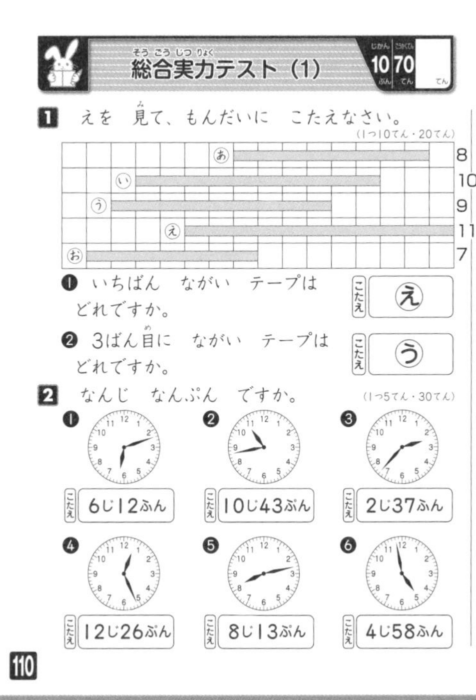

総合実力テスト（1）

じかん 10ぷん　ごうかく 70てん

1 えを 見て、もんだいに こたえなさい。（1つ10てん・20てん）

あ	8
い	10
う	9
え	11
お	7

❶ いちばん ながい テープは どれですか。　こたえ　え

❷ 3ばん目に ながい テープは どれですか。　こたえ　う

2 なんじ なんぷん ですか。（1つ5てん・30てん）

❶ こたえ　6じ12ふん
❷ こたえ　10じ43ぷん
❸ こたえ　2じ37ふん
❹ こたえ　12じ26ぷん
❺ こたえ　8じ13ぷん
❻ こたえ　4じ58ふん

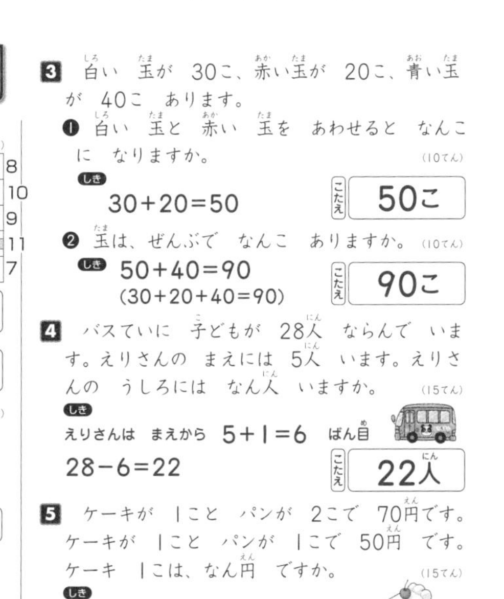

3 白い 玉が 30こ、赤い玉が 20こ、青い玉が 40こ あります。

❶ 白い 玉と 赤い 玉を あわせると なんこに なりますか。（10てん）

しき　30+20=50　　こたえ　50こ

❷ 玉は、ぜんぶで なんこ ありますか。（10てん）

しき　50+40=90
（30+20+40=90）　　こたえ　90こ

4 バスていに 子どもが 28人 ならんで います。えりさんの まえには 5人 います。えりさんの うしろには なん人 いますか。（15てん）

しき　えりさんは まえから 5+1=6 ばん目
28−6=22　　こたえ　22人

5 ケーキが 1こと パンが 2こで 70円です。ケーキが 1こと パンが 1こで 50円 です。ケーキ 1こは、なん円 ですか。（15てん）

しき　70−50=20 …パン 1この ねだん
50−20=30　　こたえ　30円

110

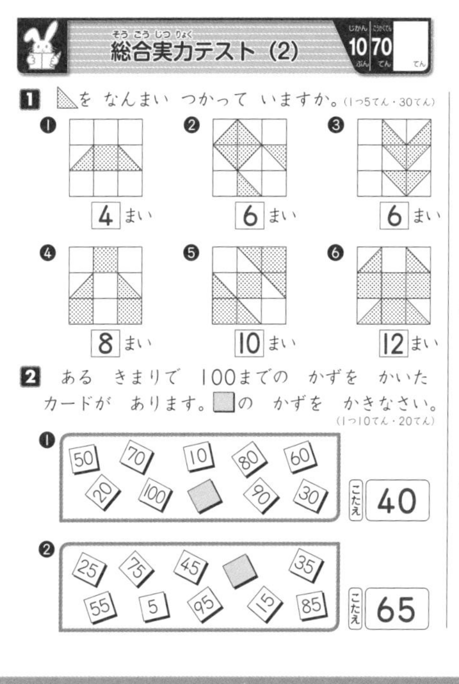

総合実力テスト（2）

じかん 10ぷん　ごうかく 70てん

1 ◺を なんまい つかって いますか。（1つ5てん・30てん）

❶ 4まい　❷ 6まい　❸ 6まい
❹ 8まい　❺ 10まい　❻ 12まい

2 ある きまりで 100までの かずを かいた カードが あります。□の かずを かきなさい。（1つ10てん・20てん）

❶ 50　70　10　80　60　20　100　□　90　30　　こたえ　40

❷ 25　75　45　□　35　55　5　95　15　85　　こたえ　65

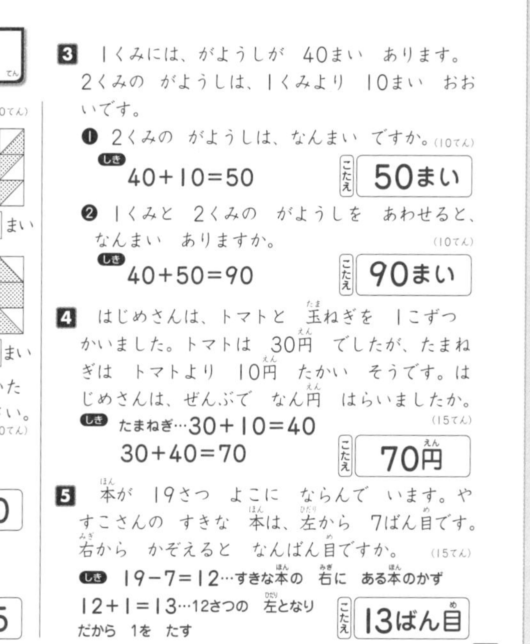

3 1くみには、がようしが 40まい あります。2くみの がようしは、1くみより 10まい おおいです。

❶ 2くみの がようしは、なんまい ですか。（10てん）

しき　40+10=50　　こたえ　50まい

❷ 1くみと 2くみの がようしを あわせると、なんまい ありますか。（10てん）

しき　40+50=90　　こたえ　90まい

4 はじめさんは、トマトと 玉ねぎを 1こずつ かいました。トマトは 30円 でしたが、たまねぎは トマトより 10円 たかい そうです。はじめさんは、ぜんぶで なん円 はらいましたか。（15てん）

しき　たまねぎ…30+10=40
30+40=70　　こたえ　70円

5 本が 19さつ よこに ならんで います。やすこさんの すきな 本は、左から 7ばん目です。右から かぞえると なんばん目ですか。（15てん）

しき　19−7=12…すきな本の 右に ある本のかず
12+1=13…12さつの 左となりだから 1を たす　　こたえ　13ばん目

7　13

111

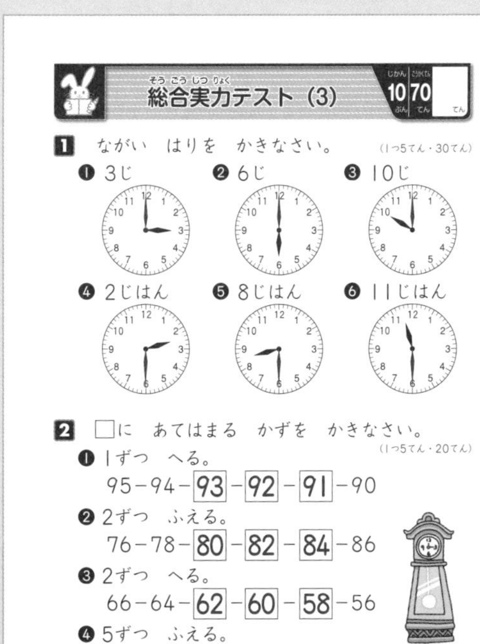

総合実力テスト（3）

じかん 10ぷん　ごうかく 70てん

1 ながい はりを かきなさい。（1つ5てん・30てん）

❶ 3じ　❷ 6じ　❸ 10じ
❹ 2じはん　❺ 8じはん　❻ 11じはん

2 □に あてはまる かずを かきなさい。（1つ5てん・20てん）

❶ 1ずつ へる。
95−94−93−92−91−90

❷ 2ずつ ふえる。
76−78−80−82−84−86

❸ 2ずつ へる。
66−64−62−60−58−56

❹ 5ずつ ふえる。
75−80−85−90−95−100

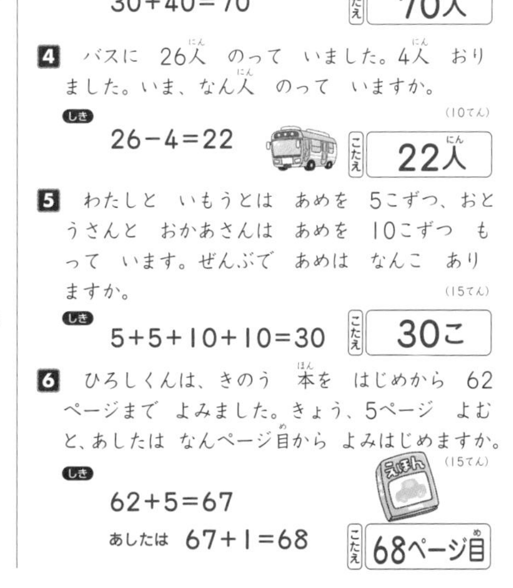

3 こうえんに 男の子が 30人、女の子が 40人 います。みんなで なん人 いますか。（10てん）

しき　30+40=70　　こたえ　70人

4 バスに 26人 のって いました。4人 おりました。いま、なん人 のって いますか。（10てん）

しき　26−4=22　　こたえ　22人

5 わたしと いもうとは あめを 5こずつ、おとうさんと おかあさんは あめを 10こずつ もって います。ぜんぶで あめは なんこ ありますか。（15てん）

しき　5+5+10+10=30　　こたえ　30こ

6 ひろしくんは、きのう 本を はじめから 62ページまで よみました。きょう、5ページ よむと、あしたは なんページ目から よみはじめますか。（15てん）

しき　62+5=67
あしたは　67+1=68　　こたえ　68ページ目

112